good
wood

tools

GOOD WOOD TOOLS

First published in 1997
by HarperCollins Publishers, London

This paperback edition first published in 2002
by HarperCollins Publishers, London

Jacjet photograph : Ben Jennings
Jacket illustrations : Robin Harris and
David Day

Photography
The studio photographs for this book were taken by
Neil Waving, with the following exceptions:
Paul Chave, pages 14, 62, 63 (T), 64
Ben Jennings, pages 3, 5, 76 (T), 78, 92 (T)
The authors and producers also acknowledge additional
photography by, and the use of photographs from, the
followlng individuals and companies:
Black & Decker Professional Products Division
Slough, Berkshire, page 31
The Black & Decker Corporation, Slough, Berkshire,
page 85 (B)
Robert Bosch Ltd., Uxbridge, Middlesex,
pages 90 (T), 91
Draper Tools Ltd., Eastleigh, Hampshire,
page 116
Ceorg Ott Werkzeug-Und Maschinen Fabric GMBH &
Co.,
Germany, page 107 (R)
Record Marples Ltd., Sheffield, S. Yorkshire, page 112

good wood tools
木工技能シリーズ ❸
木工工具の知識と技能

著者：
アルバート・ジャクソン、デヴィド・デイ
(Albert Jackson and David Day)

日本語版監修：
村田 光司(むらた こうじ)
東京農工大学農学部卒。独立行政法人森林総合研究所 加工技術研究領域 木材機械加工研究室 室長。主な著書(共著)『新しい木質建材』(日刊木材新聞社)、『木材工業ハンドブック』(丸善)。

翻訳者：
乙須 敏紀(おとす としのり)

発　　行　2010年11月1日
発 行 者　平野　陽三
発 行 元　ガイアブックス
〒169-0074 東京都新宿区北新宿3-14-8
TEL.03(3366)1411　FAX.03(3366)3503
http://www.gaiajapan.co.jp
発 売 元　産調出版株式会社

ISBN 978-4-88282-764-1 C3058

Printed and bound in China

木工技能シリーズ❸

木工工具の知識と技能

著者／アルバート・ジャクソン　デヴィッド・デイ

日本語版監修／村田　光司

本書の活用にあたって

木工工具の知識と技能

日本の木工用手工具と海外のそれとの最大の違いは、引いて使うものもあるのと、押して使うものしかないかにある。手のこにしろ、かんなにしろ、日本のものは引くときに木材を切削するが、洋の東西を問わず海外のものは押すときに切削する。日本の手のこやかんなは、元来大陸から伝わってきたものであり、元々押して使うものだったものが、長い歴史の中で引いて使うものへと変化した世界でも珍しいものである。西欧の木工の入門書である本書においても、その特異性と繊細さから「日本の手工具」がとくに紹介されており、海外の手工具と日本のそれとは似たようなものでも微妙に違うものである。しかし、各工具の使用方法の急所は同じであるので、引いて使うか押して使うかという点を注意すれば、写真や図を多用している本書は日本の読者が実際に木工を行うときの十分参考となるものである。なお、本書では電動工具についても取り上げているが、日本のものも海外のものもこれについては同じなので違和感なくそのまま使えるであろう。

目次

本書の活用にあたって 5

はじめに 8

Chapter 1　工具の前身 9

木のこ挽き&割り加工／斧切り加工&削り加工／かんなとのみ／穴あけ

Chapter 2　規矩 17

定規と巻尺／直角定規と角度定規／罫引き／木材の寸法出し

Chapter 3　のこ 25

手のこ／手のこを使う／材の固定／回転丸のこ／丸のこの種類／
電動丸のこの使い方／胴付きのこ／曲線挽きのこ／
曲線挽きのこの使い方／のこ身の交換／ジグソー／
ジグソーブレード／ジグソーの使い方／穴あけおよび曲線切り

Chapter 4　かんなと南京がんな 45

ベンチプレーン／ベンチプレーンの分解と調節／
ベンチプレーンの手入れ／電動かんな／電動かんなの使い方／
豆かんな／ラベットプレーンとショルダープレーン／
プロープレーンとコンビネーションプレーン／南京がんな

Chapter 5　電動ルーター 61

電動ルーター／ルーター用カッター／溝および追入れの切削／
しゃくり加工および木端の成型加工／円と形どった材の加工

Chapter 6　のみ 69

のみ／ほぞのみ

Chapter 7　ドリルと繰り子　73

手動ドリルと繰り子／電動ドリル／コードレス電動ドリル

Chapter 8　ハンマーと木槌　79

Chapter 9　ドライバー　83

最適なドライバーの選択

Chapter 10　サンダー　87

ベルトサンダー／仕上げサンダー／ディスクサンダー

Chapter 11　工具の研磨　93

砥石／各種刃の研磨方法／グラインダーによる再研削／
のこの研磨／ドリルビットの研磨

Chapter 12　作業台と作業場　103

自宅の作業場／作業台／のこ挽き・かんながけ用ガイド／
作業台の製作／ベンチバイスの据付け／工具収納／壁掛け収納／
携帯型工具収納

Chapter 13　日本の道具　117

日本ののこ／かんな／のみと丸のみ

Chapter 14　121

木彫用のみと丸のみ／彫刻刀の使い方／チップカービング／
木彫道具の研磨

索引　127

はじめに

プロの大工や家具職人は、めったに自分の工具を他人に使わせない。また他人のかんなやのこを使うことにも不快感を示す。彼らは細心の注意を払って自分の工具を守ろうとするが、それはお金では買えない何か、長い年月の間に体得してきた何かが工具のなかに具現化しているから――特別誂えの工具。作業台に向かう姿勢、工具を調整し手に保持するかたち、そしていうまでもなく工具の研磨、これらがすべて一体となって、彼らの工具を他の誰よりもその持ち主に最も使いやすいかたちに作り変えている。工具が重要なのは、それが文字通り目的を達成するための道だからだ。工具を使いこなせるようになるための近道などない。専門的な知識は有益で、しっかりした技術は不可欠だが、最終的には実践的な経験にまさるものはない。本書の目的は、理論と実践の掛け橋になることである。

Chapter 1　工具の前身

FORERUNNERS

ビクトリア朝の家具職人に
最新式の電動工具を見せると
当惑を示すかもしれないが、
現代の手工具を見せると、
彼らは難なくそれを使いこなす
ことができるだろう。同じことが、
どの時代の木工職人についても
いうことができる。なぜなら、
現在われわれが使っている
工具の多くは、何世紀にもわたって
使われてきた工具にただ改良を
くわえただけのものだから——
なかにはほとんど
変化していないものもある。

のこ挽きと割り加工

われわれの祖先は切り出した丸太を使用可能な木材に製材するとき、2つの方法を用いた。1つはのこで挽き厚板にのこ挽きする方法で、産業革命以前は大変な労力を必要とした。もう1つは、木目にそって割る方法である。

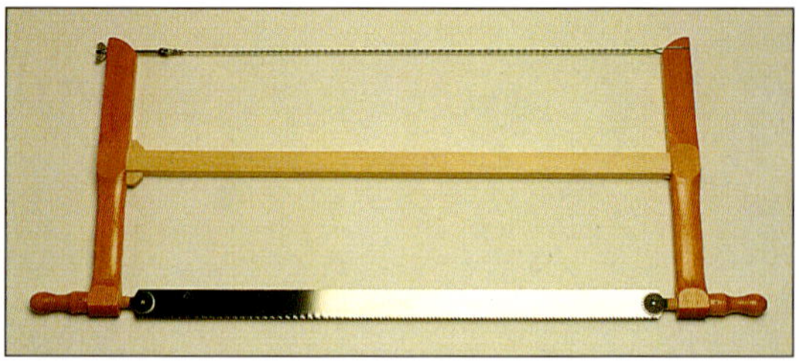

現在の枠のこ

枠のことオープンソー

木を切断するための歯の並んだ刃の原型は、数千年前にさかのぼることができるが、のこが現在のように正確な切断が可能になったのは、細い鋸身を同じ張力で張り、歯の先端を摩擦抵抗を少なくするため交互に左右にあさり出したときからである。その結果、まず枠のこが広く普及していった。枠のこには、現在の曲線挽きのこに似ているものもあれば、大型の縦挽きのこや横びきのこにあたるものもあった。

圧延帯鋼の生産が可能になったことから、支持枠なしでも曲がらないのこが誕生した。刃の片側に柄のついた“オープン”ソーというのこの新しい世代が誕生し、現在の手のこの前身となった。

16世紀家具職人の作業場

前方の職人がのこを使って厚板を横びきしているが、そののこは現在の枠のこ（右上写真）とほとんど変わらない。

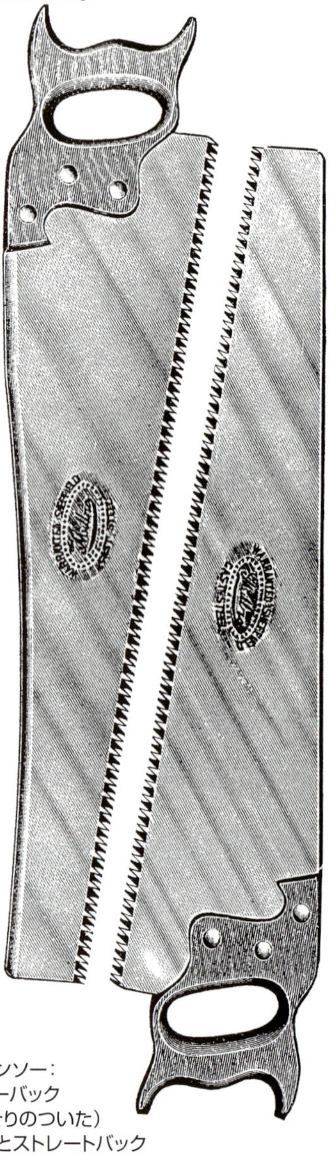

オープンソー：
スキューバック
（背にそりのついた）
のこ身とストレートバック
のこ身、2種類の手のこ

2人用横挽きのことピットソー

標準的なオープンソー型ののこの例外の1つが、大木を切り倒し、輸送用に数本の丸太に切断するための大きな2人用横挽きのこであった。もう1つの例外が、ピットソーと呼ばれるもので、主に木材の縦挽きに使われた。2人用横挽きのこが両端に同一形状の柄がついていたのに対し、ピットソーは一方の端に短い、簡単に取りはずしのできる横木または“ボックス”がついており、もう一方の端にはのこの方向を定める舵がついていた。

昔は丸太を製材する一般的な方法であったピットソーイングは、とても厳しい労働であり、とくに“ボックスマン”にとっては辛い作業であった。彼は1日中丸太の下に潜り、汗とのこ屑にまみれて作業しなければならなかった。年長の木挽き職人が丸太の上に立ち、のこの舵を定め、挽き材の総指揮を取った。

丸太は、“うま”と呼ばれる架台の上、あるいはセットの上に固定された。一定の幅の厚板が1枚ずつ切断され、手前の架台までくるとのこが取りはずされ、丸太の位置が変えられ、再び作業が繰り返された。切断の途中で厚板が振動するのを防ぐため、のこの挽き道の後ろにくさびが打ち込まれ、さらに丸太の最後尾はロープできつく縛られていた。

なた

木工の職種によっては、多くの労力をかけて手挽きで丸太を挽くよりも、長手方向に割るほうが有利な場合があった。丸太はくさびと大槌――厚いくさび型の頭部をした斧のような工具――を用いて、半径方向に数個に裂かれる。つぎにその各部がなたを用いて、こけら板や挽物加工用柾目の太い棒に加工された。なたの厚い刃が木口へ、大槌、またはクラブ（こん棒）によって打ち込まれていく。なたの柄をテコのように回転させて裂くこともおこなわれた。なたや木槌は現在も市販されている。

木材をのこで挽くかわりに、なたで割るという方法は、かつてはよくおこなわれていた。

計測とマーキング

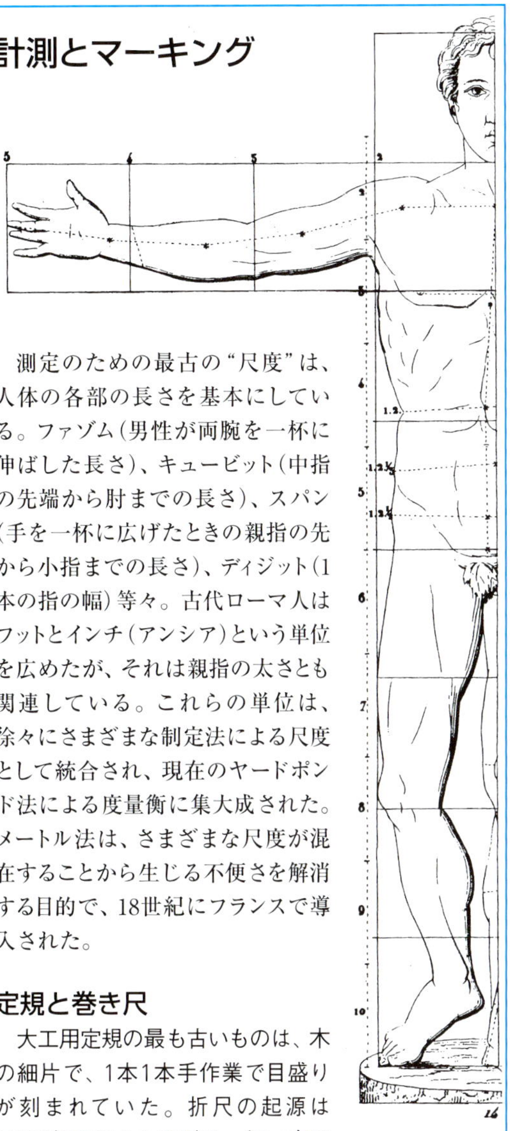

測定のための最古の“尺度”は、人体の各部の長さを基本にしている。ファゾム（男性が両腕を一杯に伸ばした長さ）、キュービット（中指の先端から肘までの長さ）、スパン（手を一杯に広げたときの親指の先から小指までの長さ）、ディジット（1本の指の幅）等々。古代ローマ人はフットとインチ（アンシア）という単位を広めたが、それは親指の太さとも関連している。これらの単位は、徐々にさまざまな制定法による尺度として統合され、現在のヤードポンド法による度量衡に集大成された。メートル法は、さまざまな尺度が混在することから生じる不便さを解消する目的で、18世紀にフランスで導入された。

定規と巻き尺

大工用定規の最も古いものは、木の細片で、1本1本手作業で目盛りが刻まれていた。折尺の起源は1600年頃にさかのぼる。細い布に目盛りを印刷した巻尺やスチール製のメジャーの前身は、なんと、結び目がいくつもついた細紐だった。

直角定規と罫引き

昔の直角定規は全体が木製だったが、18世紀半ばにはすでに、木工職人たちはそれぞれ独自に金属の細い板で直角定規や角度定規を作っていた。罫引きは19世紀後半まではかなり単純な工具で、主にブナ材から作られ、移動する定規板がくさびまたは木製のねじで固定されるというものであった。また当時のほぞ穴罫引きは、1対になった固定ピンで線を引くというもので、大工は用途に応じて種々の罫引きを使い分けなければならなかった。

斧切り加工と削り加工

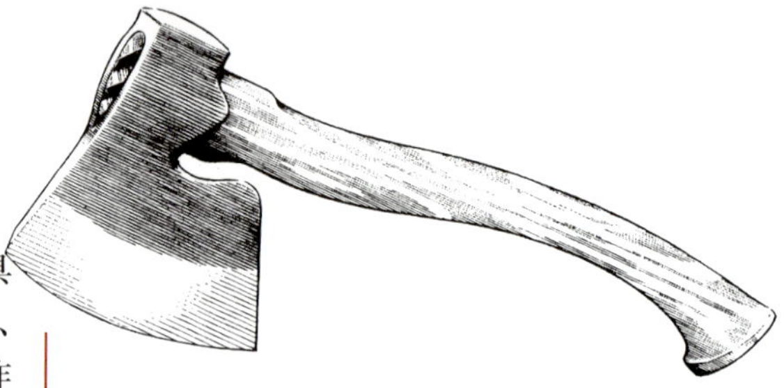

古代から丸太を角材や仕上げ材に成形する工具として、斧や手斧(ちょうな)が使われてきた。また、より小さな材木を加工するときは、かなり粗雑に作られたドローナイフが用いられた。これらの工具は20世紀初めまで実際に山林業で活躍していたが、今日でもその伝統を残そうと使い続けている木挽き職人もいる。

斧とまさかり

斧は木工の最も古い工具の1つで、長い年月の間にさまざまな職種に適応するように改良が積み重ねられ、かたちを変えてきた。サイドオックスまたはブロードオックスがその典型的なもので、船舶用の板材から家屋の梁、そして椅子の脚まで、多様な部材を削りだし滑らかにするための工具として、それぞれ特殊な形状に改良された。大型の斧から小型のまさかりがあり、材の大きさによって選択される。サイドオックス、なかでも、まさかり型のものは今でも木工工具のカタログを飾っている。

サイドオックスは木材を薄く削りやすいように刃先が曲がっており、また片刃のため浅い角度で木材にあてることができる。柄はこぶしが木材にあたらないように上方に曲がっている。

梁の斧切り加工

木を斧切り加工する方法についてまとめて記述したものは残っていないが、その理由は個々の木工職人がそれぞれ独自の得意とする技を発展させていたからだろう。通常は、樹皮を剥いだ丸太は持ち上げられて2本の横桁の上に置かれ、回転しないように“ドグ(犬)”と呼ばれる大きなかすがいで固定された。

まず梁の幅にあわせて、丸太の両側にチョークの粉をまぶした紐で2本の直線を引く。つぎにその2本の直線に対して垂直に斧が打ち込まれ、その線まで丸太の上面を分割するように幾本もの切り込みが入れられる。その後、側面を斧で削ることができるように、丸太を90度回転して固定する。

職人は丸太を片方の膝で押さえ、斧を小刻みに木理を横切るかたちで打ち下ろし、直線のところまで削りながら後ずさりしていく。この過程が繰り返され、四角い梁が作られる。

この段階で、梁の表面はかなり平らで滑らかになっているが、直接目にふれる側は、打ち下ろした斧の痕跡を消すように、さらに手斧で滑らかに仕上げられていく。

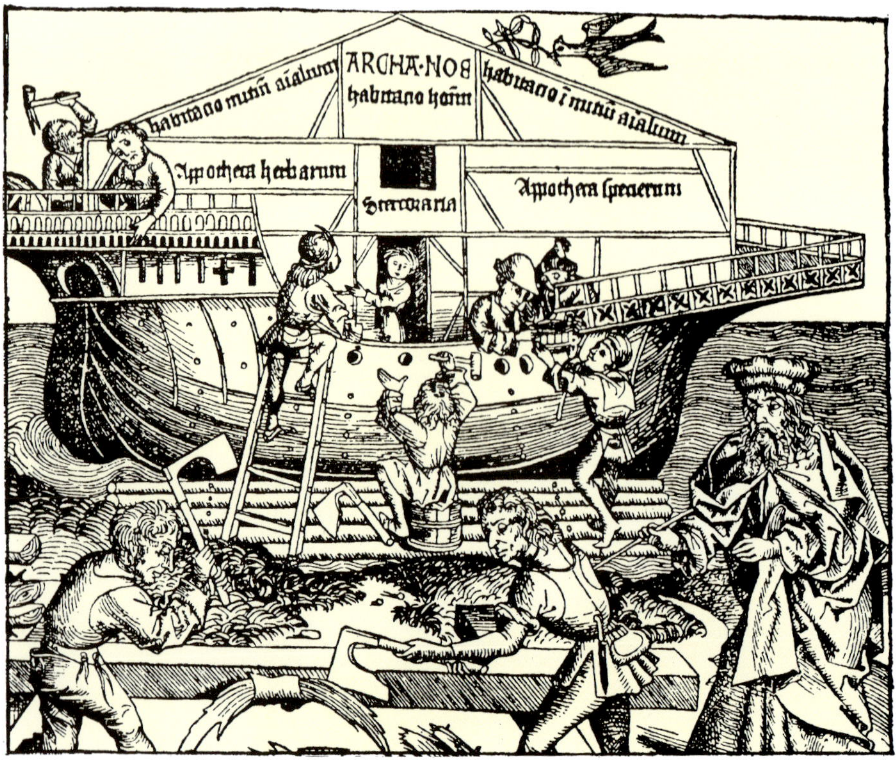

斧切りはさまざまな職種でおこなわれていた。図は中世の船大工が両手斧を用いて梁を削り出しているところ。

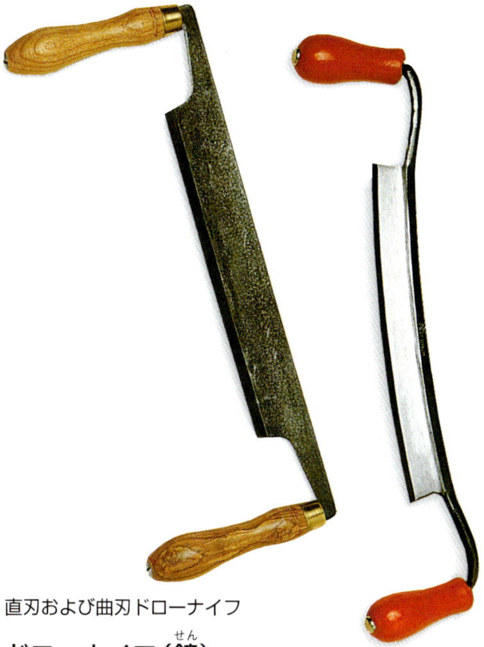

直刃および曲刃ドローナイフ

ドローナイフ（鐘《せん》）

ドローナイフも斧や手斧と同じく、古くからさまざまな職種で使われてきた。そのかたちは、簡単にいえば、直線またはわずかに湾曲した片刃の刀身で一方に角度が付いている。刀身の両端は尖った中子（なかご）に鍛造され、それが直角に内側に曲げられ、その先に握りやすい丸い柄が取りつけられている。

車大工や桶屋が使っていたものが、最も標準的なかたち。椅子職人も同様のかたちのものを使い、椅子の背もたれや腕を製作した。また旋盤にかけて脚や横木に精密加工する前の、粗削りの棒を作るときにも使われた。インシェイブは普通のドローナイフを丸く内側に折り曲げたもので、椅子のくぼんだ座部を作るときに使われる。また、スコープは、インシェイブをさらにきつく曲げ、1本の柄に両側の中子を納めたもので、木の椀を削りだすときに用いられる。

ドローナイフの使い方

ドローナイフは引くときに削るように作られた工具で、両側の柄を使って材に正確に直角で刃先を当てることにより切込み深さを制御する。職人は通常足で操作する留め具のついた切削台に材木を固定させて作業をおこなう。

手斧

手斧も今では使われることが少なくなった工具の1つだが、かつては木材の表面を平滑にするためによく用いられていた。刃先が柄に対して直角についているので、職人は自分の方に向けて短い振り子のように打ち下ろす。大工は通常手斧を、木材の廃材側を大きく削り取るときに用いていたが、それとは別のかなり軽量のもので、表面を“仕上げる”ときに使用するものもあった。丸刃手斧は、椀や椅子の座部の、凹形の部分を刳りだすときに用いられた。大工用両手手斧や、まさかりと同じ大きさの木彫用手斧は現在も市販されている。

船大工手斧

手斧の使い方

木材の上に立つか、または片方の足で木材を押さえ、自分の方に向けて手斧を振り下ろせるくらいに脚を広げ、太腿で前腕を受け止めるようにする（こうすることによって手斧が振れすぎて自分の体を傷つけることを防止する）。仕上げ加工に使うときは、浅く削るように使う。

ブナ製南京がんなと金属製南京がんな

南京がんな

南京がんなはドローナイフと同様で小さな刀身が、両端の尖った中子で木製の台木に固定されているもの。手前に引くように使うこともできるが、両方の柄を握り、手前から押して削るように使うほうが操作しやすい。現在市販されている金属製の南京かんなは、19世紀後半から製作されているものを改良したもの。

かんなとのみ

木工用かんな（プレーン）の起源は、かなり曖昧だ。ローマ時代の遺物数点を除けば、16世紀以前のかんなの形状についてはほとんど知られていない。16世紀の木製かんなは刃がくさびによって固定され、美しいかたちのハンドルや先端のつのが誇示されたものだったと記述されているが、それは多くの点で現在ヨーロッパで普及しているものに似ている。一方、イギリスとアメリカの木工職人は、ヨーロッパ型とは異なったかたちのかんなを好んでいたようだ。同じく木製ではあるが、ハンドルの先が後部を向くように取りつけられていた。木製の仕上げかんなには通常ハンドルはついていなかった。

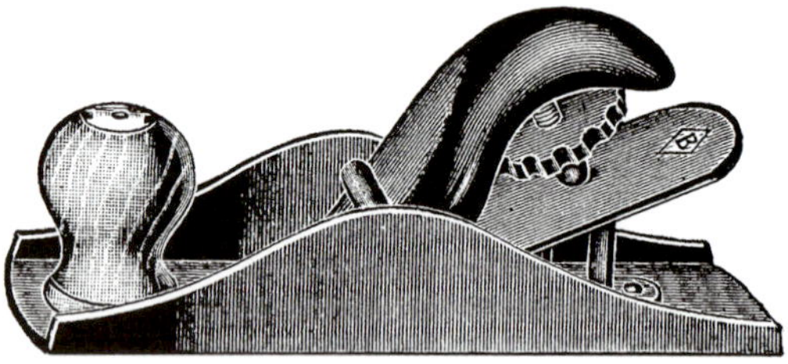

仕上げかんなまたは“棺おけ”かんな

木製か金属製か

先史時代からほとんどそのかたちを変えていない斧類とは異なり、かんなは19世紀に至るまでの長い改良と発展の歴史を持っている。最後には、調節自在の金属製かんなが作られた。最近では、使い捨て替刃を用いる台かんなも販売されている。しかしいつの時代も、新型のものが次々と紹介されても、伝統を大切にする職人達の間では旧式のものが人気を保っている。木製のかんなも1940年、50年代までも使われてきた。もし使いたいなら今日でもそのようなかんなを手に入れることができる。

アメリカ型全金属製豆かんな

ビクトリア朝の大工の工具箱には、多くの木製台かんなが収められていたが、その他にも、縁飾り用、しゃくり用、溝切り用などの特殊かんなが場所を占めていた。しかしそれらのほとんどは、今では電動ルーターによって時代遅れの物とされてしまった。とはいえ、伝統的なやり方での仕事を好む人々がそれらを入手することは可能である。さらには、デザイン的に63ページ写真の金属製のルータープレーンの前身となる、ベーシックな木製ルータープレーンを入手することも可能。

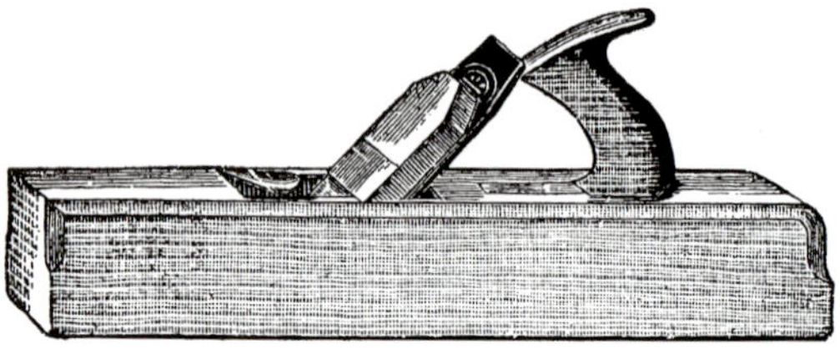

木製モールディングかんな

木製ジャックプレー

現在の木製溝突きかんな

中景に描かれている大工が、
フランスつるはしでほぞ穴をあけている。

角のみと丸のみ

ほぞ穴をくりぬくことができる幅の狭い刃先を持った工具、そのような工具は古代から必要であったようだ。1つの解決法がほぞ穴用の斧で、それは木槌で木材に打ち込まれた。フランスつるはしは扱いの難しい大きな刀身を持った斧で、両端が鋭い刃先になっており、その長さは1.5mにも達した。柄はその刃の中央についていた。短いストロークで打ち下ろし切削するというかたちで使われ、木槌でたたいて打ち込まれるというかたちではめったに使われなかった。

これらの工具よりもよく知られている工具が、石や木の切削に使われたのみである。木工のみの最古のかたちは、矩形の分厚い刃先を持った強度のある汎用型のもので、木槌でたたいて使うように作られていた。その後大工や家具職人の要求に応えるかたちで改良が加えられ、削り用、ほぞ穴用、継手用と多くの種類のものが製作された。スリックは長さが20㎝から30㎝ののみで、日本でいまでも使われている両手用薄のみに似ている（120ページを参照）。

現在われわれが使っているものと同様に、通常のみの刃には中子がついており、それが木製の柄のなかに挿入されていたが、逆に刃の元口が中空のソケット状に加工され、そこに木製の柄の先細の先端が差し込まれるかたちのものもあった。

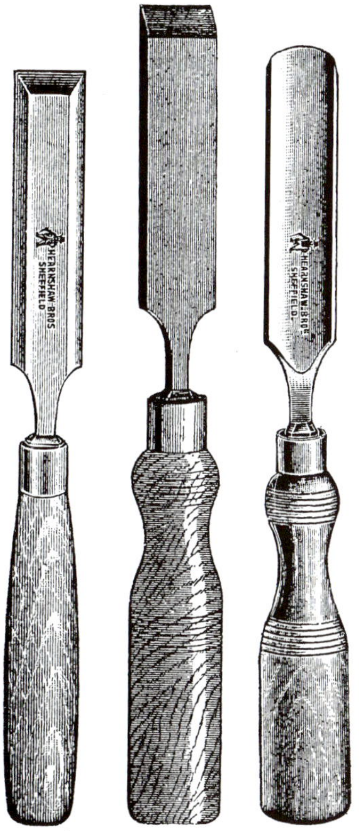

固定する

19世紀もかなり進んで木ねじが安価に生産されるようになるまで、木材どうしの固定には釘止めが多く使われていた。らせん状に溝を切った金属製のねじを用いて接合する最初の方法は、四角い頭部を持ったボルトをスパナで回しながら材中に挿入するというものであった。16世紀終わりから17世紀初め、頭部に溝のついた木ねじが登場し、同時期にそれを木材の中にねじ入れる工具も発明された。それが現在アメリカ式にスクリュードライバーと呼ばれている工具で、最初はターンスクリューという名前で呼ばれていた。

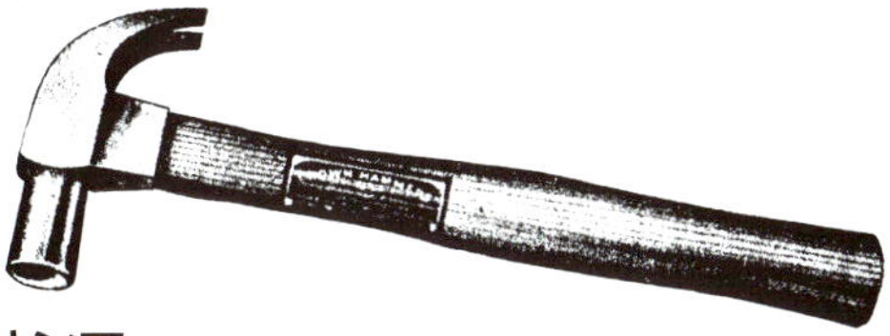

ハンマー

ハンマーに関しては新しいものは何もない。鉄の質の高さをのぞけば、現在の釘抜きハンマーと中世の大工のものとは非常によく似ている。細い釘を“仮打ち”するためのクロスピーンハンマーは19世紀初めに開発された。

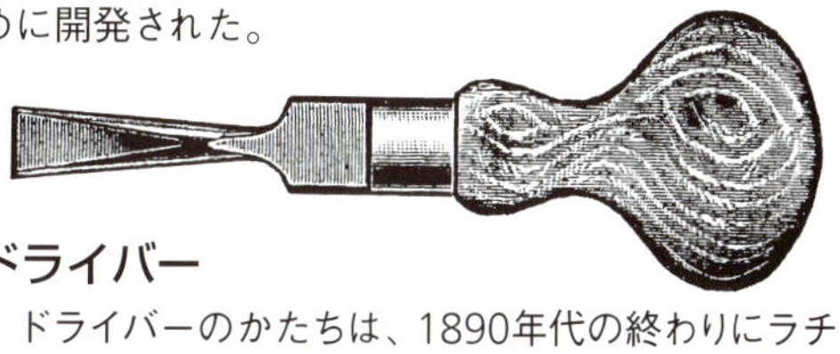

ドライバー

ドライバーのかたちは、1890年代の終わりにラチェットドライバーが発明され、さらにその後十字溝の木ねじが発明されるまでは、ほとんど変化がなかった。

穴あけ

一見したところでは、現在の千枚通しも、穴をあけるための最も単純な方法――尖った先端を木材に突き刺し、回す――にたよっているだけのように思える。しかしこの単純な工具のなかにも、最良の結果を得るため木工職人がいかにさまざまな方法を試みてきたかを知ることができる。たんに尖った先端を強い力で木材に突き刺すだけでは、木材の繊維を広げ、木理にそって亀裂を作り、結果的に錐の位置が不安定になってしまう。千枚通しの先端がくさび形をしているのは、それを木目に垂直に刺すことによって木繊維を切断するためである。それを回転させることによって理想的な丸い穴をあけることが可能になる。

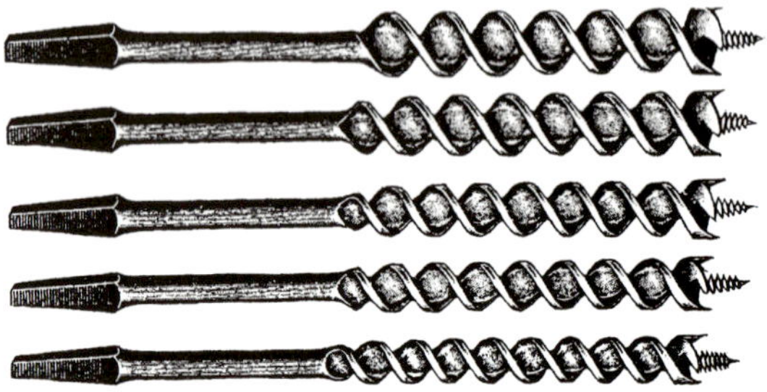

オーガービット

ドリルと繰り子

穴をあける電動工具の前身として、弓ドリルとポンプ式ドリルがあった。両方とも軸に紐が巻きつけられ、それで“ビット”に往復回転運動を伝えるという仕組み。大工用繰り子はビットを同一方向だけに回転させる。初期のものは、穴の口径に応じて異なった繰り子を使わなければならなかったが、その後口径の違うビットでも装着できるものが発明され、飛躍的に便利になった。繰り子の元口にある先細の四角い穴に、木片すなわち“パッド”を固定し、それに金属製のビットをはめ込むという方法。さらにスプリング式の歯止めが、交換用ビットの四角い中子のV字型の切れ込みにはめ込まれるかたちでビットを固定する繰り子が開発された。木製の繰り子は魅惑的な工具で、現在でもコレクター垂涎の的になっている。19世紀中頃には、全金属製の安価で頑丈な繰り子がそれにとってかわった。

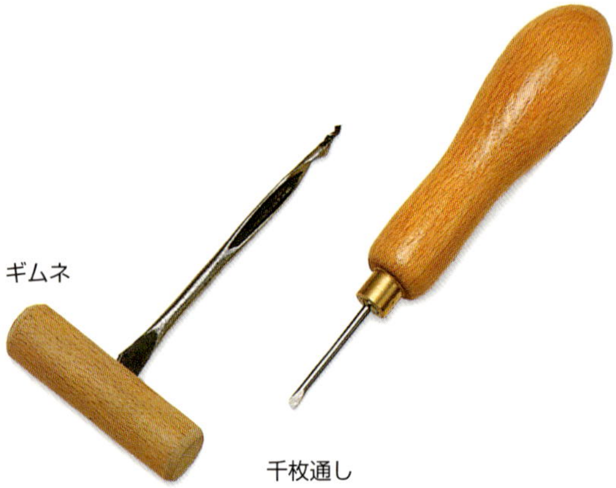

ギムネ

千枚通し

ギムネとオーガー

ギムネは千枚通しと同じ働きをする工具だが、それよりももっと深い穴をあけることができる。というのは、その先端がスクリュー状になっているため錐を深く材中に引き込むことができ、また軸についたらせん状の縦溝が切屑を排出するからだ。オーガーはギムネの大型のもので、口径の大きい穴をあけることができる。材の中にそれをねじ込み、途中で切屑を取り出すため引き抜くには、かなりの力が必要とされる。

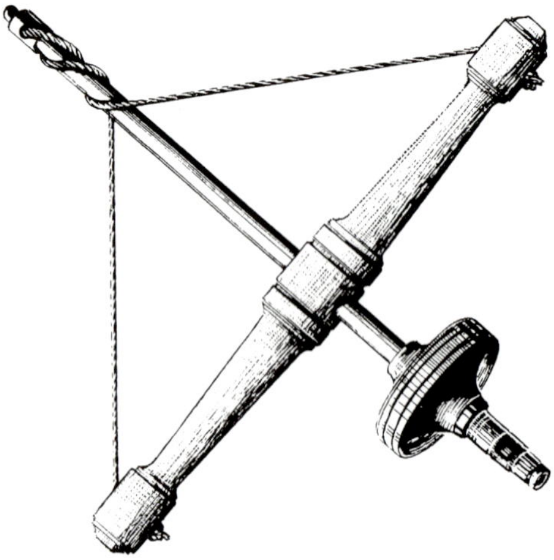

レシプロポンプドリル

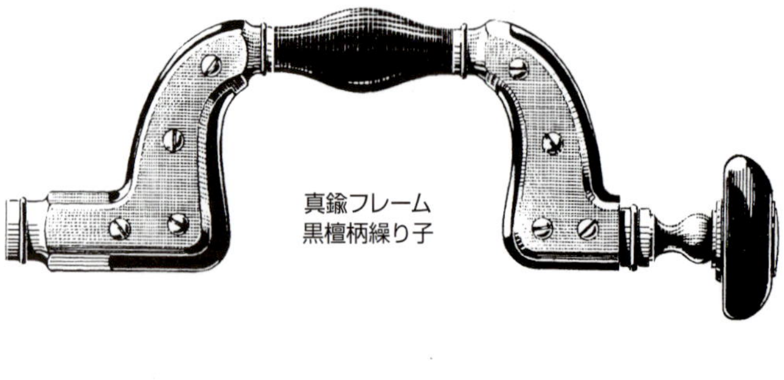

真鍮フレーム
黒檀柄繰り子

Chapter 2 規　矩

MARKING TOOLS

「優秀な木工職人は
二度測り一度切る」――
この意味深い教訓が、
どれほど多くの若い大工見習いに
与えられ、彼らが木材を
切りまちがえ無駄にすることから
救ってきたことだろう。
しかしどんなに慎重な木工家でも、
不正確な、手入れの行きとどかない
測定器具を使っていたのでは、
けっして最善の仕事をすることは
できない。だから質のよい
測定器具だけを購入し、
大切に扱うようにしよう。

定規と巻き尺

測定器具は最上のものであっても、それほど高いものではないので、ほとんどの木工家が用途にあわせて多くの種類の定規や巻き尺を揃えている。とはいえ、同一作業においては同一の定規、巻尺を使うことが肝要。器具のあいだに誤差があるかもしれないからだ。メーター法とヤードポンド法の両方の目盛りがついた定規や巻尺を購入するのは合理的だが、実際の仕事の場で両方の尺度を使い混乱することがないように注意する必要がある。同一の部材を複数作るときは、まず1つの部材を正確に測り、それを型にして他の部材の墨付けをすると、正確に同じものができる。

折尺

大工用折尺は、ツゲ材の定規、真鍮のヒンジ、そして止具からできていて、現在でも伝統を大切にする職人のあいだではひろく使われている。大部分のものが、最大に伸ばしたとき1mになるもの。折尺はかなり厚みがあるので、材に正確な寸法を移すとき立てる必要がある。プラスチックでできた折尺は、目盛りの部分に斜角がつけてあるので、この問題はない。

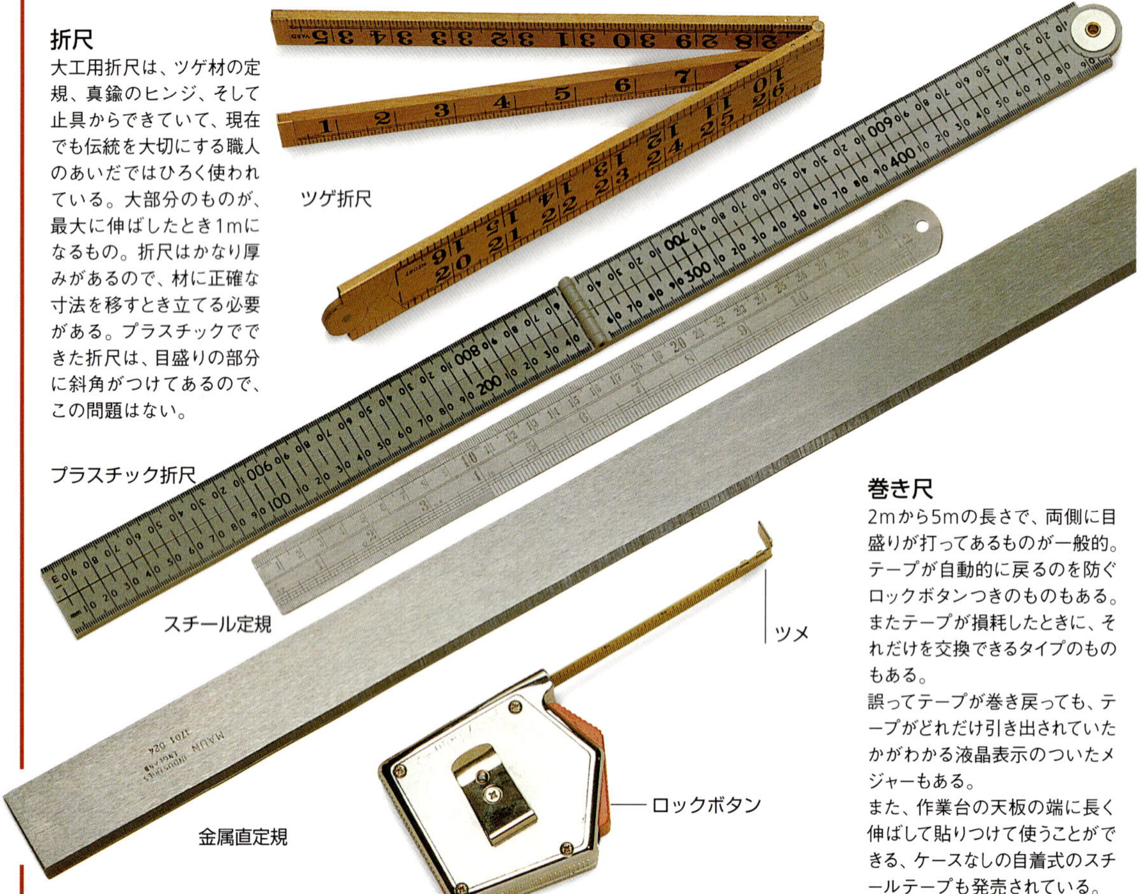

巻き尺

2mから5mの長さで、両側に目盛りが打ってあるものが一般的。テープが自動的に戻るのを防ぐロックボタンつきのものもある。またテープが損耗したときに、それだけを交換できるタイプのものもある。
誤ってテープが巻き戻っても、テープがどれだけ引き出されていたかがわかる液晶表示のついたメジャーもある。
また、作業台の天板の端に長く伸ばして貼りつけて使うことができる、ケースなしの自着式のスチールテープも発売されている。

スチール定規

30㎝のステンレス製定規は、短い材に墨付けをするとき、あるいは電動工具の定規を調節するときに便利。また短い直定規のかわりとしても使える。

直定規

50㎝から2mのどっしりとした直定規は、どんな作業場にも必ず1本は必要だ。端に斜角がつけてある直定規は、カッターをそわせて材をカットするとき、またかんなで削った表面が完全に平らになっていることを確かめるときに最適。メーター法またはヤードポンド法の目盛りのついたものもある。

ツメつき定規

材の端からの長さを測るとき、先端にツメのついたスチール定規が便利。

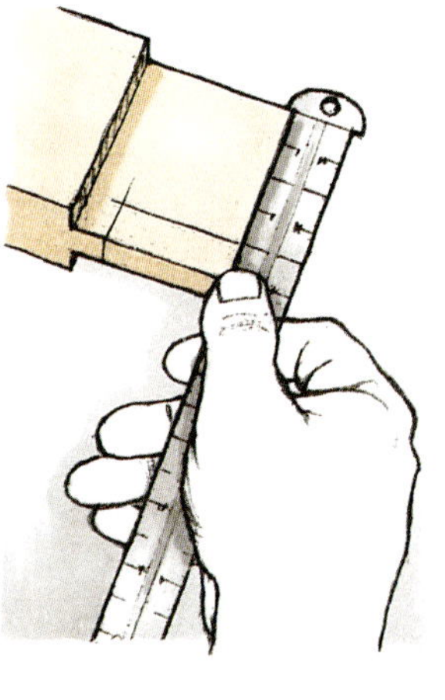

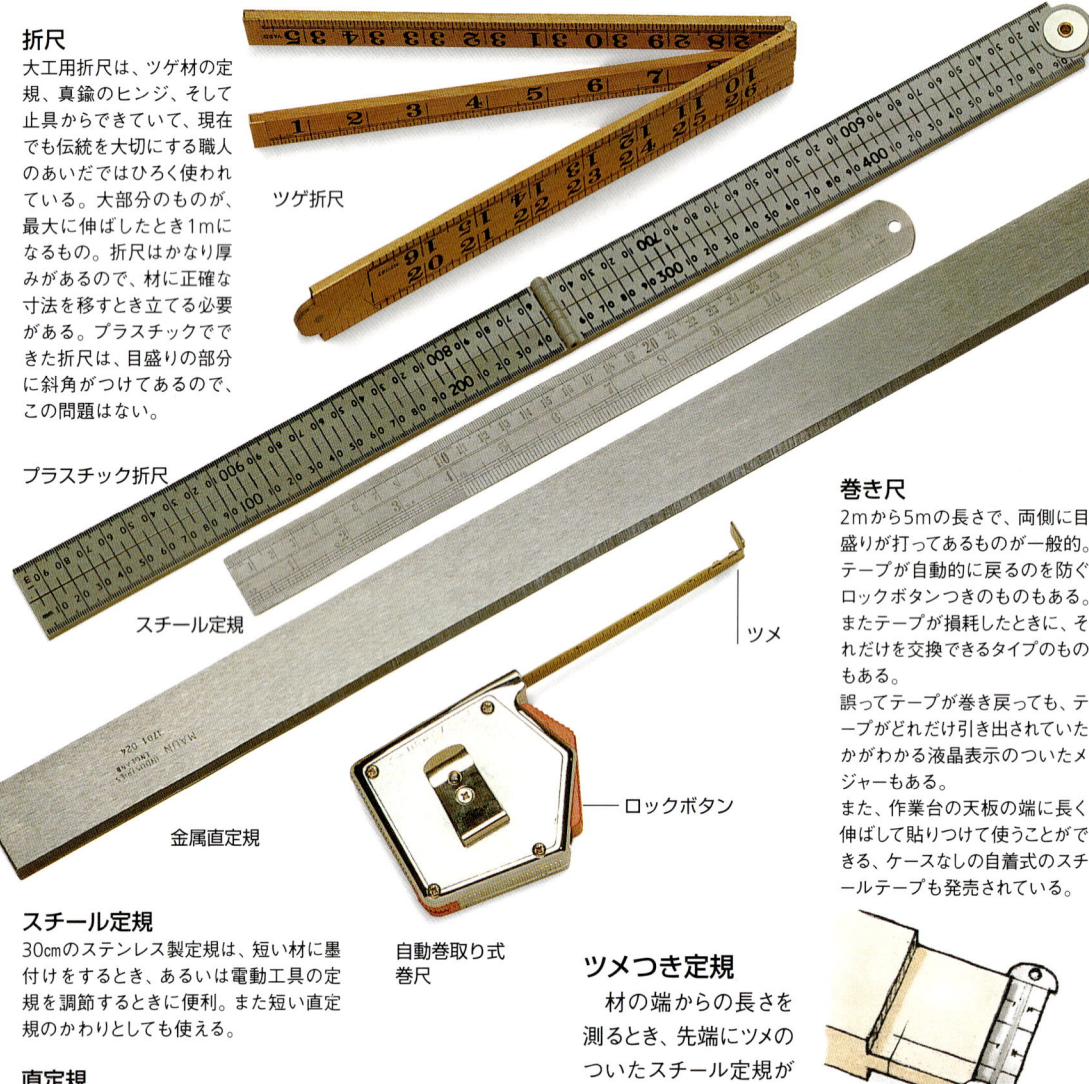

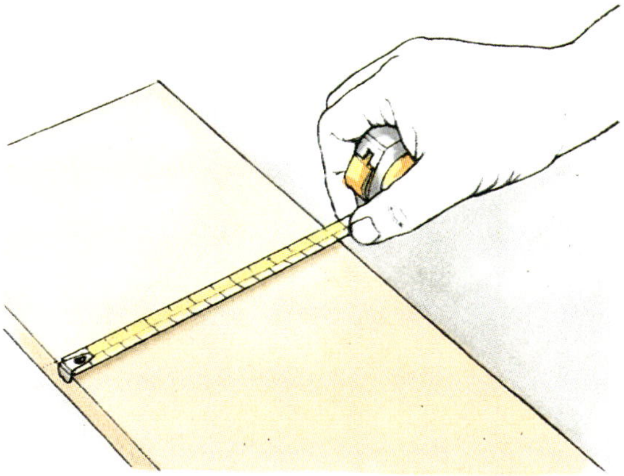

外寸の測定

材の外寸を巻尺で測定するときは、メジャー先端のツメを材の一方の端に引っ掛け、反対側の端の目盛りを読む。

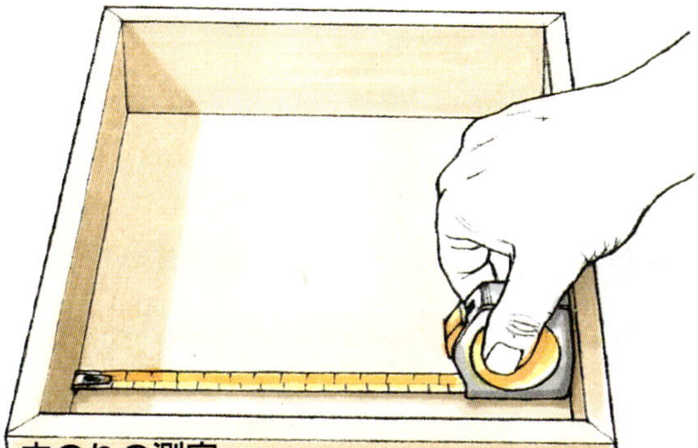

内のりの測定

2つの部材にはさまれた内のりを測定するときは、テープ先端にリベット留めしてあるツメを一番手前まで移動させる。こうすることによってツメの厚さを補正することができる。ツメを一方の部材の壁に押しあて、テープがケースから出ている箇所の目盛りを読む。つぎにその長さにケース本体の長さをプラスすると正味の内のりがでる。

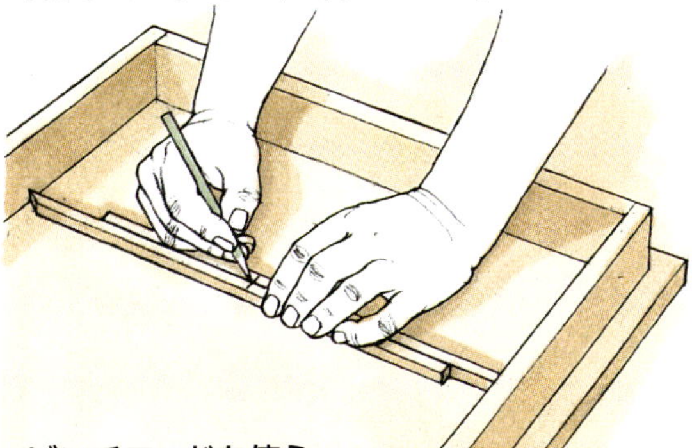

ビンチロッドを使う

内のりを測定するもう1つの方法に、2本のまっすぐな細い木の棒を横に並べて材のあいだに渡し、適当な箇所に2本をまたぐ線を引き、相対的な位置に印をつけておくという方法がある。2本の棒を握ったまま線がずれないように別の材に移動させると、正確な寸法を移すことができる。

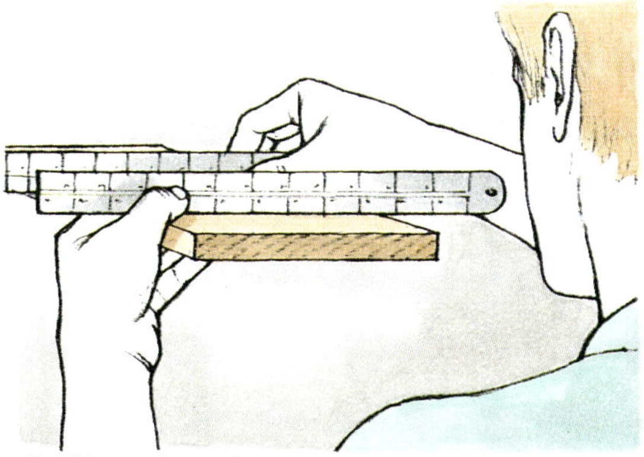

曲がりのチェック

板のねじれ、または“曲がり”の有無をチェックするときは、2本のスチール定規を端から端に渡す。その2本の定規が平行に見えるならば曲がりは生じていないということになる。

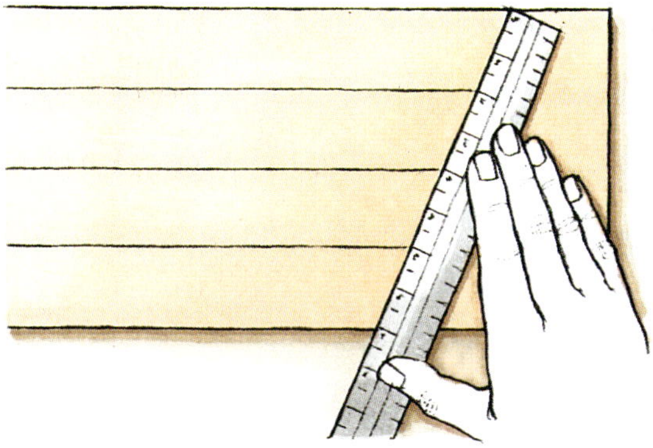

材の等分割

材の等分割は、どんな定規、メジャーを使っても簡単にできる。たとえば材を4分割する場合、一方の端に定規の先端をあわせ、4の倍数になる目盛りがもう一方の端にくるように定規を斜めに渡す。あとは4等分した長さに印をつければよい。

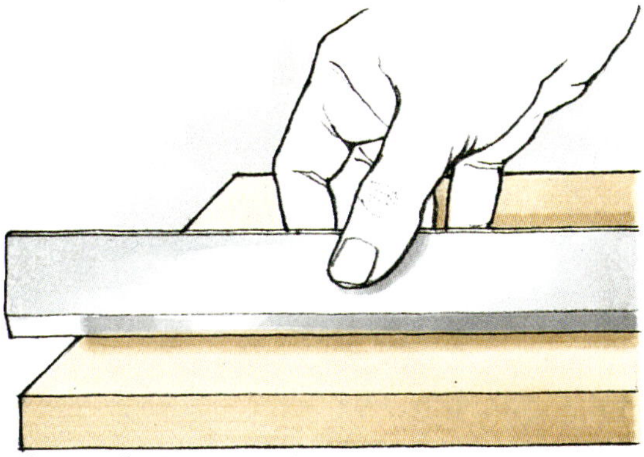

表面の水平のチェック

板の表面が水平かどうかを確かめるときは、直定規を横向きに立てて板の表面に置く。直定規が前後に揺れるときは、隆起があり、また直定規の下から向こう側の光がもれているのが確認できたら、くぼみがある証拠。直定規をさまざまな方向に動かして、表面全体の凹凸をチェックしよう。

直角定規と角度定規

直角定規と角度定規は、材に線引きをするとき、そして個々の部材や組立品の制度チェックするときに用いる。

直角定規

正確な直角を出すための工具で、最高級品は、ブルースチール製の長手を、真鍮でふち取ったローズウッドの妻手にリベットで留めたもの。長手が30cmの直角定規が一般作業用として最適だが、それよりも小型の全金属製の技師用の直角定規があると、精密な作品の製作や電動工具の調節をするときに便利。

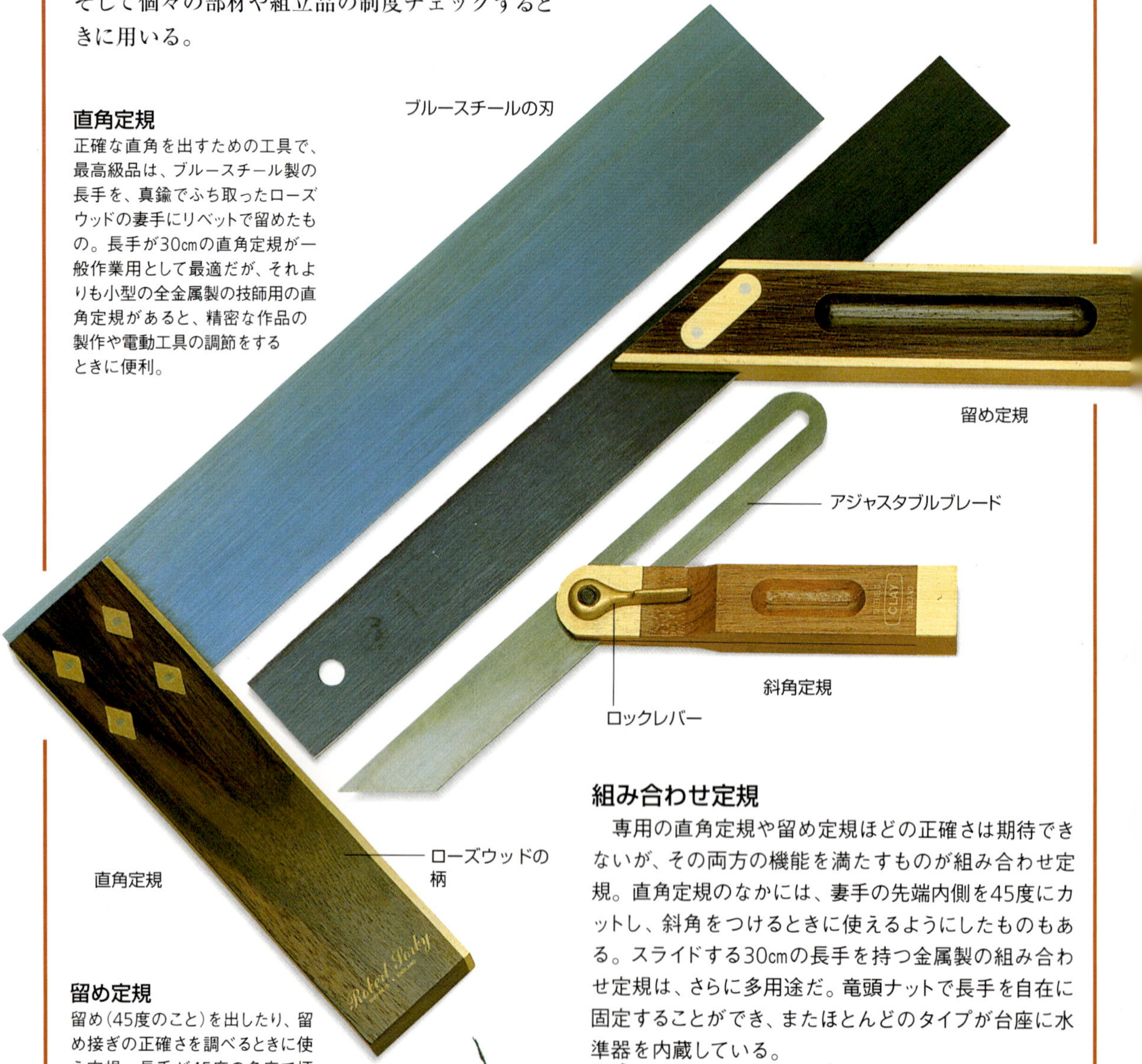

留め定規

留め（45度のこと）を出したり、留め接ぎの正確さを調べるときに使う定規。長手が45度の角度で柄に固定されている。

スライド式角度定規（斜角定規）

角度を自在に調節できる定規で、自由に動く長手を角度にあわせ、小さな真鍮製のレバーまたは蝶ナットで固定する。

組み合わせ定規

専用の直角定規や留め定規ほどの正確さは期待できないが、その両方の機能を満たすものが組み合わせ定規。直角定規のなかには、妻手の先端内側を45度にカットし、斜角をつけるときに使えるようにしたものもある。スライドする30cmの長手を持つ金属製の組み合わせ定規は、さらに多用途だ。竜頭ナットで長手を自在に固定することができ、またほとんどのタイプが台座に水準器を内蔵している。

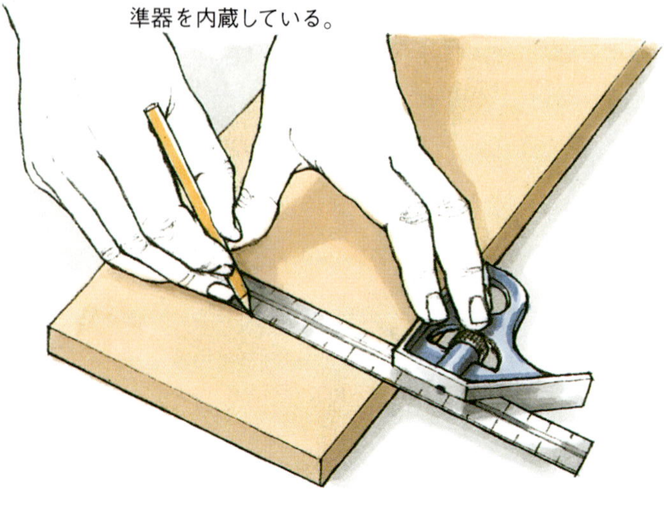

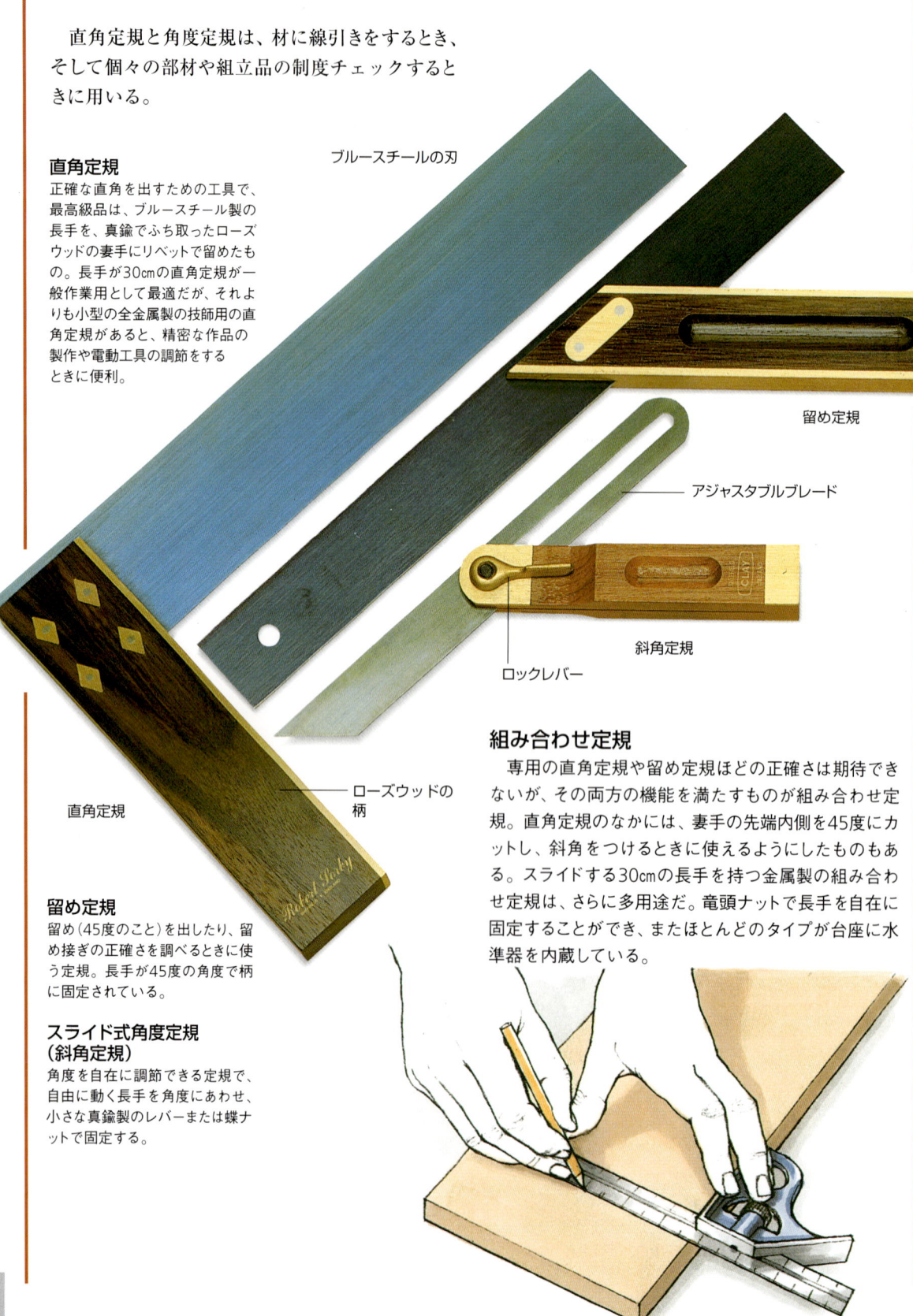

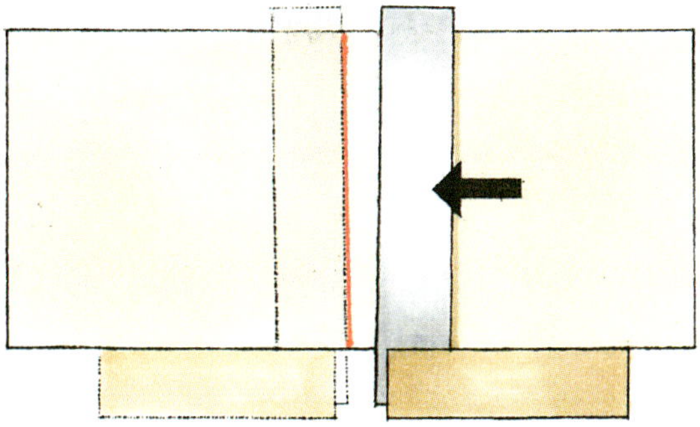

直角定規の精度検査

直角定規はときどき精度検査をする必要がある——長手が固定されていない組み合わせ定規の場合はとくに重要。直角定規で材の1辺に対して直角に線を引き、つぎにその同じ直角定規を裏返してその線にあわせてみる。鉛筆の線と長手の辺がぴったりあえば、その直角定規は正確ということになる。

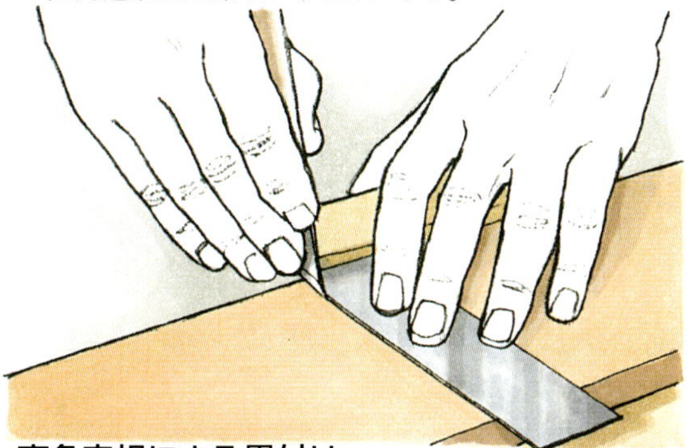

直角定規による墨付け

材を直角な胴付を印付けるときは直角定規を使う。最初はまず鉛筆で接合部に線を引くが、のこやのみを入れる線は、必ずその後片刃の白書きで墨付けをする。そうすることによって材の表面の繊維が切断され、正確な線が出せる。

白書きの先端を鉛筆の線の上に置き、直角定規の長手の辺をナイフの刃先の平らなほうに押しつける。直角定規の柄を材の見込面にしっかりと押しつけて保持し、鉛筆で墨付けした線にそって白書きを手前に引く。

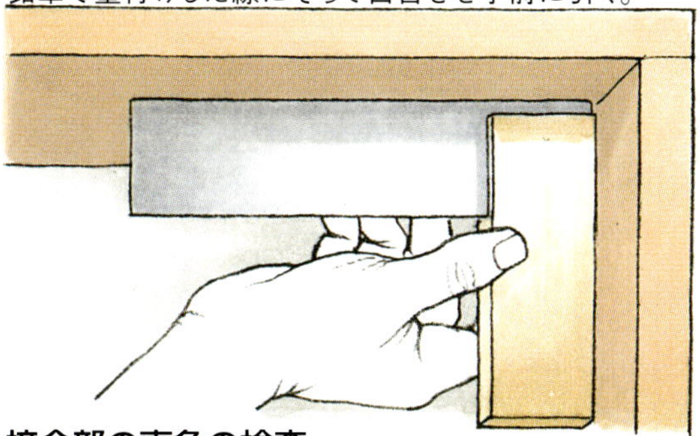

接合部の直角の検査

材を直角に接合するときは、接合部の内側の角に直角定規をあてる。長手と妻手がぴったりあえば、正確に接合できている。

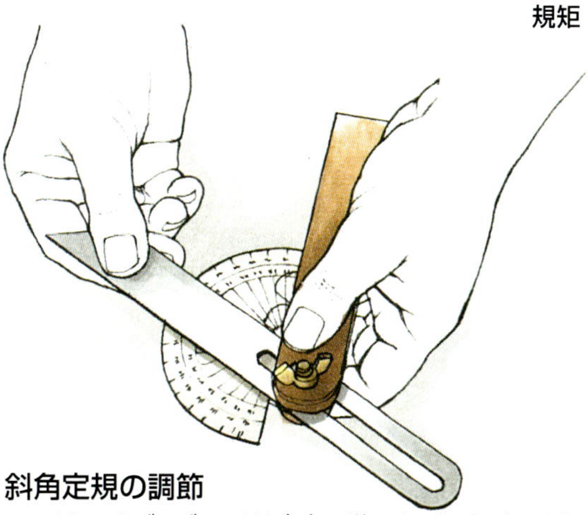

斜角定規の調節

アジャスタブルブレードを自在に動かすことができるようになるまでロックレバーをゆるめる。分度器の底辺に柄を押しあて、刃を角度にあわせ、レバーをきつく締める。

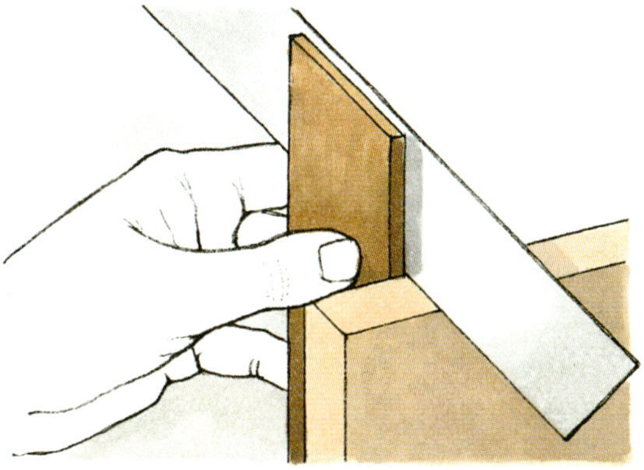

留めおよび斜角の検査

留め定規または斜角定規を、アジャスタブルブレードが斜角のついた側面にあたるように置き、そのまま材の端から端までスライドさせて角度を検査する。

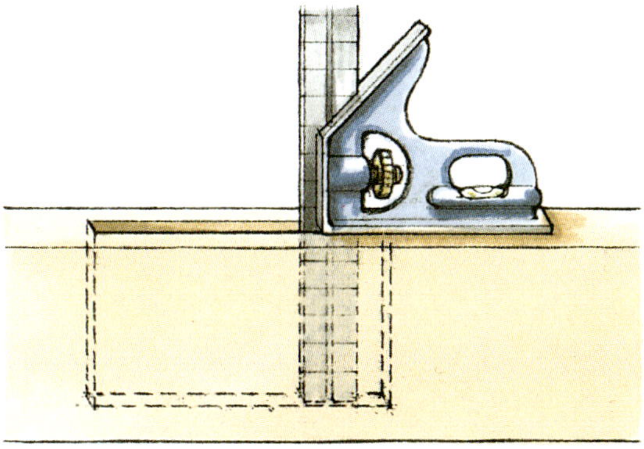

直角定規による深さ測定

ほぞ穴の深さを測定するときも組み合わせ直角定規を使うことができる。竜頭ナットをゆるめ、アジャスタブルブレードの先端をほぞ穴の底に押しあて、同時に台座の底を材の表面に押しつける。そのまま竜頭ナットを締め、器具を持ち上げて台座から刃が出ている箇所の目盛りを読めば、それがほぞ穴の深さになる。

罫引き

材の縁にそって正確に平行な線を刻むときに用いる工具。組手の線引きや、しゃくりの線を刻むときに使用する。

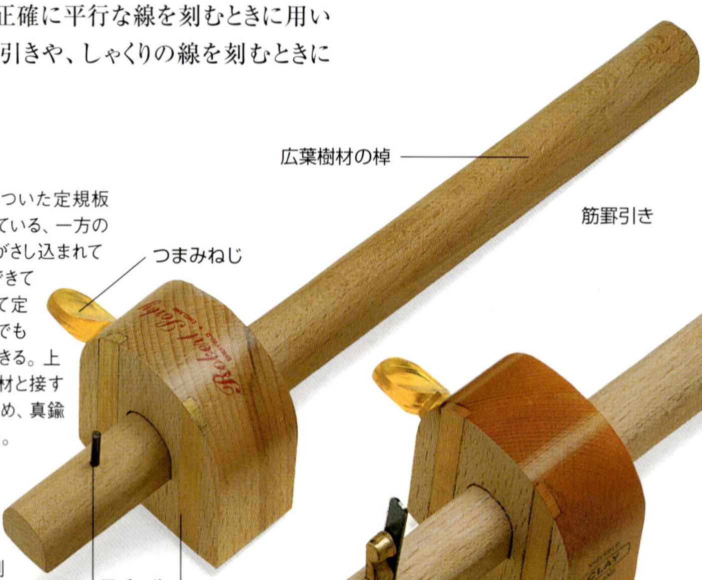

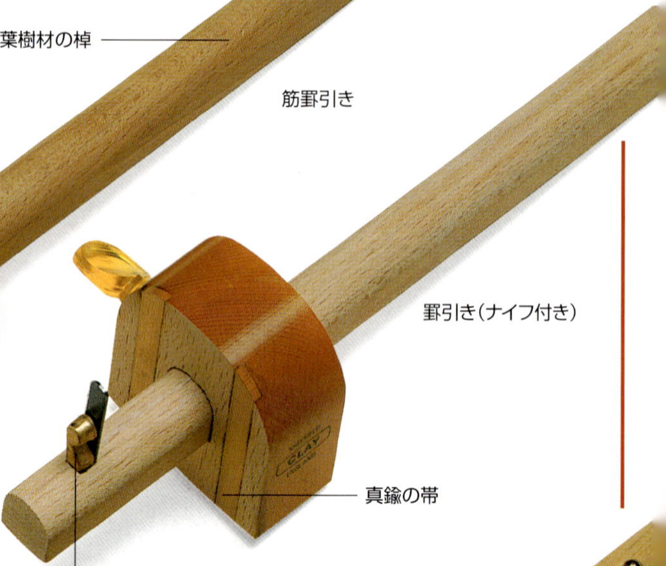

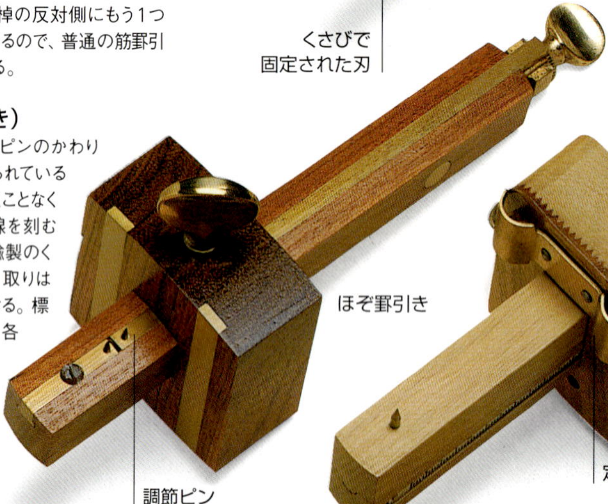

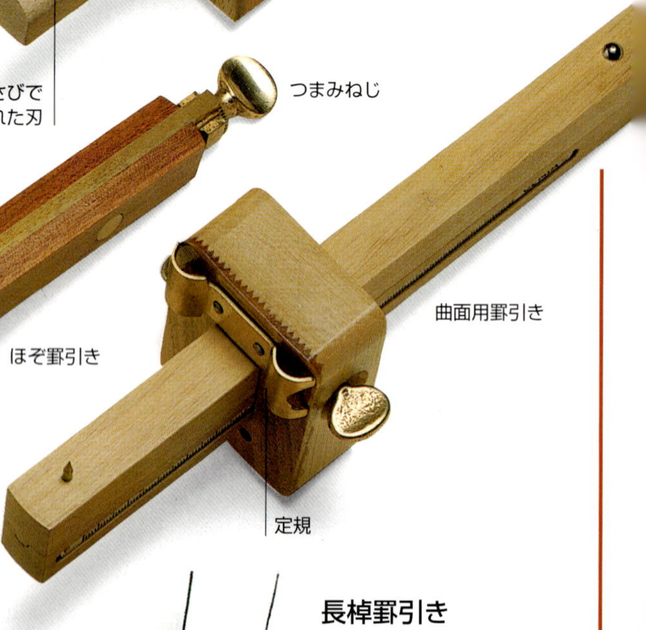

罫引き

この罫引きは固定具のついた定規板と、その中心部を貫通している、一方の端に鋭い鋼鉄製のピンがさし込まれている広葉樹材の棹からできている。つまみねじによって定規板を棹のどの位置にでも自在に固定することができる。上質な罫引きは、定規板が材と接する部分に、摩耗を防ぐため、真鍮の帯がはめ込まれている。

ほぞ罫引き

この罫引きには2本のピンがついており、一度にほぞ穴の両側に線を刻むことができる。上質なほぞ穴罫引きは、棹の後尾にあるつまみねじによって、スライドするほうのピンを高精度に固定することができる。ほとんどのほぞ罫引きには、棹の反対側にもう1つ固定ピンがつけられているので、普通の筋罫引きとして使うこともできる。

罫引き（ナイフ付き）

この罫引きは、尖ったピンのかわりに小さな刃が取りつけられているもので、木の繊維を裂くことなく木目を横断するように線を刻むことができる。刃は真鍮製のくさびで止められており、取りはずして研磨することができる。標準の線刻み用の刃は、各種の組手の加工に用いられ、丸い刃先をしている。ナイフ状の刃を取りつけ、単板の小片を切断するために使うこともできる。

曲面用罫引き

普通の筋罫引きを使って曲面に平行に線を刻むことは実際上無理だ。曲面用罫引きは、定規板の側面に真鍮製の定規があり、それが2点で材に接するようになっているため、定規板が曲面にそって滑らかに動くことができる。この工具は、普通の筋罫引きとして使うこともできる。

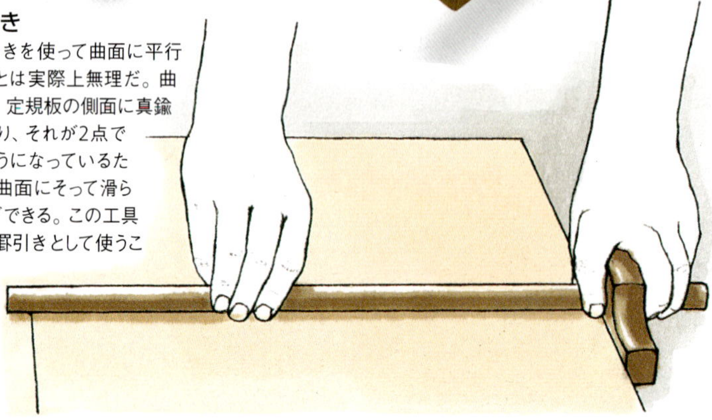

長棹罫引き

筋罫引きは、通常棹の長さは20㎝だが、この罫引きは集成材に線を刻むための80㎝の長さまでの棹を持っている。定規板も幅が広く、くさびまたは木製の締めつけねじで固定する。

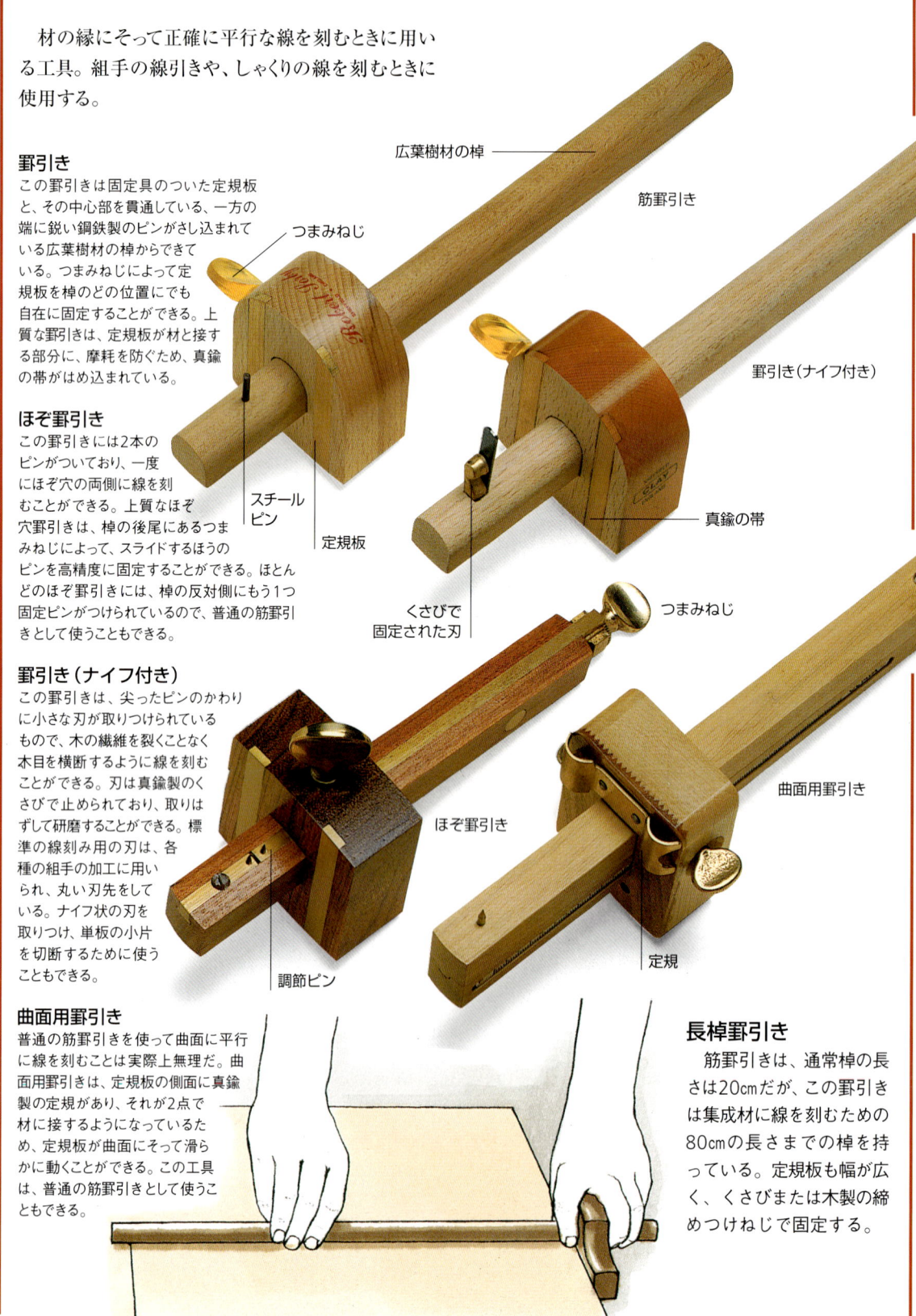

1　筋罫引きの位置決め

筋罫引きのなかには、定規板の位置を決めやすいように棹に目盛りの打ってあるものもあるが、通常はピンに定規の目盛りを合わせ、定規板を定規の先端にあたるまで親指で移動させて固定する。

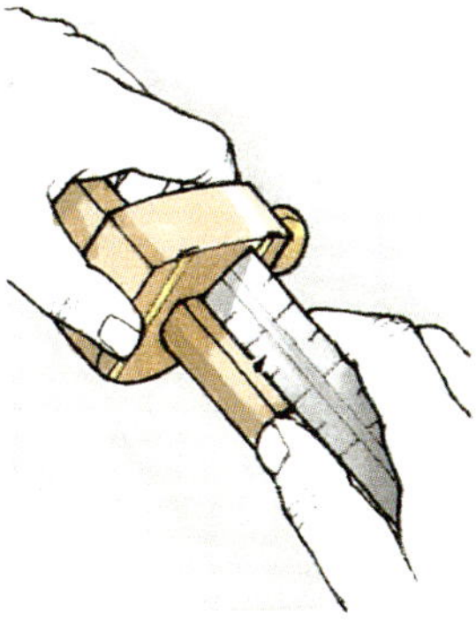

2　筋罫引きの微調整

つまみねじを締め、定規板の位置を確認する。必要ならピンと定規板の距離を広げたいときは棹尻で作業台を軽く打ち、逆に距離を縮めたいときは棹頭で作業台を軽く打って微調整する。

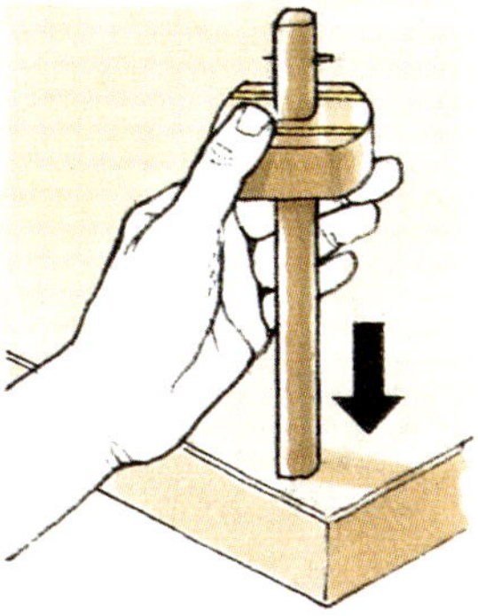

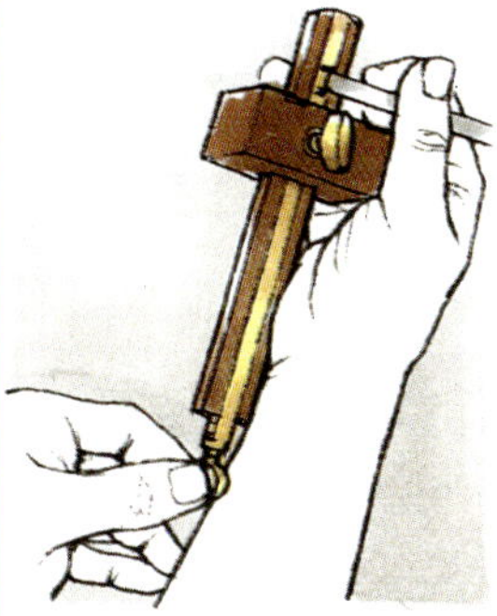

ほぞ罫引きの位置決め

ピンとピンの間の距離を、ほぞ穴のみの幅に合わせて位置決めし、棹と定規板の位置を脚や框の厚さにあわせて固定する。ほぞ穴にさし込むほぞの側にも、ピンの位置を動かさず、同様に棹と定規板の位置を決めて線を刻む。

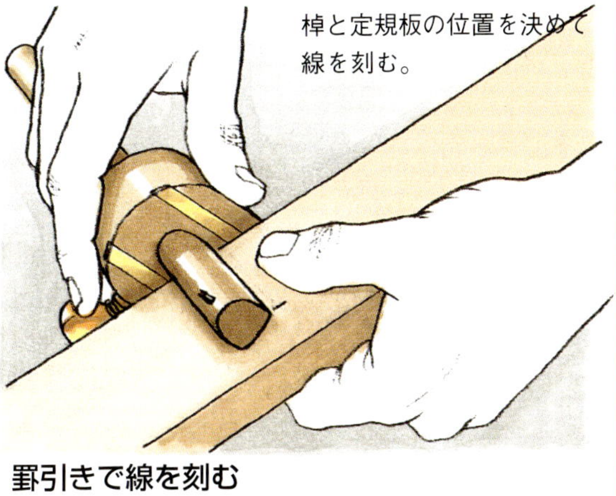

罫引きで線を刻む

ピンの先が自分のほうを向くように、材の上に棹を置き、つぎに定規板を材の側面にあたるまで移動させる。定規板を手前側に回転させてピンで材に印をつけ、そのまま材にそわせて罫引きを向こう側に押す。こうすると、くっきりした線を刻むことができる。

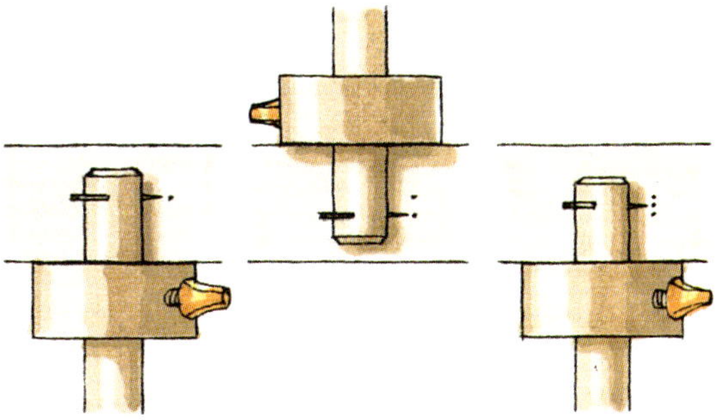

中心線を罫引く

栈や框の中心を出すときは、まずできるかぎり正確に筋罫引きの位置決めをし、1本のピンを使って、最初は材の手前から、つぎに反対側から印をつける。その2つの点が、届かなかったり、行き過ぎたりしているときは、正確に一致するまで調整しなおす。

即席の罫引き

それほど精密さを必要としない木工作業の場合は、鉛筆を使って罫引きのように線を引くことができる。

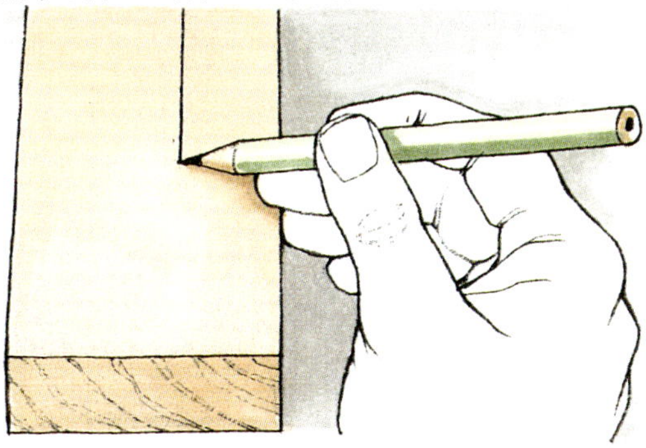

指先を使う

指先を材の縁にそって動かすことで、鉛筆の先を縁に平行に保つことができる。

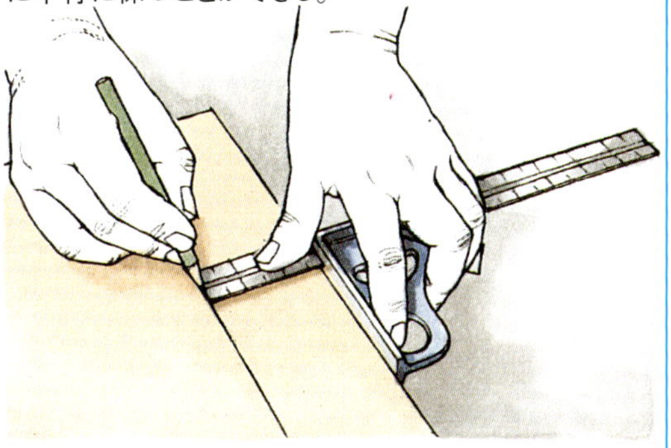

組み合わせ定規で平行線を引く

材の縁からかなり離れたところに平行線を引くときは、組み合わせ定規の台座の底を材の縁にあて、長手の先に鉛筆をそわせて動かすといい。

木材の寸法出し

すべての部材が正確な寸法に切断され、接合する面がかんなで水平にされ、部材の各面が直角になっていること、これがあらゆる木工作業の前提条件である。

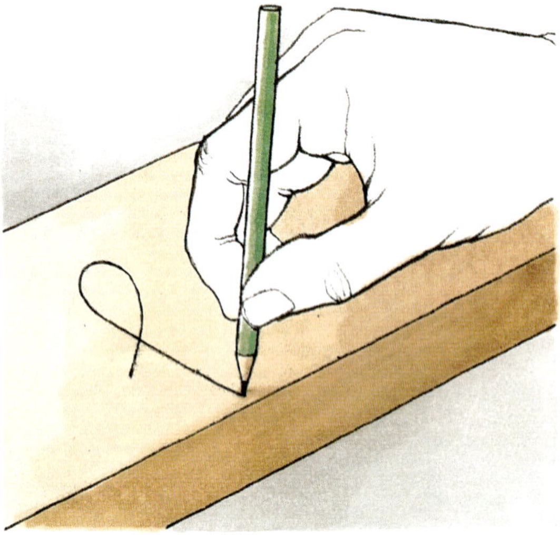

1　見付面を決める

最も魅力的に感じられる傷のない面を選び、その面をかんなで平滑にかんながけする。その面が“見付面”であることを示すために、鉛筆で輪を描き、その線をそのまま一方の木端面まで伸ばす。

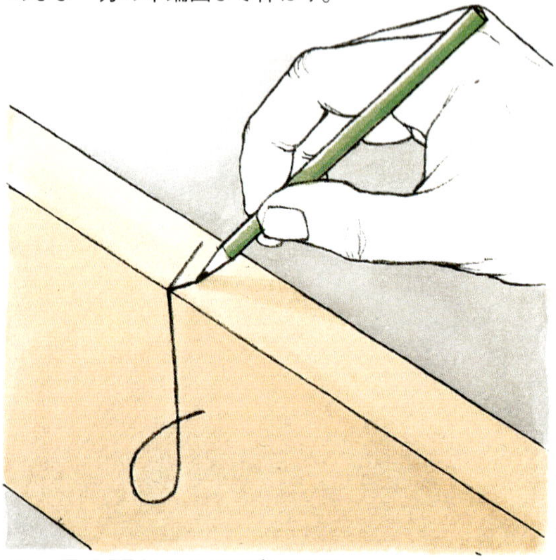

2　見込面をかんながけする

見付面と直角になるように直角定規で直角を確認し、その面が“見込面”であることを示すために、矢印を見付面に向けて書き込む。つぎにこの仕上げられた2面を基準に各面を測定し、正確に寸法を合わせていく。

3　所定の厚さにかんながけする

筋罫引きを所定の厚さに調節し、両木端面とも見付面側からあてて線を刻む。その線まで、仕上げされていない面をかんながけし、水平でかつ見込面に直角に接していることを確認する。

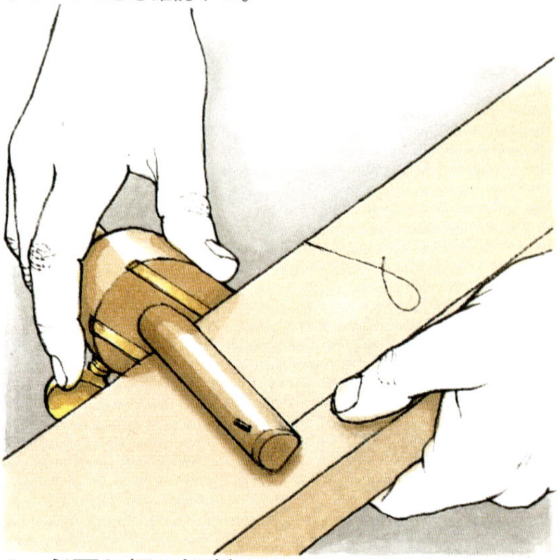

4　必要な幅に切断する

筋罫引きを必要な幅に合わせて固定し、見込面に平行に線を刻む。線の端材側をのこで切断し、最後にその線までかんながけする。この最後の角が直角になっていることを直角定規で確認する。

Chapter 3 のこ

SAWS

早挽き用も曲線挽き用も、
そして手のこでも電動のこでも、
のこが木を切るときの
仕組みは基本的に同じだ。
のこの種類に応じて、
その鋭い歯は小さなのみのように、
あるいはナイフの刃のように
振る舞い、微細な削り屑や
裂片をのこ屑として床に
落としながら、のこ身の厚さよりも
わずかに広い幅の溝、
“挽き道”を残していく。

手のこ

手のこは、かんなをかける前段階として、無垢の厚板や、木質ボードをより小さな部材に製材するための工具。最高級の手のこは、のこ自体の重さを軽減し、バランスを良くするために、のこ身の背が先端に向かってゆるやかなS字曲線を描いている(スキューバック)。またのこの刃先の上の部分が、挽き道が大きくならないように刃先よりも薄くなるように研がれている(ホローグラウンド)。

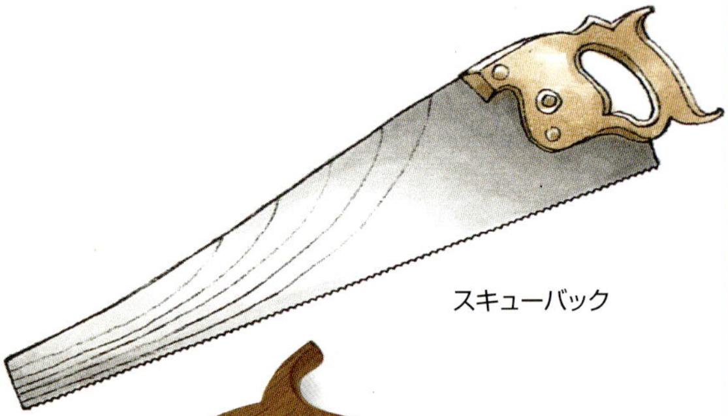

スキューバック

縦挽きのこ

無垢材を木理にそって切断するときに使うのが縦挽きのこで、65cmののこ身を持つ最も大きな手のこだ。縦挽きのこの歯は、歯喉がほぼ垂直に立ち上がり、のみの刃先のように、目立てされている。最小のものをのぞき、歯は交互に左右に曲げてあり(あさり)、のこ身よりも広い挽き道ができるようになっている。これにより、のこが材のなかで身動きできなくなるのを防ぐことができる。縦挽きのこは、通常5から6のPPIで歯がついている(次ページを参照)。

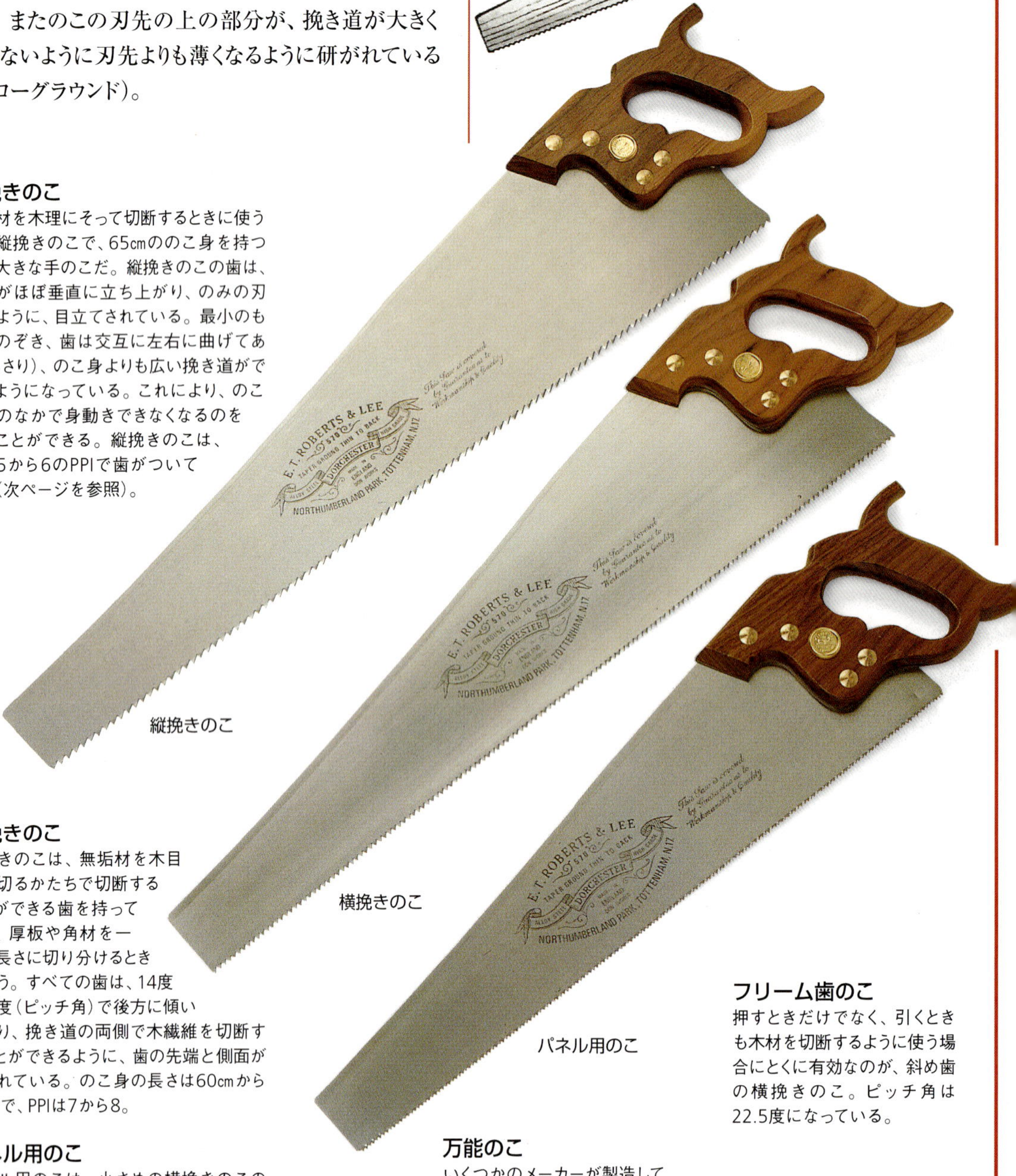

縦挽きのこ

横挽きのこ

パネル用のこ

横挽きのこ

横挽きのこは、無垢材を木目を横切るかたちで切断することができる歯を持っており、厚板や角材を一定の長さに切り分けるときに使う。すべての歯は、14度の角度(ピッチ角)で後方に傾いており、挽き道の両側で木繊維を切断することができるように、歯の先端と側面が研がれている。のこ身の長さは60cmから65cmで、PPIは7から8。

パネル用のこ

パネル用のこは、小さめの横挽きのこの歯が10PPIでついたもので、主に木質ボードを切るするときに用いる。また無垢材を横挽きするときにも使うことができる。のこ身の長さは、通常50cmから55cm。

万能のこ

いくつかのメーカーが製造しているが、歯のかたちは横挽きのこに似ており、木目にそっても、それを横切るようにも切断することができる。6から10までのPPIのものがある。

フリーム歯のこ

押すときだけでなく、引くときも木材を切断するように使う場合にとくに有効なのが、斜め歯の横挽きのこ。ピッチ角は22.5度になっている。

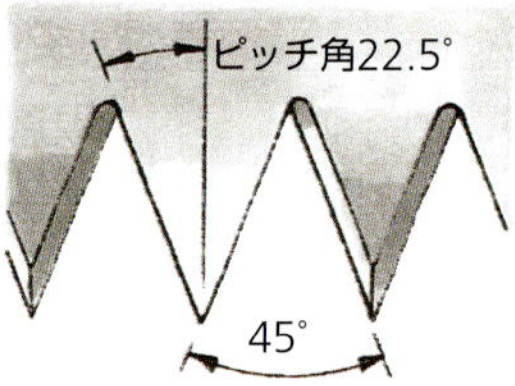

のこ歯の硬化

現在市販されているのこのなかには、高周波により硬化処理をしたものがある。硬化処理したのこは、青黒い光を放っている歯が特徴で、加工していないものにくらべ、切れ味が長く保たれる。しかしこののこの歯は非常に硬いので、研磨は専門の職人に依頼すること。

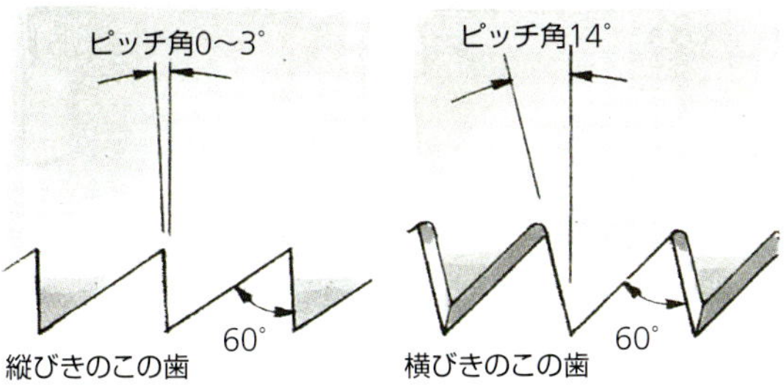

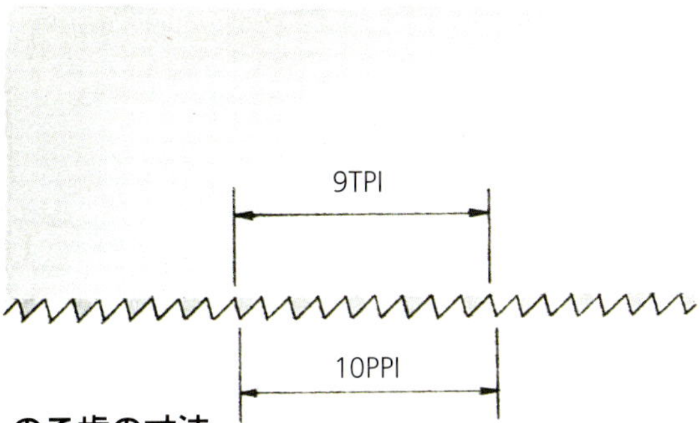

のこ歯の寸法

メートル法の普及にもかかわらず、現在でものこ歯の寸法は、歯の底から底を測って、1インチに何本の歯がついているか――TPI――あるいは、歯先から歯先までを測って、1インチに何本の歯がついているか――PPI――によって表示される。当然PPIのほうがTPIよりも1だけ数が大きい。

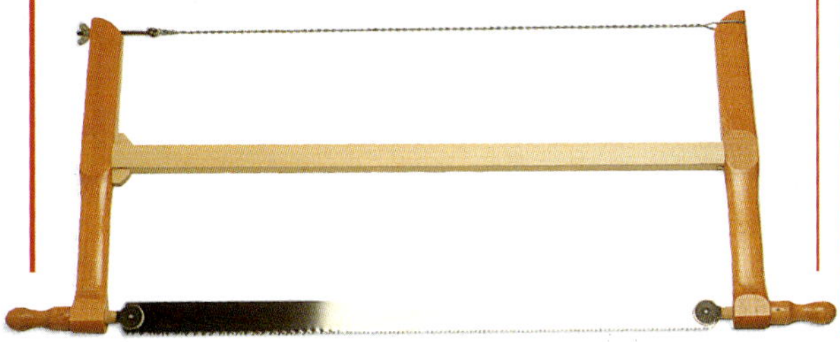

枠のこ

曲線挽きのこに似ているが（37ページを参照）、伝統的な形の枠のこは、のこ身を替えることによって無垢材の縦挽きにも、横挽きにも使うことができる。細いのこ身は、広葉樹材でできた2本の支柱つまり“チーク”の間に張られた、鋼線のより縄によって緊張されて保持されている。板を縦挽きするときは、フレームが邪魔にならないように枠のこを横向きにして使うことができる。

のこの柄

現在手のこの柄は、鋳型で作った安価なプラスチック製のものが主流であるが、いまでも細かい木目の硬い広葉樹材によって作られているものもある。柄の材質がのこの性能に影響することはないが、握り心地がよく、前方に押し出したとき最大に力が発揮されるように、柄がのこ身の後ろ低い位置に取りつけられているものを選ぶようにする。

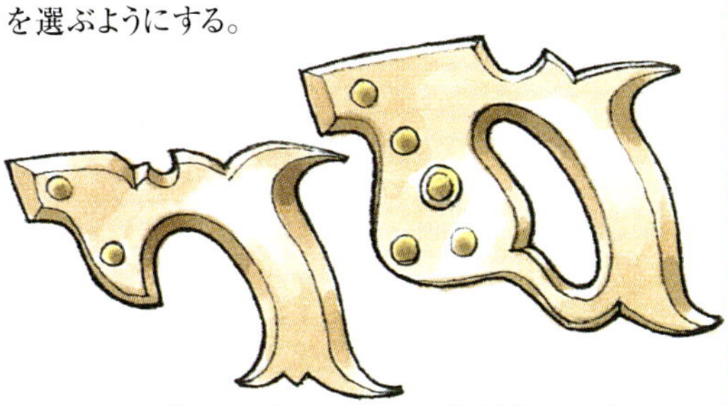

オープングリップとクローズドグリップ

小型のダブテールソーやキーホールソーには、オープンなピストル型の柄のついたものがある。しかしほとんどののこの柄は、より頑丈なクローズドグリップになっている。

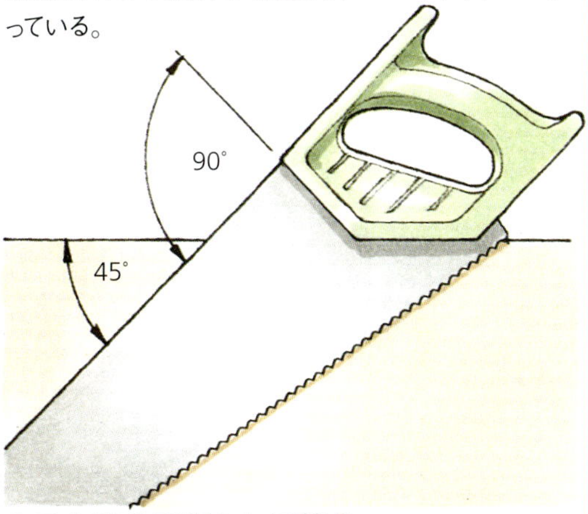

のこを直角定規として使う

プラスチック製の柄のなかには、肩の線がのこ身の直線状の背に対して90度と45度の角度で取りつけられているものがあり、大きな直角定規または留め定規として使うことができる。

手のこの手入れ

のこを手入れしないまま工具箱に放置しておいたり、別ののこののこ身と擦り合わせたりすると、のこ歯はすぐに切れ味が悪くなる。工具箱に収納するまえに、必ず歯先をカバーするプラスチック製のさやに納めるか、ポケットがいくつもあるキャンバス布でできた工具袋に、それぞれ別個に入れるかする。

工具箱に収納するまえに、のこ身についた樹脂はホワイトスピリッツで拭い取り、のこ身全体を油分を染み込ませた布で拭いておく。

手のこを使う

のこが鋭く、歯が正しく目立てされているなら、長い時間手のこを使っていても疲れることはない。

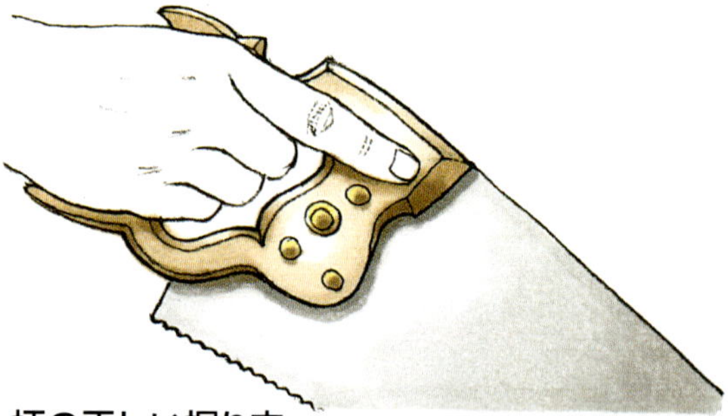

柄の正しい握り方

人さし指の先が、のこ身の先端を指し示すように握る。この握り方が切断の方向を最も良くコントロールすることができ、柄が手のひらのなかでよじれることを防ぐことができる。

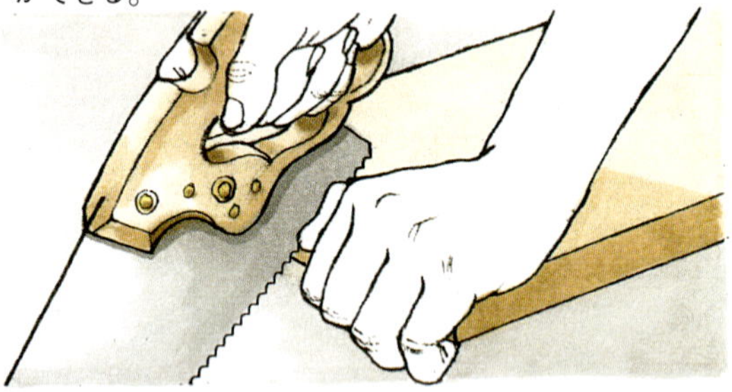

挽きはじめ

印をつけた線の外側、端材側に歯先をあてる。親指をのこ身の平らな部分に押しつけてガイドにし、短く手前に引いて切り口を作る。

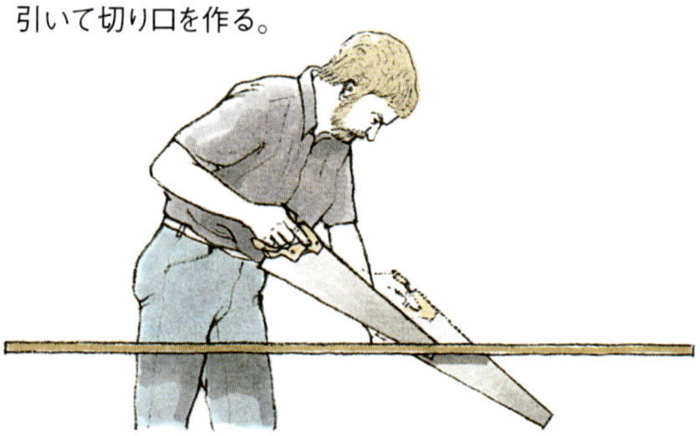

続けて切る

のこ身の端から端まで全体を使うように、ゆっくりと一定したストロークで挽く。早く動かしたり速度を変えたりすると、疲れやすく、のこが途中で動かなくなったり、線からそれるなどの悪い結果をまねく。

挽き道が意図した線からずれてきたときは、のこ身を少しひねるようにして、線に戻す。いつも曲がるときは、歯が正しく目立てされているかをチェックする必要がある。

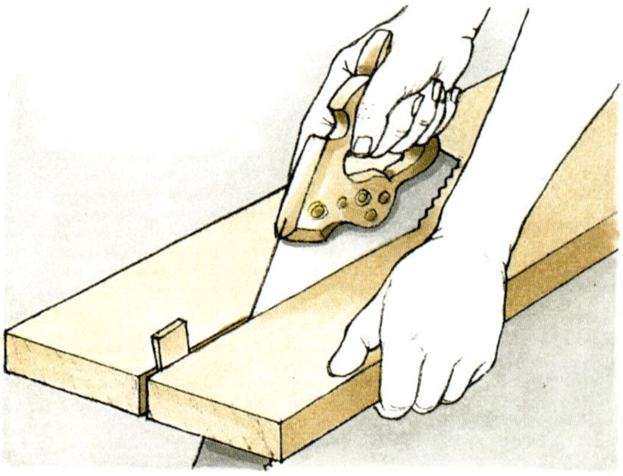

のこの締まりを防ぐ方法

挽き道が狭くなりのこ身を圧迫し始めたときは、挽き道にくさびを入れるとよい。またのこ身の両面にローソクを塗り、のこの滑りをよくする方法もある。

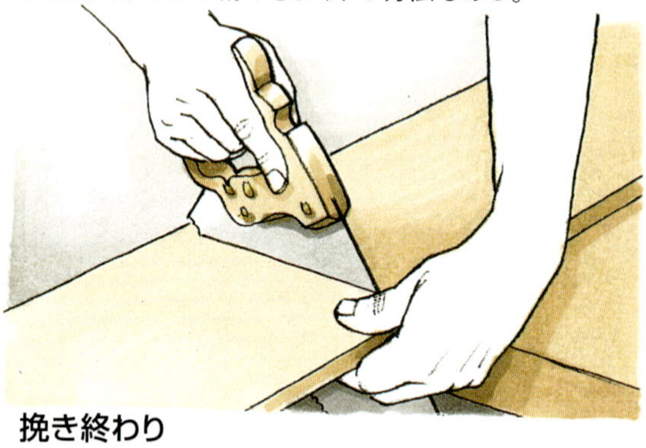

挽き終わり

挽き終わりに近づいたときは、木繊維の最後の数本を切断することになるので、のこの柄の位置を低くし、ゆっくりと慎重に動かすようにする。長い端材は、切り終えるまでその重さをもう空いている方の手で、あるいは助手に頼み、支えるようにする。

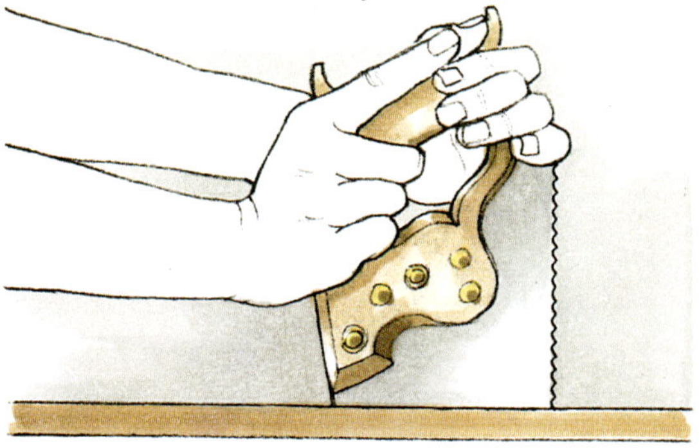

逆方向に動かすときの握り

大きなパネルや長い厚板の挽き終わりは、材の反対側から、いまできている挽き道に向かって、逆方向にのこを引く。または、両手で図のように柄を握りなおし、いままでの挽き道と同じ方向に、今度は歯が向こう側を向くようにひいていく。

材の固定

材がしっかりと固定されていないかぎり、正確な切断は不可能。材を作業台の上に固定して切断してもいいが、60cm位の高さの2脚の“馬”を使うと楽に作業できる。図のように、のこを使わない手で材を固定し、片方の膝で木挽き台が回転しないように押さえる。

横挽き

厚板を横挽きするときは、板を2脚のうまに渡すように置く。材が薄く、しなりやすいときは、下に厚い木材を敷いて支えるようにする。短い厚板を横挽きするときは、クランプでうまに固定する。

縦挽き

厚板を縦挽きするときは、同様に2脚の木挽き台に渡すように厚板を置き、のこ身の進路の邪魔にならないように随時木挽き台を移動させる。幅の広い木質ボードを切断するときは、しならないように2枚の厚板を挽き道の両側に敷いておく。

枠のこで横挽きする

枠のこで厚板を切断するときは、枠をどちらかに傾け、切断面がはっきりと見えるようし、腕を枠の後ろ側から通して端材を支えるようにする。

枠のこで縦挽きする

両手で枠のこを操作することができるように、材をどっしりとした作業台にクランプで固定する。のこ身を枠に対して90度傾けて固定する。手前側の支柱を両手で握り、細いのこ身がねじれて、挽き道が線からはずれないように確かめながら挽く。

回転丸のこ

　適切なのこ身をつけた電動丸のこが1台あれば、手のこ全種類をあわせた仕事をこなすことができる。小さな木材を横びきするのに、わざわざプラグをさし込んで電動のこを使うのは少し面倒かもしれないが、無垢材を何本も縦挽きしたり、フルサイズの木質ボードを切削したりするときに最適な工具であることは、誰もが認めるところだろう。

電動丸のこ

　粗製の電動のこほど危険なものはない。品質のよい確かなブランドのもので、安全カバーや定規のしっかりしたものを選ぶことが大切。バランスがよく重すぎず、長く使っても疲れないものを選ぶこと。速度調節ができ、負荷が加わったとき自動的に回転数を上げる電子制御機能を備えたものも発売されている。この機能のついたものは、スイッチを入れたときに感じる始動時のショックも、電子的モニター機能で緩和されている。

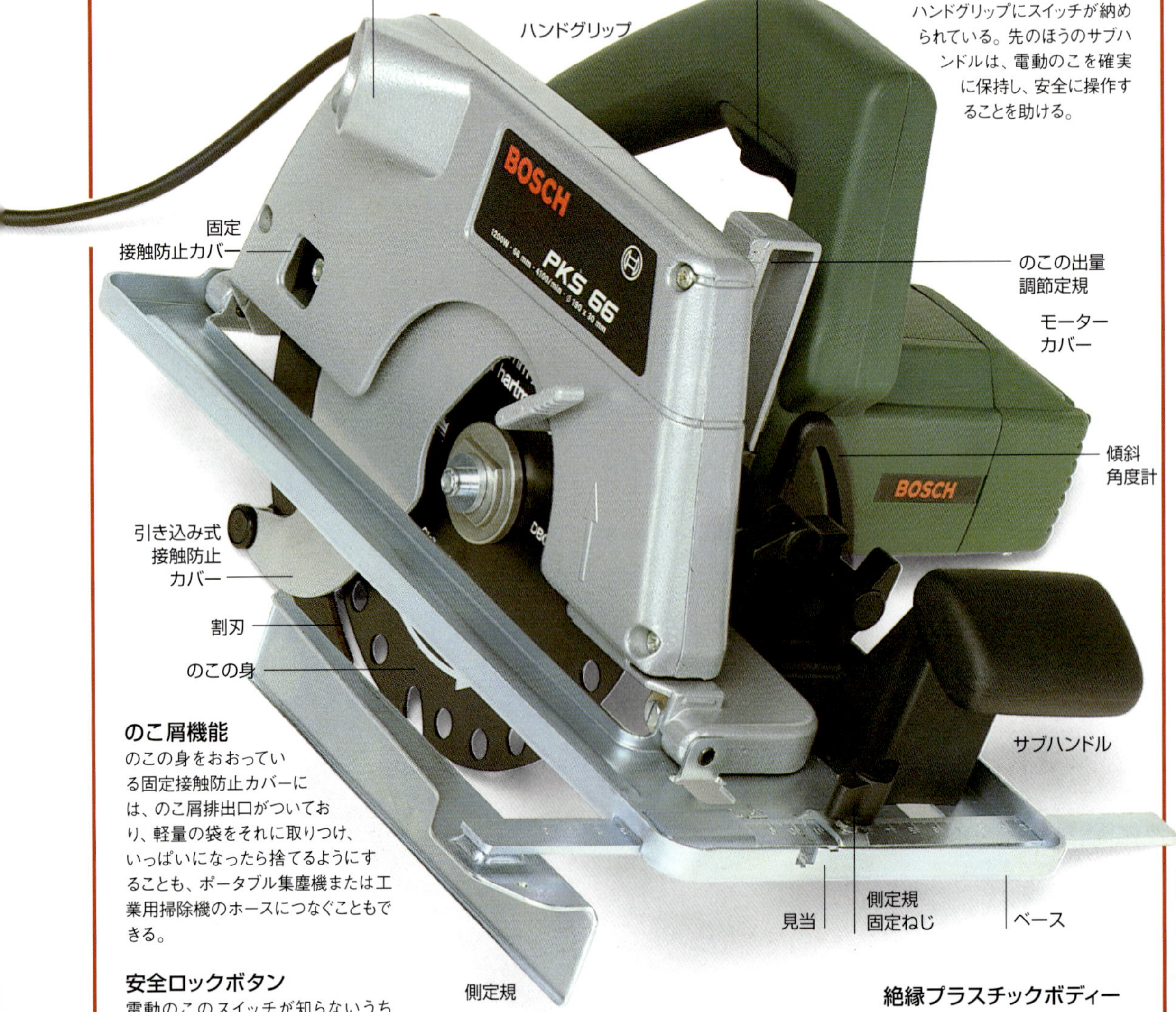

ハンドグリップ

ハンドグリップにスイッチが納められている。先のほうのサブハンドルは、電動のこを確実に保持し、安全に操作することを助ける。

のこ屑機能

のこの身をおおっている固定接触防止カバーには、のこ屑排出口がついており、軽量の袋をそれに取りつけ、いっぱいになったら捨てるようにすることも、ポータブル集塵機または工業用掃除機のホースにつなぐこともできる。

安全ロックボタン

電動のこのスイッチが知らないうちに入ることがないように、親指でロックボタンを押し下げなければ、スイッチが入らないようになっている。

絶縁プラスチックボディー

上質の電動工具はすべて、使用者が感電するのを防止するため、不伝導プラスチックの外枠でおおわれている。

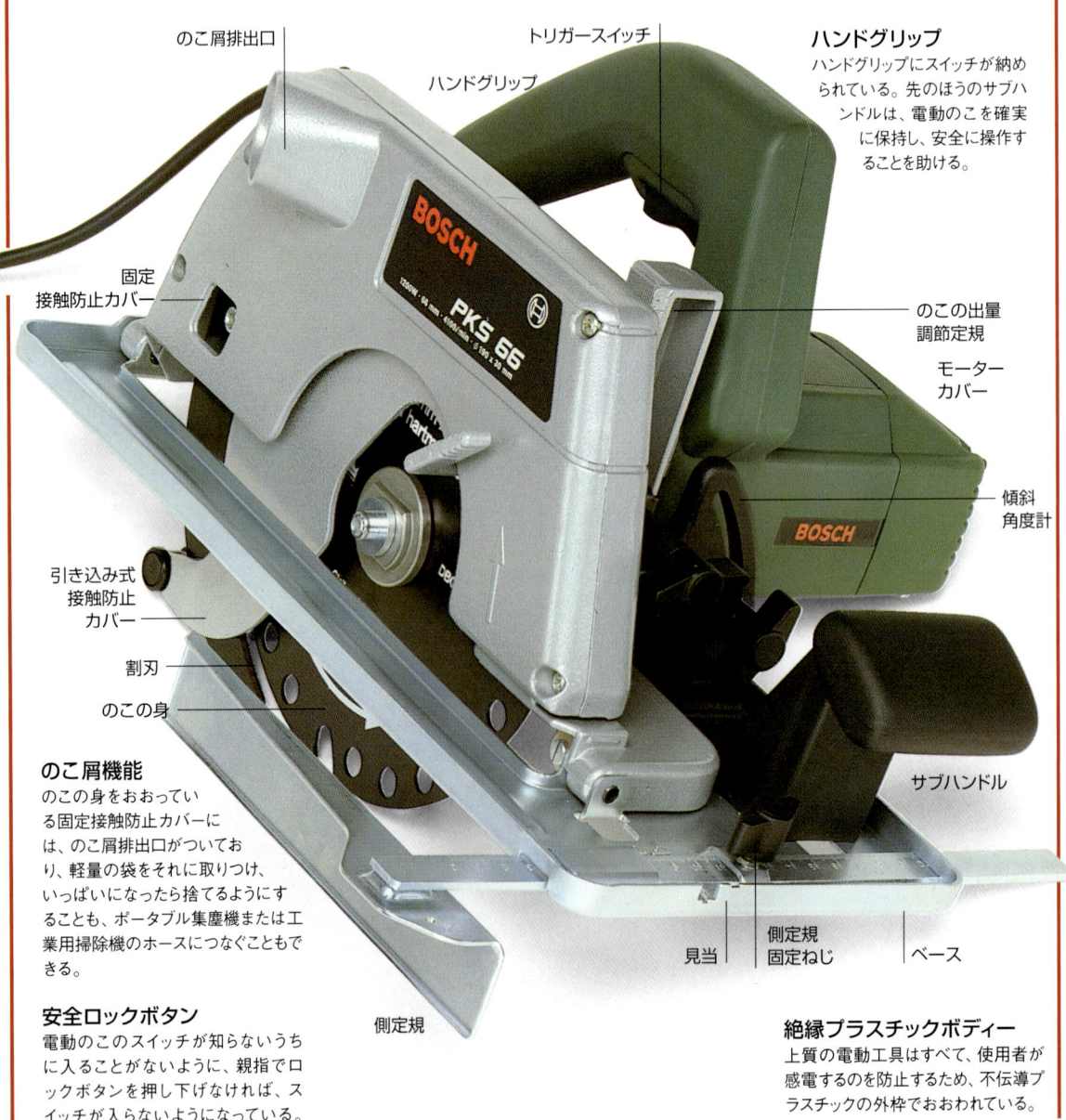

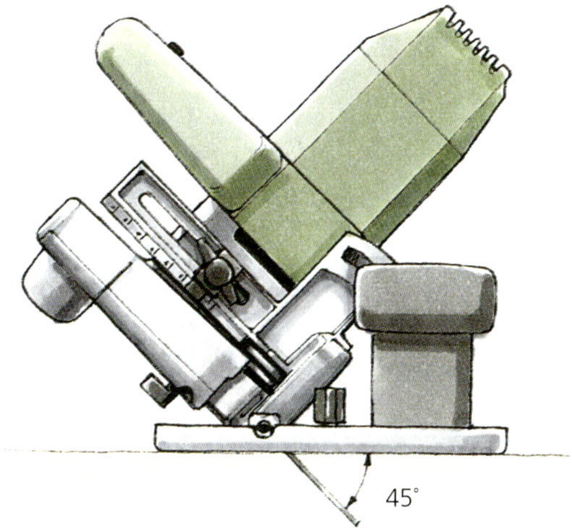

斜め切り機能

ベースの角度を調節して、のこの身を材に対して45度までの角度で傾けて斜め切りすることができる。角度は通常本体についた四分円の分度器の目盛りで表示されるが、端材で試し切りをし、その角度を留め型定規またはスライド式角度定規で測るほうが正確（20ページを参照）。

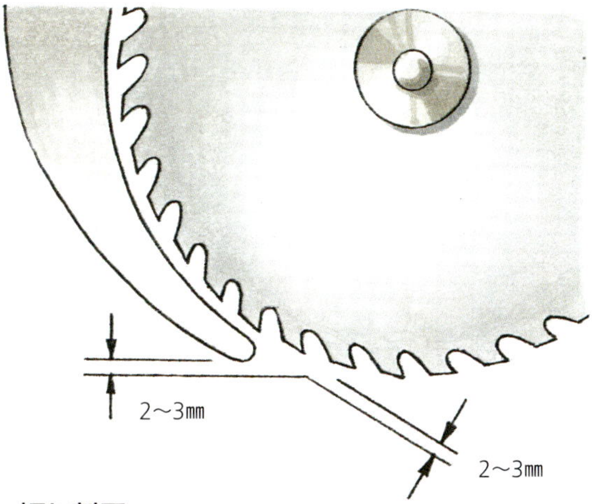

切り割刃

のこの身の真うしろに装着されている細い金属製の板で、挽き道がせばまりのこ身が締めつけられるのを防ぐ。割刃は、刃先から2～3㎜離れ、また丸のこの最下端から2～3㎜上になるように調節する。

モーターの定格電力

電動のこのモーターの定格電力は、装着できるのこ身のなかでメーカーが最大の大きさとして適当だと認める直径によって決められている。一般的には、定格電力をのこ身の直径で割った数が大きければ大きいほど、電動のこの性能は良くなる。

のこ身

電動丸のこには、要求される切削方法、切削する材の種類に応じて、いろいろな種類の丸のこをつけることができる（32ページを参照）。のこ身の両側から固定しているフランジがアンチロッククラッチの役割を果たし、作業中にのこ身が材のなかにはさまれて動かなくなったときも、刃がスリップして機械本体の動力部が故障しないようになっている。

側定規

調節式のガイドで、ここを材の木端面にあてて動かすと、材の縁に平行に切断することができる。

引き込み式接触防止カバー

のこが材を切断していくにつれ、材の端に押されるようにして固定接触防止カバーのなかに引き込まれていく。強いばねがついており、のこ身が材から離れると、すばやくのこ身をおおうように動く。使う前に、このカバーが滑らかに動くかどうかを試してみること。

コードレス電動丸のこ

コードレス電動丸のこは、近くに電源のない離れた現場で作業するときに便利。しかしバッテリーは比較的短時間しか十分な電力を供給することができないので、必ずスペアのバッテリーを携帯すること。

コードレス電動丸のこは、途中でのこが動かなくなるのを避けるため、頻繁に充電することが大切。

丸のこの種類

鋭い品質のいい丸のこで切削した面は、サンダーをかけるまえに軽くかんなをかけるだけでいいほどに滑らかだ。超硬チップの歯は最高の仕上がりを約束し、しかも他の丸のこにくらべ切れ味が長く保たれる。PTFE（低摩擦）被覆加工は、摩擦を少なくすることによってブレードの寿命を長くするだけでなく、動力部が故障する可能性を低くする。また摩擦熱で材が焦げる危険性も最小限におさえる。

上から下

横挽き用丸のこ
主に無垢材の横挽き用にデザインされた刃

ボード用丸のこ
木質ボードやプラスチックを切削するための丸のこ。送りを遅くして切る。

縦挽き用丸のこ
大きな超硬チップの歯を持ち、歯室を広くしているので、針葉樹材を縦挽きするときにでる樹脂の多い多量ののこ屑にも対応することができる。広葉樹材や集成材の縦挽きにも使えるが、挽き道はかなり粗い。

縦横兼用丸のこ
無垢材の縦挽き、横挽きどちらも可能で、値段も手頃。木質ボードの切断にも使える。

汎用超硬丸のこ
あらゆる無垢材、および化粧板を含む木質材全般に対応することができる汎用の刃。針葉樹材でも広葉樹材でも、切削面は縦挽き、横挽きともに美しく仕上がる。

のこ身の交換

電動丸のこのこ身を交換するときは、必ずプラグを抜いた状態でおこなうこと。のこ身の中心の穴の直径が回転軸の直径と合っているかどうか、歯の前面が割刃の先から離れるように取りつけられているかどうかを、かならずチェックする。歯先が摩耗したら、専門の研磨にだし、ひびや損傷が見つかったブレードは絶対に使わないようにすること。

挽き幅（挽き高）量調節

のこ身の直径の大きさと挽き幅を混同しないこと。たとえば直径13㎝のブレードは、最大でも4㎝、半径よりもかなり短いのこ身挽き幅しか切断することができない。目安として、以下の表に標準的なのこ身の直径とその最大挽き幅を示す。斜め切りをおこなうときは、当然最大挽き幅は短くなる。

標準のこ身の挽き幅	
ブレード直径	挽き幅
13㎝	4㎝
15㎝	4.6㎝
16㎝	5.4㎝
19㎝	6.6㎝
21㎝	7.5㎝
23㎝	8.5㎝

主に木質ボードを切削するために電動丸のこを使う人にとっては、大型のものは扱いにくく感じられ、小型のものを購入したいと考えるかもしれない。しかしたいていの木工家は、少なくとも5㎝以上の挽き幅のあるものを持っている。

電動回転のこの調節

電動丸のこの場合、挽き幅はベースを上下させることによって調節する。ほとんどの電動丸のこにはのこの出がついているが、正確さが要求されるときは、材にあてて目で確かめながら調節するほうがいい。調節するときも、かならずプラグははずしておくこと。

1　材を切断する場合

引き込み式接触防止カバーを固定カバーの方向に引き込み、のこ身を材の木端面にあてながらベースを材の上に置く。のこの出のクランプをはずし、歯の先端が材から2㎜出る位置までのこ身を下げる。そのままの状態でクランプを締め、本体を持ち上げる。

2　溝切りの場合

材の木端面に必要とされる挽き幅に線を引く。つぎに、歯の先端がこの線と一致するように刃の高さを調節する。

電動丸のこの使い方

角材や板を切削するとき、電動丸のこの歯は前へ、そして上へと向かっている。だから木目のささくれは材の上側表面にあらわれる。そのため、縦挽きするときも横挽きするときも、つねに材の見付面を下にしておくことが鉄則。

材の固定

電動丸のこは両手で保持しなければならないから、切削する材は作業台の上に張り出すようにクランプで固定するか、2脚のうまの上に固定する必要がある。後者の場合、途中で丸のこを止めず1回で切削できるように、がっしりとした厚板を2枚、丸のこ身が通るくらいに隙間をあけてうまの上に渡し釘止めし、その上に材を固定するようにする。どのように固定するにしても、かならずのこ身の進行の妨げになるものがないかどうかをよくチェックする。

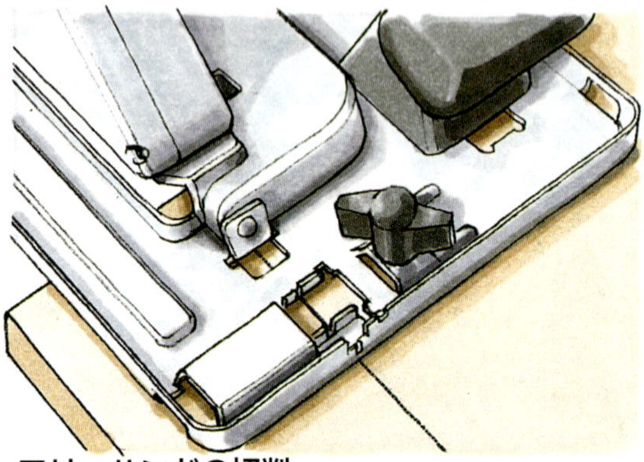

フリーハンドの切削

定規を使わず、材を大まかに切削するときは、ベース先端の小さな切り込み（見当）を見ながら作業する。

材の上に鉛筆でくっきりした線を引き、ベース先端の切り込みをその線にあわせるように、電動丸のこの前部を材の上に置く。その状態でスイッチをいれ、ゆっくりと確実に、鉛筆の線からそれないように注意しながら送る。切削し終わったら、トリガースイッチから指を離し、引き込み式接触防止カバーがのこ身をおおったことを確認してのこを持ち上げる。

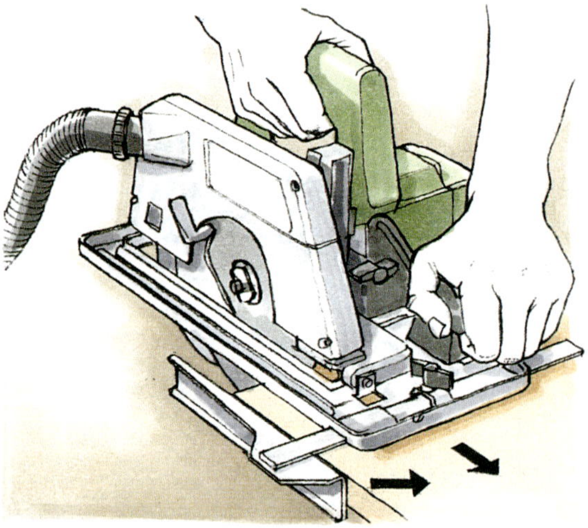

側定規を利用した縦挽き

どの電動丸のこにも、材の木端面に平行にのこ身を動かすことができるように調節式の側定規がついており、本体のどちら側にもつけられるようになっている。最初から付属部品として十分しっかりした定規がついているが、さらに長いものにしたいときは、広葉樹材の細い板をねじで定規に固定することもできる。

定規を、アームについている目盛りを見ながらセットし、実際に材にあてるまえに端材で試し切りをし調整する。定規を材の木端面に押しつけるようにして、ゆっくりとのこ身を材のなかへと押していく。

目板を利用した横挽き

幅の広い板を横挽きするときは、目板を材の上に渡しクランプで留め、その板に電動丸のこのベースをそわせるようにして進めるといい。目板は普通は材に対して直角に固定するが、斜めに留めて斜め切りの定規にすることもできる（右ページ「横挽き用T型定規」も参照のこと）。

複数の材を同一長さに切断

材を複数本同一長さに切断するときは、まず各材の一方の端を正確に直角に切断し、その端を、作業台に釘止めした止め木に押しあてて並べる。定規となる目板を材の上に渡してクランプで固定し、電動丸のこで全体を一度に横挽きする。

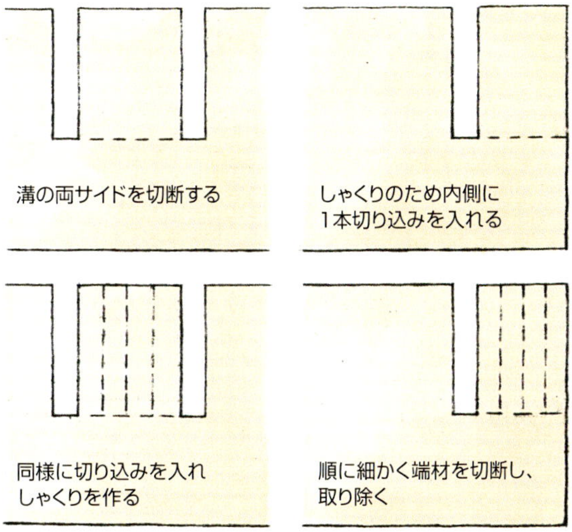

溝やしゃくりの切り欠き

最適な工具というわけではないが、丸のこで溝やしゃくりを切り欠くこともできる。溝の両側、あるいはしゃくりの内側の線に合わせて定規をセットする。つぎに端材を切り落とすように順に定規をずらしていく。

横挽き用T型定規の作成

角材および板材の横挽き用T型定規の作成。

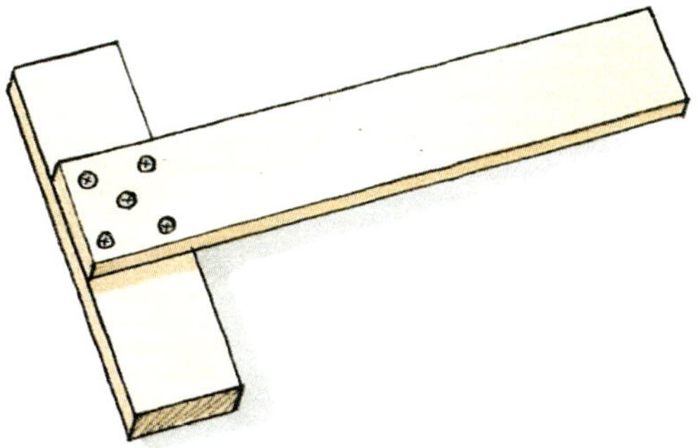

T型定規の作成

MDF(中質繊維板)の直定規を、無垢材またはMDFの柄に正確に90度になるように確かめながら、ねじと接着剤で固定する。

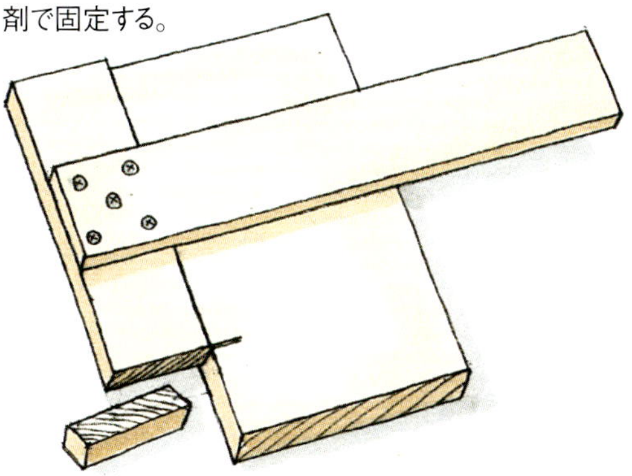

柄の寸法への切断

そのT型定規を端材の上にクランプで固定し、その直定規に電動丸のこのベースをそわせて柄を所定の寸法に切断する。

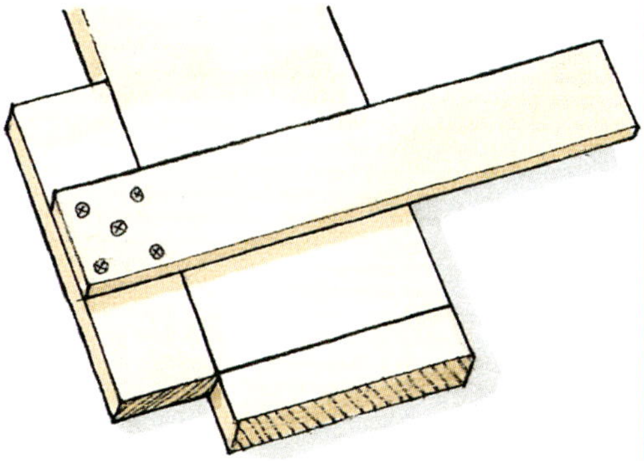

T型定規の使い方

T型定規を横挽きに使うときは、T型定規のいま切った柄の切断面の線を、材または板の切断線にあわせる。T型定規が動かないようにクランプで直定規を固定し、直定規の端材側にそって電動丸のこを動かせば、材を線にそって切断する。

胴付きのこ

胴付きのこは、木材を長さに合わせて切断したり、木工の組手を切削したりするための、かなり細目の横びき歯を持ったのこ。胴付きのこの特徴は、のこ身の背に取りつけられた鋼鉄または真鍮製の重い帯にある。この金属製の帯は、単にのこ身をまっすぐに保つ役割だけでなく、その重さによって、無理にのこを材に押しつけなくても適当な圧力でのこの歯を材にあてる役割を果たしている。

テノンソー

テノンソーは、13～15のPPIで長さが25～35cmの刃を持った、胴付きのこの中で最も幅広い用途を持ったのこである。かなり大きな角材の接合部を切断することも、ほぞやそれよりも大きめの組手を加工するなどの精密な切断も、このテノンソーで可能。

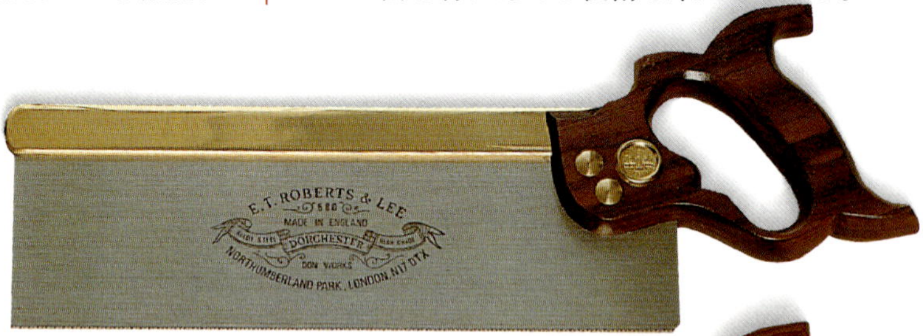

テノンソー

ダブテールソー

ダブテールソーは、テノンソーの小型版で、その歯（16～22PPI）は非常に細かいので、通常の方法で目立てすることはできない。蟻接ぎなどの接手に必要な極細の挽き道を実現するためには、ヤスリでによる研磨でできるバリをあさりとして利用する。伝統的なクローズドハンドルあるいはピストル型の柄のダブテールソーは、普通20cmののこ身がついている。また別のかたちのものとして、のこ身の上の金属の帯と同一線上に長い柄をもつ、のこ身の長いものもある。

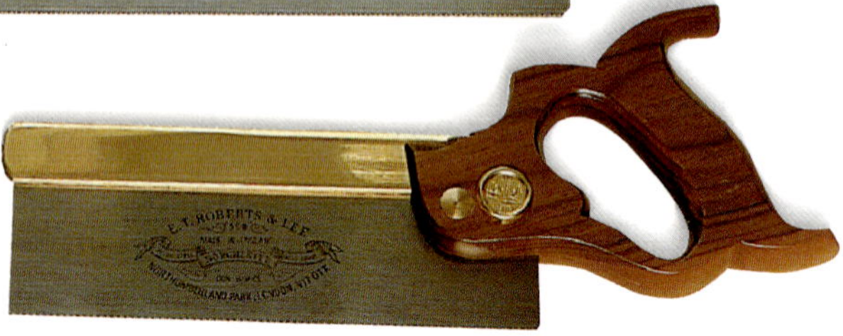

伝統的ダブテールソー

横に出た柄を左右につけ替えられる、ダブテールソー

ダブテールソー

（柄が横に出ているもの）

ダブテールソーの柄を片側に曲げたもので、接合用のだぼを挽いたほぞを材の表面と同じ高さとなるように挽いたりするためのもの。

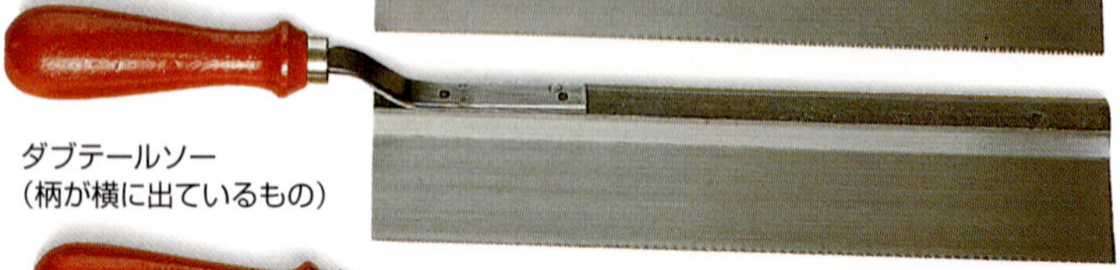

ダブテールソー
（柄が横に出ているもの）

ダブテールソー

ビードソー

26前後のPPIの歯を持つ最小の胴付きのこで、非常に細かい組手の加工や工作に適している。

ビードソー

木目にそった切削

ほぞやだぼを加工するときは、木材を作業台の万力で固定して胴付きまで切り込む。

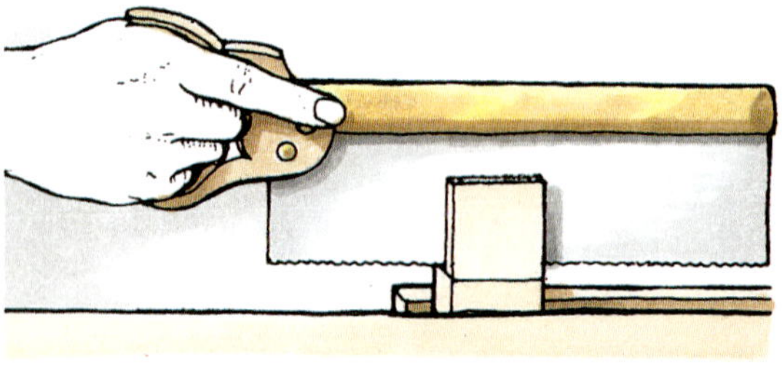

横挽き

作業台のあて止め（108ページを参照）に材を押しつけて保持し、鉛筆の線の端材側を短く手前に引くようにして挽き道をつくる。つぎに挽き道を伸ばしながら徐々にのこ身を下げていく。

曲線挽きのこ

狭いのこ身ののこのグループは、特に無垢材や板材を曲線に切断したり、穴をあけたりするためのものとして作られている。さまざまな大きさ、種類のものが用意されており、材の種類、大きさによって使い分ける。

弓のこ

弓のこは中型の枠のこので、かなり厚い木材を切断するのに適している。20～30㎝ののこ身が、2本の支柱の先端のあいだに張られた鋼線のより縄によって保持されている。9～17PPIの歯を持ったのこ身は、360度回転させることができるので、フレームをどの角度でも保持することができる。

糸のこ

非常に狭い15センチののこ身が、本体のメタルフレームにそのばねにより緊張され保持されている。15～17PPIの歯は研磨するにはあまりにも小さすぎるので、摩耗したり、欠けたりしたときは、新品と交換する。糸のこののこ身は、無垢材の中であれ、木質ボードの中であれ、回転してフレームを挽き道の左右に揺らすことができるので、曲線びきが可能になる。

引き回しのこ

糸のこと同じ構造をしているが、のこ身を緊張して保持しているフレームがより深くなっている。32PPIの歯を持っており、木材や板を使った細かな工作や、寄せ木細工のための切り抜き作るときに使う。引き回しのこは、のこ身がねじれないように引くときに切削するようになっている。

回し挽きのこ

ほとんどの曲線挽きのこは、その特徴的なフレームのため、カットできる場所が材の縁近くに限定されているが、この回し挽きのこは、緊張を与えて保持する必要のないテーパーのついた剛性のあるのこ身がついているので、必要なときは、縁からどんなに離れていても、またどんなに厚い材であっても穴を切ることができる。8～10PPIの歯を持つのこ身は、ピストル型の柄にボルト止めすることも、のこの方向を変えるのに適したまっすぐな柄に固定することもできる。

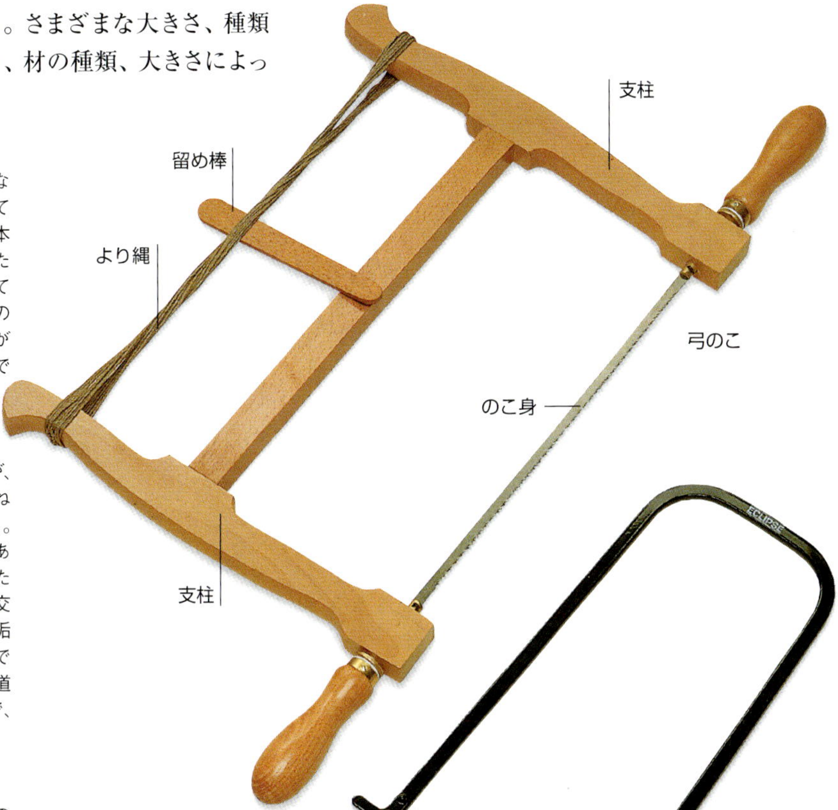

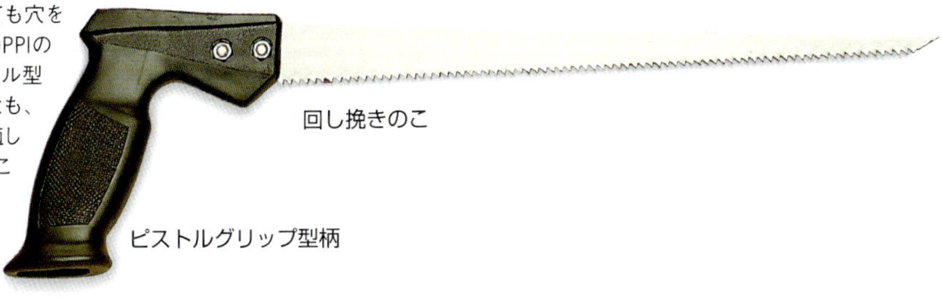

曲線挽きのこの使い方

ほとんどの曲線挽きのこは、フレームの重さのせいでのこ身が線からそれる傾向があり、それをうまく操るには、特殊なテクニックが必要。

弓のこによる切削

弓のこは、切削の方向をコントロールし、フレームが揺れ動くのを防ぐため、2本の手で保持する必要がある。まず片手で真直ぐな柄を握り、その手の人さし指をのこ身と一直線となるように伸ばす。つぎに、のこ身の片側の支柱を人さし指と中指で包み込むように、もう一方の手をそえる。

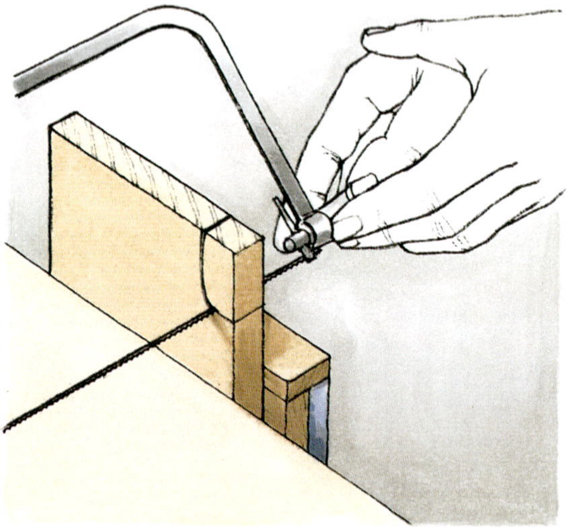

糸のこのコントロール

のこ身が線からそれるのを防ぐため、伸ばした人さし指の第1関節を糸のこのフレームにそえる。より楽に感じるならば、もう一方の手をそえ、両手で握るようにする。

引き回しのこの使い方

薄い板は切削中に振動する場合があるので、作業台の端にねじで固定した合板の帯で下から支えるようにして切削する。合板にはV型の切り込みを入れ、引き回しのこののこ身が合板にあたらないようにしておく。のこ身を下向きに引くかたちで切削するため、低い椅子に腰掛け、作業台の高さに胸の位置がくるようにする。

窓の切削

糸のこで窓をあけるときは、材に切削する線を書き入れ、その線の内側、端材側にのこ身を通すための小さな穴をあける。その穴にのこ身を通し、フレームに連結する。

回し挽きのこによる穴あけ

回挽きのこで穴をあけるときは、まずのこ身の先端をさし込むための出発点となる穴をドリルで開ける。刃が踊らないようにゆっくりと前に押し出すようにして挽き材する。

のこ身の交換

曲線挽きのこののこ身は、歯が摩耗したり、折れたり、曲がったりしたときに、すばやく簡単に交換できるように設計されている。

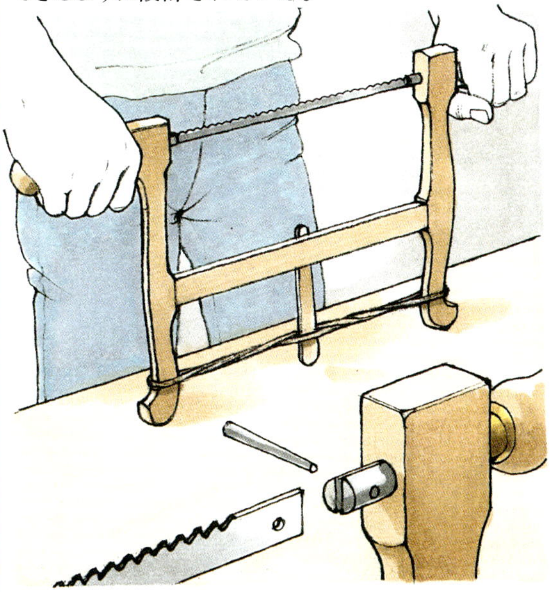

弓のこののこ身の交換

留め棒をはずし、より縄をゆるめる。のこ身の両端を、柄から伸びている溝を切ってある金属の軸にさし入れる。テーパーのついた固定ピンを軸とのこ身を通すように両側ともにさし込む。より縄を締め直し、のこ身がまっすぐになるように両方の柄を回転させて調節する。

回し挽きのこののこ身の交換

ボルトをゆるめ、古いのこ身をはずす。新しいのこ身を柄にさし込んで、2本のボルトを締め直す。

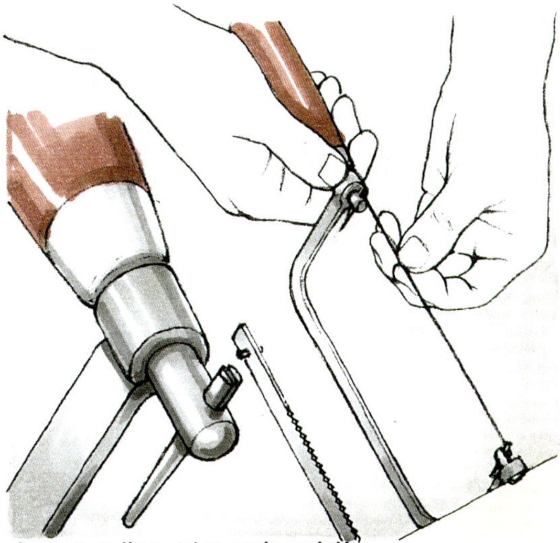

糸のこの傷んだのこ身の交換

糸のこののこ身は、軸にさし込まれている固定ピンで両端を固定するようになっている。傷んだのこ身を交換するときは、まず柄をゆるめる方向に回し、2本の固定ピンのあいだの距離を縮める。そのとき、柄の方のピンを親指と人さし指でつまみ回転しないようにしておく。

のこ身をまずのこの先のほうのピンに、歯を上向きにしてさし込む。フレームの先を作業台に押しあてるようにして内側に屈曲させながら、のこ身を手前側のピンにさし込む。はずすときと同じように、ピンが回転しないように指でつまみながら、のこ身を張るために柄を締める方向に回転させる。目測で2本のピンが平行に並ぶように調節する。

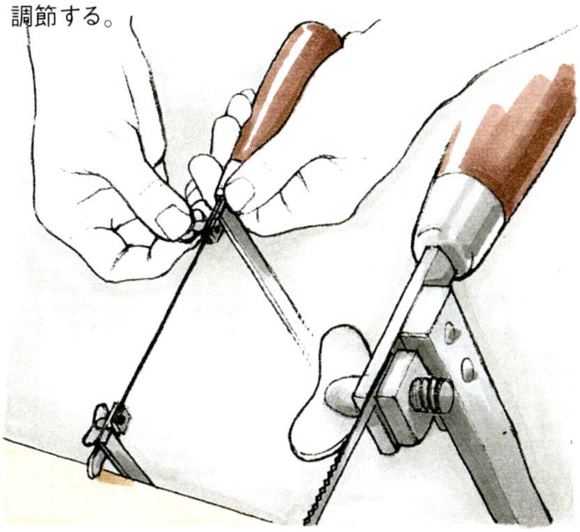

引き回しのこののこ身の交換

引き回しのこののこ身も糸のことほぼ同じ方法で固定されているが、固定ピンの代わりにのこ身の両側の平たい部分を蝶ねじで締めつけるようになっている。歯を上向きにしてのこ身の前方の先端を蝶ねじで締めつけ、つぎにフレームを作業台に押しあてるようにして屈曲させ、手前側の刃の先端を蝶ねじで締めつける。フレームにかけた圧力をゆるめると、自動的にのこ身が張る。

ジグソー

側定規や直定規を使って直線挽きに使うこともできるが、電動ジグソーの真価が発揮されるのは、曲線挽き、窓抜き加工など、この機械ならではの仕事を、相手が無垢材であれ木質ボードであれ難なくこなすとき。のこ身を替えれば、金属板やプラスチックの挽くことも可能だ。

電源式ジグソー

最近の電動ジグソーには多彩な機能がつき、とてもお買い得になっている。無段変速機能、オービタル機構はすでに標準仕様になっており、また多くの機種が電子制御によって最適な切削が保証されるようになっている。さらには集塵システムも装着することができるものもある。ほとんど騒音も振動も発生させず、長時間継続的に使用することができるモーターのついた上級の機種は、快適に安心して使うことができる。

モーター定格電力

電源式ジグソーには、完璧なバランスを持った350〜600W（1/2〜3/4馬力）のモーターが装着され、最大ストローク数は毎分3000回前後である。厚い材を切削するための機種は、ストローク数を高くするのではなく、モーターの定格電力を高くすることで対応している。

ロックボタン

長く複雑な線にそって切断するときは、スイッチを入れこのロックボタンを押すと、トリガースイッチから手をはなしてもブレードを動かしつづけることができる。ふたたびトリガースイッチを押すとロックがはずれる。

電源式電動ジグソー

のこ屑排出口

のこ屑は吸い込むと健康を損なうおそれがあり、また火災の原因にもなる。ここに集塵バッグをつけてその中に溜めることも、さらにはのこ屑が出るとすぐに吸い取ることができる工業用掃除機のホースをつなぐこともできる。

オービタル機構

オービタル機構というのは、ブレードを単純に上下運動させるのではなく、アップストロークのときに、ブレードを前方に押して材のなかに入れ込む運動を加えることによって切削速度を上げ、またダウンストロークのときには、ブレードを後方に押すことによってのこ屑を挽き道から排出するという優れた機能。針葉樹材やプラスチックを切削するときは、最大に上げ、広葉樹材やパーティクルボード、柔らかい金属を切削するときは、徐々に振り幅の度合いを小さくするように調節する。鉄板を切削するとき、また振動しやすい薄い金属板のときは、目盛りをゼロにあわせる。

挽き幅

平均的な電源式電動ジグソーの切削可能な厚さは、木材の場合70㎜、非鉄金属は18㎜、鉄板は3㎜である。

速度調節

最も単純な型のジグソーは、つねに一定の高速度でブレードが動くが、大多数のものは何らかのかたちで変速機能がついており、切削する材に最も適したストローク速度が選べるようになっている。多くの場合変速ダイヤルがついていて、その目盛りを動かすことによって切削前に速度を毎分500〜3000ストロークまでで設定する。しかし最新式の機種では、トリガースイッチを押す強さで速度が調節できるようになっている(といっても、内蔵されているダイヤル変速機が働いているので、無段変速ではない)。一般的に言って、木工には最高速度を選び、アルミニウムやプラスチックには中段、金属板や磁器質タイルには低速を選ぶのがいい。無段階制御電子回路はつねにストローク数を監視し、一定の限度内で、ブレードを前に進める速さと材の厚さの変化に対応して、選択された速度を一定に保つように調節機能を働かせる。

角度切り機能

電動ジグソーのベースは、45度までの角度で傾斜できるようになっており、角度切りができる。

電気的絶縁

ほとんどすべての電源式電動ジグソーは、不伝導プラスチックの外枠でおおわれており、使用者を感電から守るように製造されている。

ささくれ防止機能

ジグソーブレードの上下往復運動は、材の上部の挽き道にささくれをつくることが多い。そのため電動ジグソーの中には、ベースと同じ向きにつけられている金属の狭い溝の中にブレードを納めているものがある。これによりブレード両側の隙間が狭められ、挽き道に沿って生じるささくれを最小限に抑えることができる。プラスチック製の刃口板をブレードのまわりにさし込み、これと同じ機能をさせるものもある。

スクロール機能

スクロール機能とは、曲線挽きをするとき、いちいちジグソーを持ち替えたり、材の向きを変えたりせずに、ブレードの刃先が曲線をたどることができるように、ブレードの向きを独立して変えることができる機能。ジグソーの上についているノブでブレードの向きを前後左右に変えることができるようになっている。しかしたとえスクロール機能のあるジグソーでも、ブレードの真うしろから力を加えるのが原則。そうしないと、ブレードが損傷する原因になる。

コードレスジグソー

アマチュアの木工家のための充電式ジグソーというのはほとんど製造されていないが、引きずるコードのない曲線挽きジグソーが便利なことはいうまでもない。しかしその場合頻繁に再充電することが必要。特にパーティクルボードなどの密度の高い板を切削するときはなおさら。そのため、つねにスペアバッテリーを携帯しておくと安心できる。

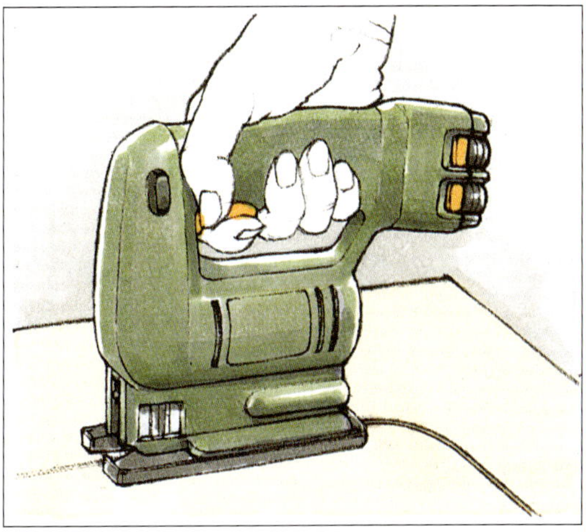

ジグソーブレード

ジグソーに装着するブレードは、切削する材にあわせて選ぶようにする。切削速度を速めたいとき、より美しい挽き道を必要とするとき、そしてきつい曲がりを切削するときなど、特殊な必要性に適したものが多く用意されている。

上から下

サイドセット木工ブレード
特に針葉樹材および広葉樹材を木目にそって切削するのに適している。挽き道はやや粗い。

グラウンドセットブレード
上と同じ用途に使われるが、挽き道がきれい。

グラウンド木工ブレード
無垢材および木質ボードを美しく切削するのに適している。

ウェーヴィーセットブレード
木質ボードを挽き道を美しく切削するのに適している。

ナローウェーヴィーセットブレード
無垢材、木質ボードの曲がりの急な曲線を切削するためのもの。

逆歯ブレード
化粧板のささくれを防ぐため、ダウンストロークで切削するように歯の向きが逆になっている。

超硬チップブレード
パーティクルボードなど接着剤を多く含む木質ボードの切削に特に適する。

木工ヤスリ
半丸、平、三角などのヤスリも電動ジグソーに取りつけることができる。

グラウンド金工ブレード
アルミニウムなど非鉄金属の切削用。

サイドセット金工ブレード
高速度鋼で作られており、非鉄金属や軟鉄の切削に用いる。

ウェーヴィーセット金工ブレード
上記と同様だが、薄い金属専用。

GRPとセミラック専用ブレード
ガラス繊維強化プラスチックやセミラックタイルを切削するため、超硬合金でブレードをコーティングしてある。

ナイフグラウンドブレード
軟質ゴム、ボール紙、コルク、プラスチック、カーペットの切削に用いる。

ブレードの長さ

ブレードのサイズは切れ刃の部分の長さによって分けられている。多くの作業は、ブレードの先端だけを使っておこなわれるが、何らかの作業のために新しくブレードを購入するときは、必ず切削する予定の木材よりも少なくとも15〜18㎜長いものを選ぶこと。

歯のサイズ

他ののこののこ身と同様に、ジグソーの歯のサイズも1インチあたりの歯の数（TPI）で示されるが、歯の先端から先端までの長さをミリメートルで示す用語“ピッチ”で示されるときもある。たとえば同じブレードが、10TPIと表示されるときもあれば、ピッチ2.5㎜と表示されるときもある。

歯のあさり

ジグソーブレードのなかには、普通ののこと同じように、あさり——歯の先端を交互に左右に曲げたもの——をつけてあるものもある。また挽き道を美しくするために、あさりをつけずに、歯の並びの上の部分を歯の厚さよりも薄く研磨しているものもある。また最も微細な歯をつけたブレードは、ウェーヴィーセットに、すなわち切れ刃が蛇行しており、そのため挽き道は実際のブレードの厚さよりも広くなっている。

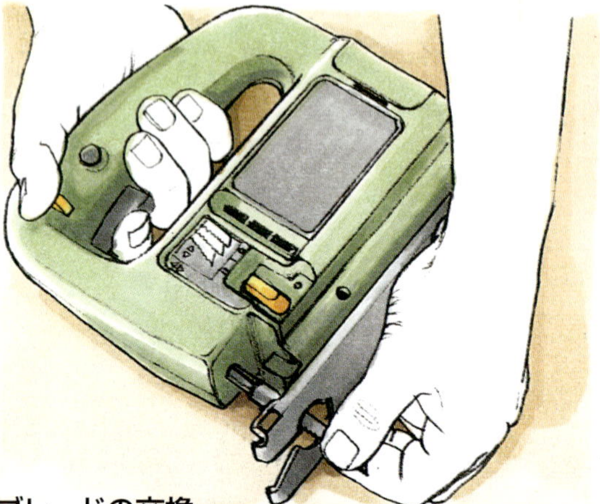

ブレードの交換

ジグソーのブレードは研磨されることはない。損傷したり切れ味が悪くなったときは、単純に新しいものと交換する。そのためすべてのジグソーはブレードの交換が簡単にできるようになっている。特殊なキーを使って手動のクランプで固定するものもあれば、内蔵しているクランプ〜リリース機構により工具なしに交換できるものもある。ブレードを交換するときは、仕様書に従いながら、ローラーガイドがブレードを背後から支持しているのを確認しながらおこなう。もちろんブレードの交換は、プラグを抜いておこなうこと。

ジグソーの使い方

材は、作業台の端から、あるいは2脚の木挽き台に渡した厚板から張り出すようにクランプで固定する。材をしっかり固定させていないと、特に金属板などは、振動し始め、ブレードをコースからそらせてしまう。ジグソーで切削を続けているあいだに、電源コードがブレードの前にきて進行の妨げにならないように気をつけること。

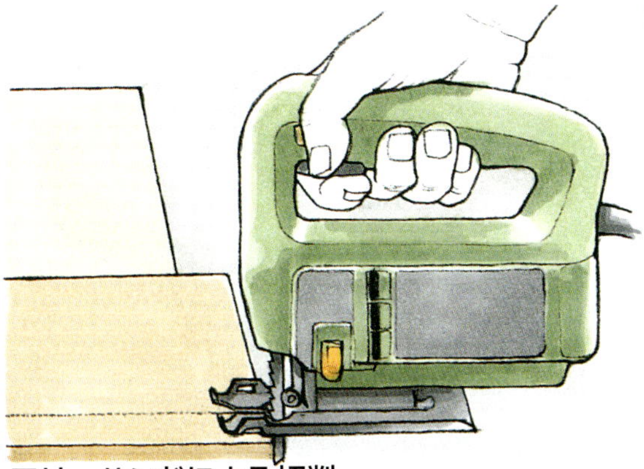

フリーハンドによる切削

ブレードを材に引いた線に合わせ、本体のベースを材の上に置く。スイッチを入れ、ゆっくりとブレードに材を送っていく。無理に前方に押しやることがないように、一定の速さでブレードを送り込んでいく。線の終わりが近づいてきたら、ブレードに加えていた圧力をゆるめ、最後に端材を切り落とすとき、急に加速がつくことがないようにする。スイッチを切り、ブレードの動きが止まったことを確認して、ジグソーを置く。

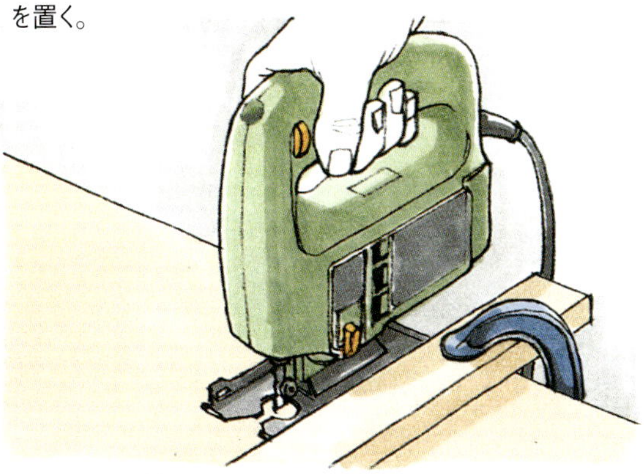

直定規の利用

直線を切削するとき、フリーハンドで正確に切削するのは無理だ。そのため、正確な直線を切削するときは、材に木の直定規を渡してクランプで固定し、それにベースをそわせて動かすようにする。ベースの外側を、直定規に押し付けるようにして、一定のペースでブレードを送り込んでいく。

材の木端面に平行に切削

切削する線が、材の木端面に近い場合は、ジグソーの付属品の側定規を利用する。この側定規はかなり短いので、それに広葉樹材の長い板をねじで止め使うようにすると、ブレードをしっかり保つことができる。

定規をセットするときは、ブレードを材に引いた線にあわせ、定規内側の面を材の側面に押しあてて、定規固定ねじを締める。定規を材の内側に押し付けながら、ブレードを前方に送り込んでいく。そのとき切削線の近くの材の木端面に指を置かないように気をつける。ブレードの先がしばしば線からそれるときは、定規とブレードの向きが正確に平行になってるかどうかを確かめてみる。

角度切り

角度切りをするときも、直定規や側定規を利用する。ブレードの角度を調節するため、ベースの固定ねじをゆるめ、必要な角度が本体の傾斜角度計で示されるまでドライバーの頭でベースを軽くたたきながら合わせる。固定ねじを締め、正しくセットされているかどうかを試し切りで確かめる。

穴あけおよび曲線切り

ある程度のゆるやかな曲線はフリーハンドで切削することができるが（43ページを参照）、完全な円の穴をあけるときや、大きな矩形の窓を切り抜くときは、付属品をジグソーにつけたり、まっすぐな小割板を定規として利用する。

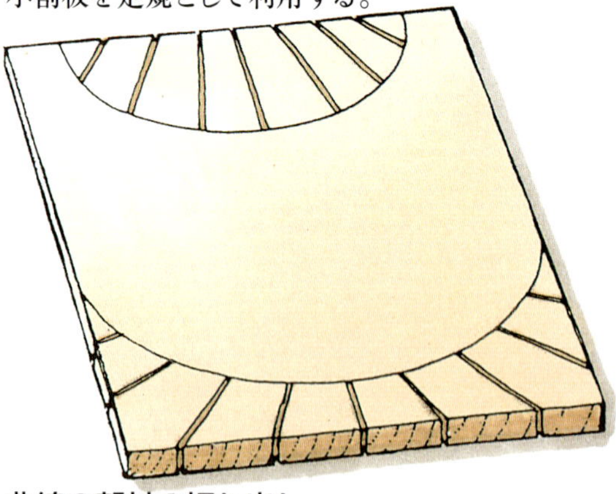

曲線の部材の切り出し

急な曲線にそわせて無理にブレードを押し込むと、ブレードを損傷させたり、木材を焦がしたりする原因になる。ブレードを挽き道の圧迫から解放するために、材の端から印をつけた線まで端材側に直線切りを何本も作る。そうすると、曲線にそわせてブレードを動かしているあいだに、端材が自動的に落下し、ブレードに十分な余裕を与えることができる。

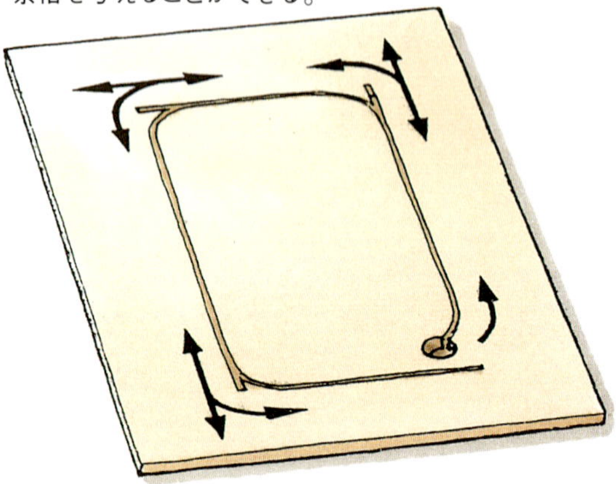

矩形の窓抜き

角の丸い窓を切り抜くときは、端材側にドリルでスタート穴をあけ、ブレードをその穴にさし込み、線に沿って1回で切削する。

角が四角くなっている窓を切り抜くときは、角の頂点までブレードを進め、つぎに2.5㎝ほど戻り、つぎの直線まで曲線を描きながら進む。これを4辺全部でおこない、最後にブレードの向きを変え、反対側から角に残った部分を切り落としていく。

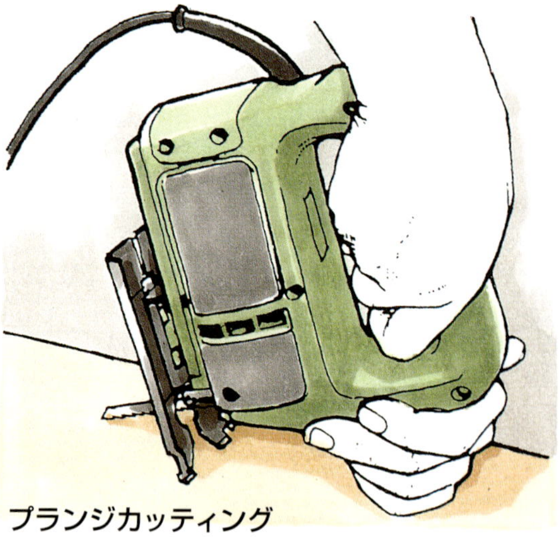

プランジカッティング

木質ボードの窓抜き加工をするとき、ドリルでスタート穴をあける手間を省く方法が、このプランジカッティングだ。うまくやるには少し練習が必要。ベースの前部を材の上にあて、ブレードの先端が端材側にふれるように少し傾ける。スイッチを入れ、ベースの前部を支えにして、ブレードをゆっくり材にあてては戻す動きを、ブレードが材を貫通するまで続ける。ベースが材の上に平たくのるようになったら、通常の方法で切削を続ける。プランジカッティングはかならず端材側でおこない、また線にあまり近くない箇所でおこなうようにすること。

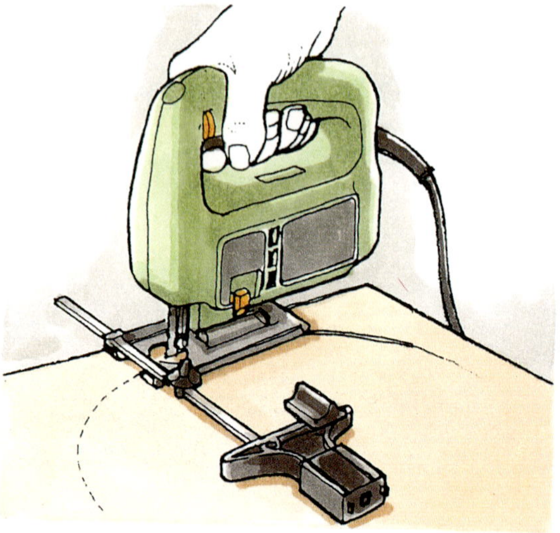

真円の切り抜き

真円を切り抜くときは、側定規の代わりに、付属品としてついてくるトランメルをつけて、コンパスを作る。端材側の中心に針を刺し、それを軸にジグソーを回転させる。逆になかの円盤のほうが必要なときは、円盤の中心に両面テープで合板の小さな木片を貼り付け、それに針を刺してコンパスの軸とする。

PLANES & SPOKESHAVES

Chapter 4
かんなと南京がんな

基本型のかんなの主要な機能は、
のこの切削痕を除去し、
材の表面を完全に平滑にすること。
また必要ならば、そのとき材の角を
鋭く出すことができる。
南京がんなも同様にのこの
切削痕を除去するために用いるが、
特に曲面を平滑にするときに使う。
さらにかんなには、
特別な目的のために作られた特殊
かんなが非常に多くある。
それらは、しゃくり、溝、
そしてさまざまなかたちの
成型加工のために用いられる。

ベンチプレーン

台かんなには多くのサイズがあり、木工職人は材の幅、長さに応じてそれらを使い分けている。刃を交換する型の台かんなは比較的新しい種類で、刃先が鈍くなってきたら、新しい替刃と交換する。

トライプレーン

ジョインタープレーンと呼ばれることもあるこのかんなは、かんな台の下端《したば》の長さが60cmのものまであり、材表面の少々のうねりは、橋を渡すように乗り越えて進むことができる。そのため、板どうしを突きつけ接ぎにした長い接ぎ目を平たくするときや、広い板の表面を平滑にするときに適している。金属製の台かんなは、一般的に大量生産方式で生産されているので、木製のものよりも安価。

木製トライプレーン

スクラブプレーン

凸面になった刃先を持ったかんなで、材の表面をすばやく所定の厚さまで削ることができる。そのため、普通のかんなの前の粗仕上げとして用いられる。木目に対して対角線状に2方向からこのかんなをかけると、多少粗いが平らな表面ができあがる。

金属製トライプレーン

スクラブプレーンの刃

スクラブプレーン

ジャックプレーン

38cmの長さの下端を持つこのかんなは、使い勝手のよいかんなである。正確なへり接ぎを作るのに丁度よいくらいに長く、また大きすぎるということもないので、ほとんどの材の角を出したり、平滑に仕上げたりすることができる。

仕上げかんな

比較的全長の短いこのかんなは、材の表面を最終的に仕上げるためのもので、非常に薄く削るときに用いられる。最高級のスムーシングプレーンは、潤滑性のあるリグナムバイタをかんな台に使っている。

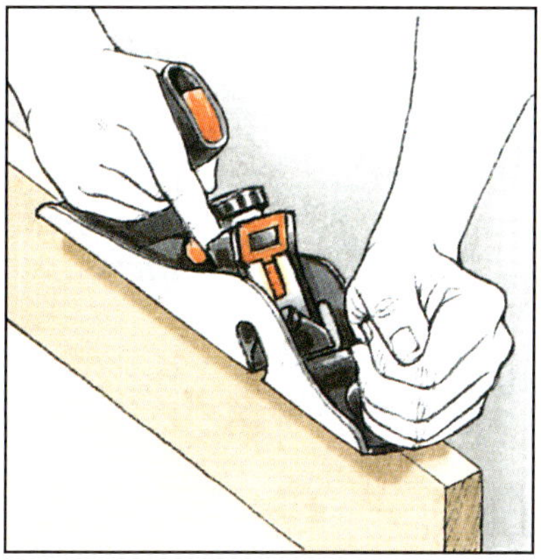

替刃式台かんな

金属製ジャック
プレーン

木製ジャックプレーン

金属製仕上げかんな

リグナムバイタかんな台の
仕上げかんな

ベンチプレーンの分解と調節

すべての金属製プレーンは、同種の部品から構成されており、同じように分解することができる。くさびによって刃を固定する仕組みになっているものもあるが、現在のプレーンのほとんどは、ブレードをその上から裏金で固定し、深さ調節ねじで刃の出し量を調節するようになっている。

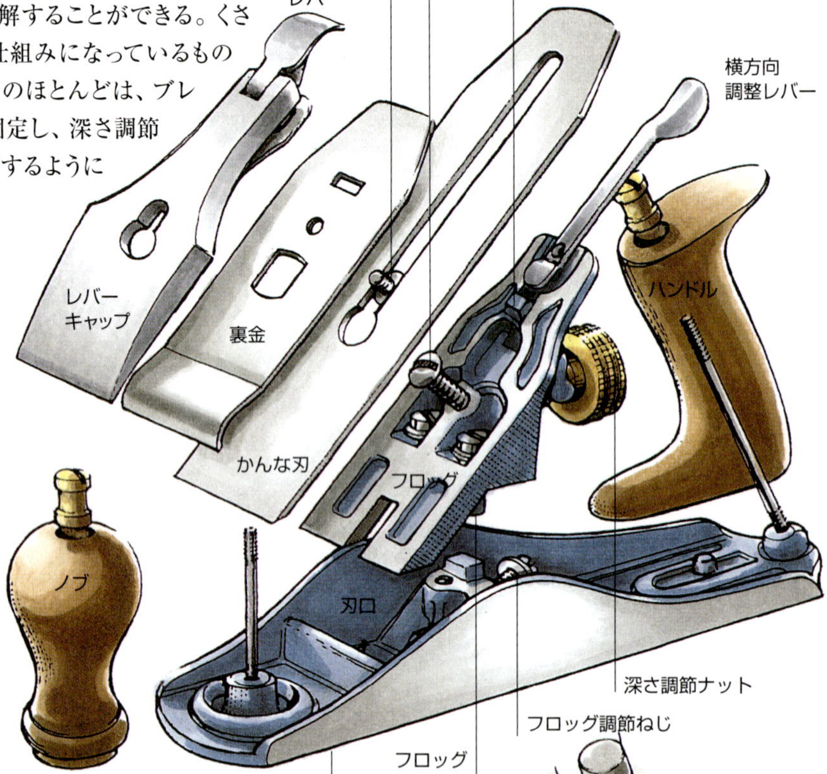

ベンチプレーン
の部品

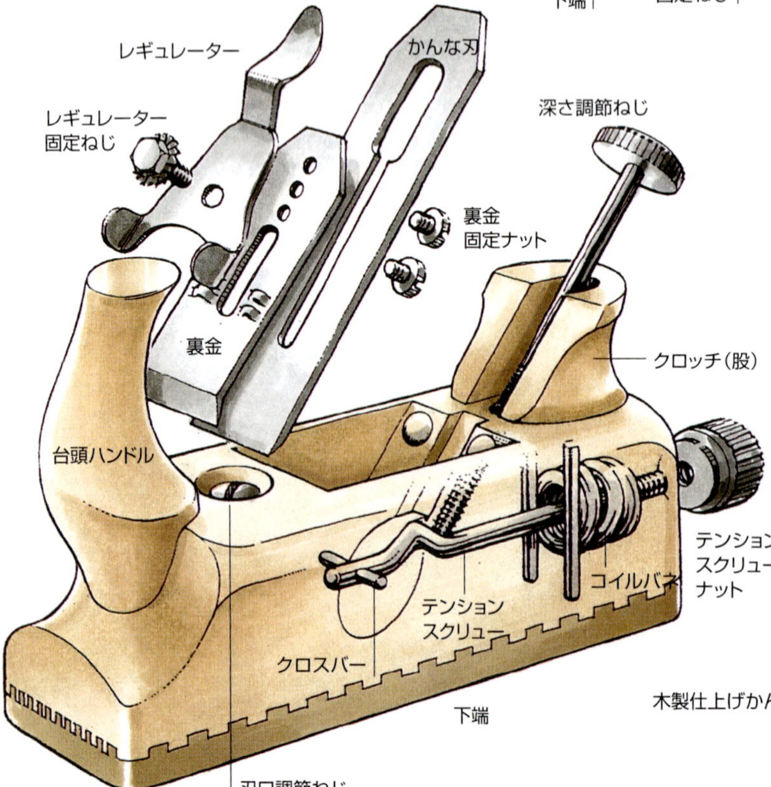

木製仕上げかんなの部品

スクラブプレーンの調節

くさびと刃を固定し、削りの深さは木槌で刃の頭をたたき調節する。調節ができたら、今度はくさびの頭をたたき打ち込む。くさびと刃をはずすときは、プレーンの先端部分をたたく。

かんな刃と裏金の取りはずし

金属製のベンチプレーンは、研磨のために刃をはずしたり、刃先を調節しなおしたりするときは、最初にレバーキャップのレバーを上げ、そのキャップを後ろに動かしてレバーキャップねじからはずす。刃と裏金を本体から持ち上げはずす。するとくさび形の鋳物があらわれるが、それはフロッグと呼ばれ、刃の出し量と左右の傾き調節に重要な役割を果たしている。

裏金と刃を離すときは、大きなドライバーで裏金固定ねじをゆるめ、裏金を刃先のほうにずらしていけば、ねじが刃にあいてある穴をくぐりぬけ、はずれる。

フロッグの調節

かんな刃は、刃口と呼ばれる下端の開口部から突き出している。フロッグを調節し、この開口部の大きさを調節することによって、削りだしたいと思っているかんな屑の厚さを変えることができる。たとえば、材の表面を大まかに平らにするときは、かんな屑の厚さを厚くするように刃口を広く開ける。刃口を狭めれば、薄いかんな屑ができ、それは裏金によって巻かれ、材から離れる。

フロッグを前後に動かしたいときは、2本の固定ねじをゆるめ、フロッグ調節ねじをドライバーで回転させて調節する。

木製かんなの刃のはずし方

深さ調節ねじを1cmほど後退させ、台尻にあるテンションスクリューナットをゆるめる。テンションスクリュークロスバーを90度回転させ、裏金、レギュレーターと一体になっている刃構成部をはずす。刃先を研磨するときは、刃の後ろ側にある2本のねじを回して、分解する。

木製かんなの組み立てと刃の調節

研磨した刃先に（96-7ページを参照）、裏金をはめ、刃構成部を一体化し、かんなのなかにさし込む。クロスバーを刃構成部の細い溝に通して回転させ、溝の両側にある突起部にはめ込み固定する。つぎにテンションスクリューナットを少し回して締める。

刃口から刃先が出るように深さ調節ねじで調節し、レギュレーターを使って刃先が下端に平行になるように調節する。深さ調節ねじで必要な深さに刃の出し量を調節し、最後にテンションスクリューナットを締める。

木製かんなの口を開閉するときは、トーホーンの後ろのねじで調節する。

ベンチプレーンの刃と裏金の組み立て

刃を研磨したら裏金と合体させ、かんなのなかにさし込み、必要な調節をおこなう。

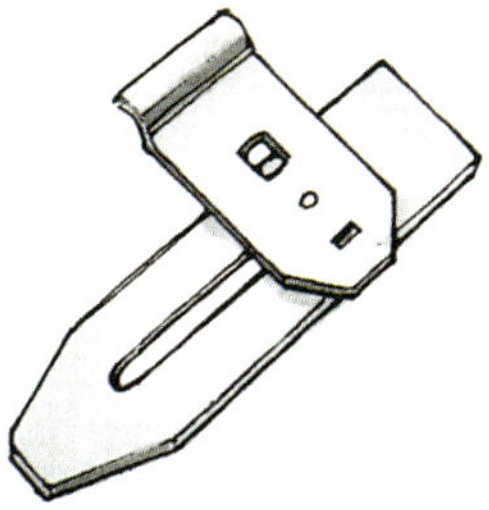

1　裏金を刃の上に置く

刃先を上にして持ち、その上に交差させるように裏金を置く。刃の溝に裏側から固定ねじを通し、キャップの穴にさし込み少しねじる。

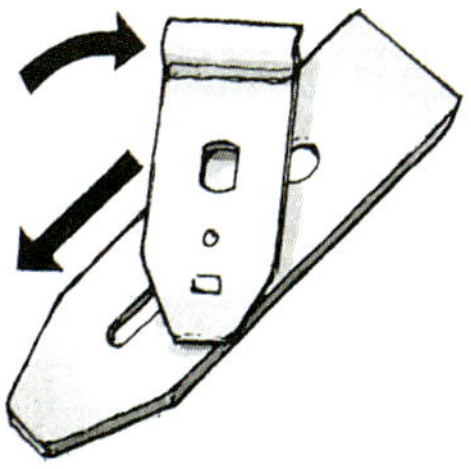

2　裏金と刃の向きを揃える

刃の溝にそってねじを下向きに動かしながら、裏金を刃と同じむきになるように回転させる。そのとき裏金で刃先をこすらないように気をつける。

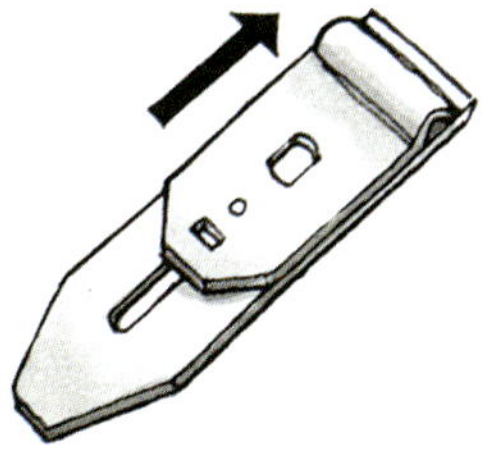

3　裏金を刃先へ移動させる

裏金を、その先端が刃先から1mm以内になるように移動させ、固定ねじを締める。

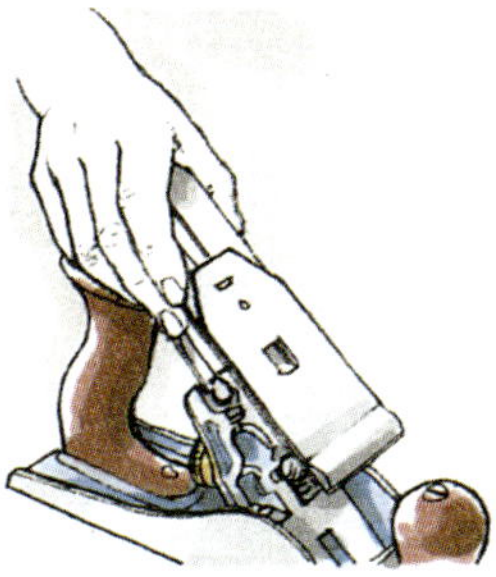

4　刃構成部の穴に

フロッグの突き出したレバーキャップスクリューを通しながら、刃構成部を深さ調節レバーの突出部の上に固定し、その上からレバーキャップをかぶせる。

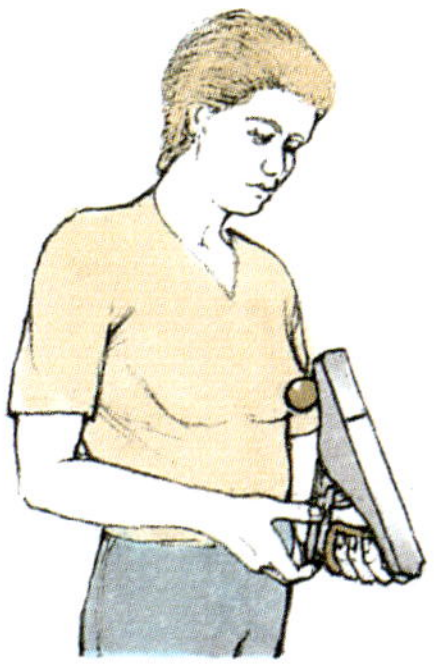

5　刃の出し量の調節

刃口から刃先が出るまで、深さ調節ナットを回す。本体の先端側から下端をみて、横方向調整レバーで刃先が下端と平行に出るように調節する。もう一度刃の出し量を調節する。

ベンチプレーンの手入れ

ときどき少し面倒に感じるかもしれないが、台かんなは必要な注意を怠らなければ、刃先の研磨以外は、それほど面倒な手入れは必要ない。台かんなについた塵やほこりを取り払い、注油をし、ときどきオイルをしみ込ませた布で金属の表面を拭くようにする。台かんなは刃先を引っ込めて、横向きにして保管する。

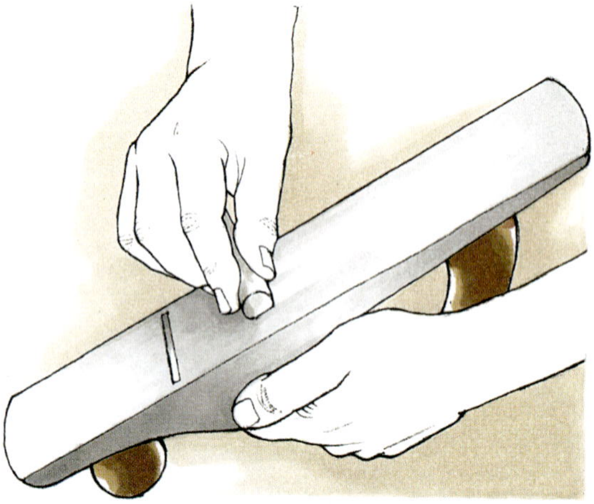

下端の滑りを良くする

木製かんなは日常的に使っている間によく滑るようになり、滑りを良くするために特別なことをする必要はほとんどない。しかし金属製かんなを使っていて、どうもうまく材の上を滑っていないと感じるときは、下端を白いローソクで軽くこするといい。

かんなのびびりを直す

かんな屑が滑らかに削れずかんなが振動する、“びびる”ときは、刃がしっかりと固定されているかどうかを検査する。金属製の場合はレバーキャップスクリューを締め、木製の場合はテンションスクリューナットを締める。

それでも振動が直らないときは、刃の後ろに異物がはさまっていないかを確かめる。また金属製の台かんなの場合は、フロッグ固定ねじを固く締める。

かんな屑が裏金の下に詰まるとき

裏金と刃が正しく組み合わされていない場合、かんな屑は裏金先端の丸く湾曲した前縁と刃先のあいだにはさまってしまう。刃の裏が完全に平らになっているかどうかを確かめ、また裏金がぴったりとおさまるのを妨げる樹脂が付着して固まっていないかどうかを確かめる。刃が曲がっているときは、平らな板の上にのせ、ハンマーで強くたたいて矯正する。

油砥石で裏金の前縁をまっすぐに、元の角度を変えないように研磨する。

歪んだ下端の平滑化

かんな屑を薄く削りだすことができなくなったときは、下端が歪んでいる場合がある。金属の直定規を下端の上に置いて確認する。金属製かんなの下端が歪んでいた場合は、エメリーの研磨布紙を厚いガラスの上に両面テープで止め、その上に下端を置いてこすり矯正する。しかしそのような時間と手間をかけるよりも、専門職人に下端を再研磨してもらった方がいいかもしれない。

それに比べ、木製かんなの下端を研磨紙で矯正するのは、かなり簡単だ。刃をはずし、かんなの中心部を握り、研磨紙の上を前後させ、ときどき直定規でチェックしながら研磨する。

ベンチプレーン使い方

かんなをかける材を用意したら、よく観察して木目の方向を確かめる。つねに木目にそって、すなわち順目でかんなをかけることが大切。というのは、逆目でかけると木の繊維を裂いてしまうからだ。木目の不規則な材にかんなをかける場合は、刃の出し量を少なくして薄いかんな屑を出すように調節する。木口のかんながけについては、55ページを参照のこと。

ベンチプレーンの持ち方

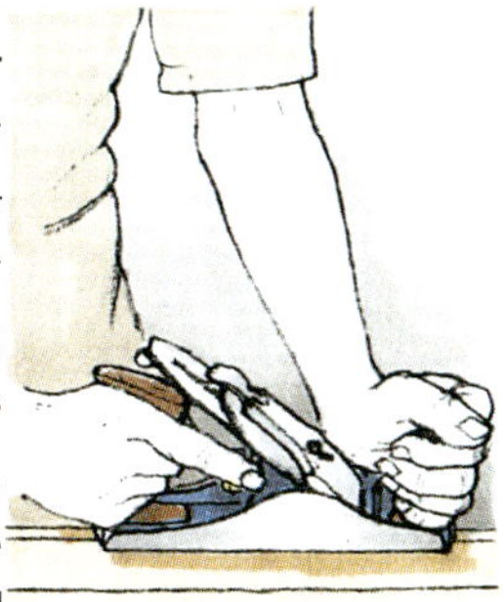

金属製の台かんなは、まず利き手で人さし指を先端方向にまっすぐ伸ばしてハンドルを握る——こうすることによってかんなの方向をしっかりと定めることができる。もう一方の手で先端部の丸いノブを握り、かんなを材に押し付ける。

木製仕上げかんなの握り方

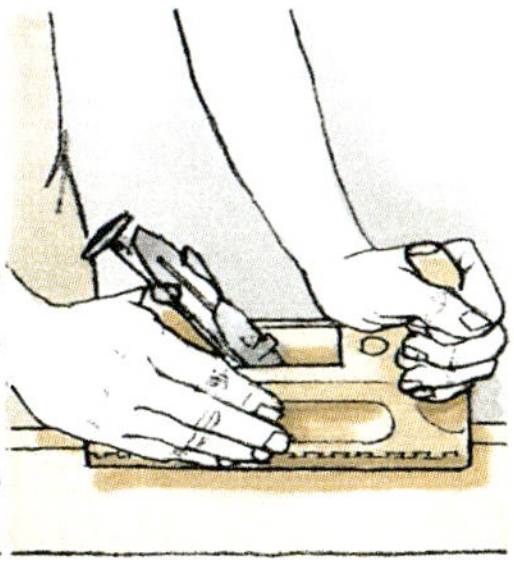

かんなのかかとのすぐ上の柔らかな曲線をしたクロッチに指の股をそわせるようにして、親指と他の指で本体の後部をつかむ。もう一方の手で、指になじむかたちに面取りされたホーンを握り、かんなに下向きの圧力を加える。

かんながけの姿勢

両足を開いて作業台の横に立ち、後足を作業台に向け、前足を作業台に平行に置く。足をしっかりと固定させ、上体を動かしてかんなを前方に進める。削りはじめは、かんなの台頭側に体重をかけ、材の先端に近づいたら、かんなが力余って下向きに落ちないように台尻側に体重を移動させる。

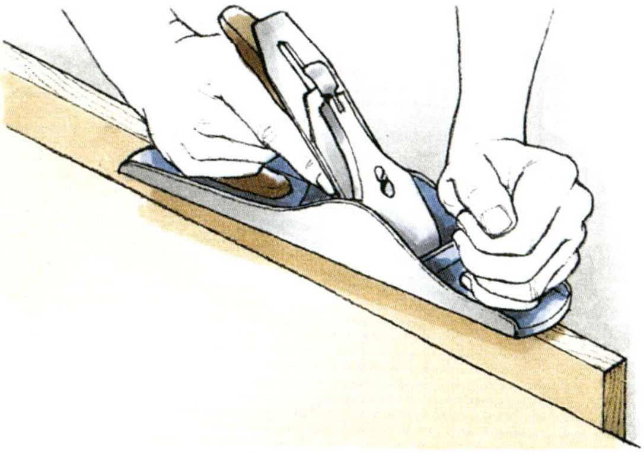

斜め削り

不規則な木目の表面を平滑にする場合、動かす方向に対して少し角度をつけ斜めにかんなを持つようにすると、動かしやすくなることが多い。

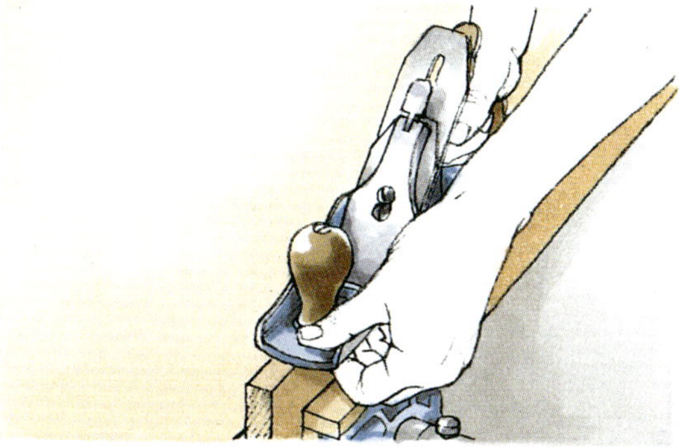

木端面のかんながけ

角が正確に出るように、親指で台頭を押さえるようにする。そのとき他の指は軽く内側に握り、材の側面にそわせて定規のように使う。材の角にそって面取りをおこなうときも、同様の握りでおこなう。

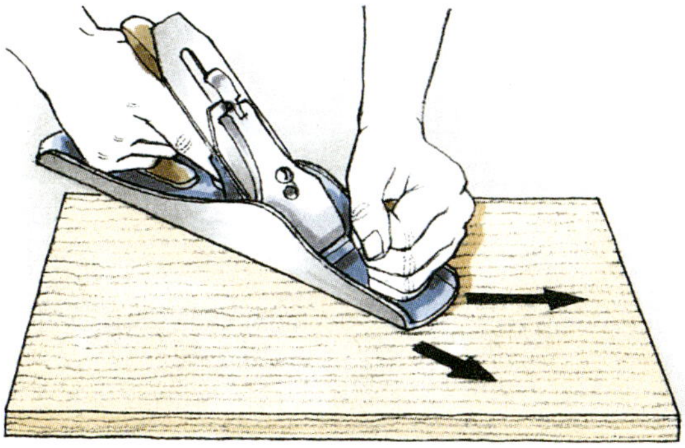

板材を平らに削る

板材を平滑らにするときは、2方向に少し斜めにかんなを動かす。直定規で表面をチェックし（19ページを参照）、つぎに刃先の出し量を、木端面に平行に往復させて仕上げをおこなう。

電動かんな

ポータブル電動かんなは、よく調整された手動かんなと同じように仕上げることも、据え置き式の自動かんな盤（プレナー）に取ってかわることもできないが、大きな材木を必要な厚さにするといった、手仕事なら大変な仕事でも楽にこなし、ドアの框を削ったり、広葉樹材の窓枠の角度しゃくりを削ったりするときには、木工家の大きな手助けとなる。

ハンドル

機具の重量はすべてハンドルで支える。ハンドグリップには、トリガースイッチとロックボタンがついており、ロックボタンを押すとトリガースイッチから手を放しても連続使用が可能となる。プラグをさし込むまえに、かならずロックボタンがオンになっていないことを確認する。

補助ハンドル

機具前方についた補助ハンドルは、かんなの動きをコントロールするためのもの。切込み量調節ノブが補助ハンドルを兼用している機種もある。つねにハンドルと補助ハンドルの両方を使って機具を操作する。絶対に機具のベース付近に指を近づけないこと。

ポータブル電動かんな

切屑排出口

機具を動かしているあいだ、かなりの量の切屑が排出口から出る。排出口に専用のバッグをつけることもできるし、集塵機のホースを接続することもできる。

電気的絶縁

プラスチックの二重絶縁ケースで、木工職人を感電から守る。

モーター定格電力

モーターの定格電力は機種によってかなり異なっているが、ほとんどが負荷なしの平均回転数は、1200から1600rpmである。電子制御システムのついているものは、ゆるやかに起動し、負荷時も同一の回転数を保つように制御される。

削り幅

カッターは、ベースの幅と同じで、82㎜が一般的。

切込み量

電動かんなのベースは、かんな胴をはさんで前部と後部に分かれている。前部すなわち送り込み部の高さを上げると、1回に削りだす量が多くなる。小型の電動かんなの切込み量は、1㎜以内であるが、大型のプロ用は3.5㎜までのものが揃えられている。2.5㎜くらいの切込み量のものが丁度よい大きさと感じられるだろう。

ほとんどの機種が、目盛りつきのダイヤルか、先端部のノブを調節して切込み量を調節する。

しゃくり深さおよび幅

本体の側面に取りつけられているしゃくり深さゲージによって、削り出すしゃくりの深さを調節する。ほとんどの電動かんなが20～24㎜であるが、小型のもののなかには8㎜までの深さしか切削できないものもある。しゃくりの幅は側面の定規で調節する。通常直角の定規の面は45度までの角度に調整することができ、正確に角度削りができる。

面取り用溝

送り込みベースの中央には、精密なV型の溝が切られている。この溝を材の角に合わせて切削すると、まっすぐな面取りができる。

接触防止カバー

使用しないときはスプリング式の接触防止カバーがかんな胴を完璧に保護しているが、削りはじめると、材の端に押されて自動的に引き込むようになっている。

かんな刃

電動かんなのかんな胴には2本の刃がバランス良く配置されている。汎用の直刃は、刃先に超硬チップが付いており、たいてい反対にさし込んで使うことができる。角を丸くした直刃は、ベースよりも幅の広い板を削ってもうねりが残らないようにするための刃。波刃の替刃もあり、これは家具の“粗面仕上げ”に似た表面を削りだすときに使う。

電動かんなを送る力が大きくなったと感じたらかんな派を替える。そのとき、プラグを抜いてから接触防止カバーを開ける。

直刃

角丸直刃

波刃

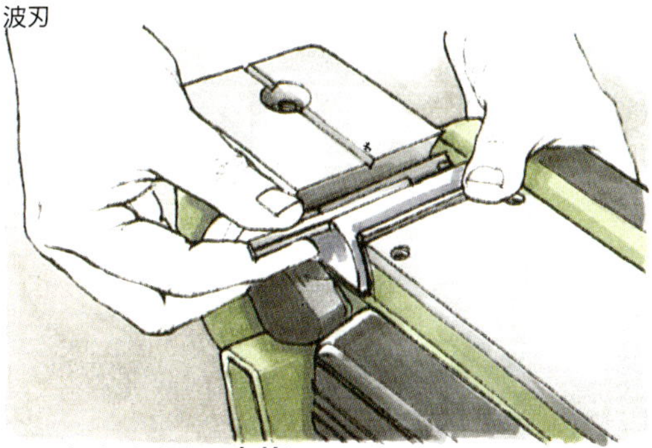

1　かんな刃の交換

機種によって刃の交換方式が違うものもあるが、大半のものは、かんな胴に精巧に切られている溝に入っている刃を抜き出し、反対向きに入れて使うか、もしくは新品と交換する。

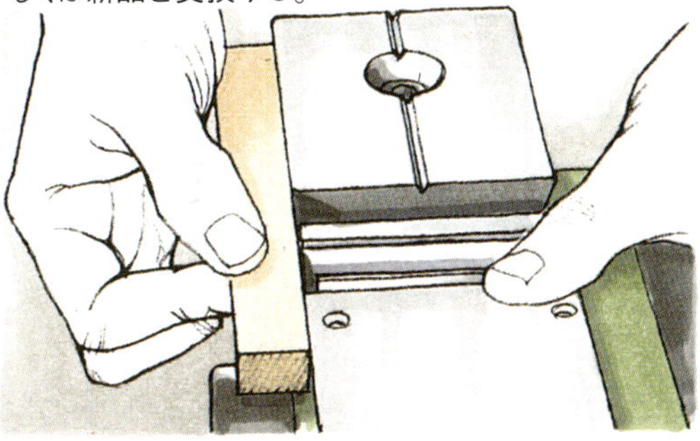

2　かんな刃を揃える

直線の出ている木片をベースの側面にあて、2本の刃をその面にあてて揃え、刃を溝に固定するねじを締める。

電動かんなの使い方

手動のかんなと同じく、木目の方向にそって削ることが大切。不規則な木目の場合は、刃先の出し量を薄削り用に少なく調節する。どんな場合も、必要な厚さに1回で到達しようとするよりも、段階的に数回にわたって削るほうが良い仕上がりを達成することができる。かんなをかけるまえに、必ず材に釘、ねじが入ったままになっていないかどうかを確かめる。刃先を替えるとき以外はけっして接触防止カバーに触らないようにし、その場合もかならずプラグを抜いて扱う。

電動かんなの操作法

ベースの送り込み部を材の上に置き、スイッチを入れ、一定の速さでかんなを送り込む。ベース全体が材に接するまで機具の先端側に体重をのせ、材の末端が近づいてきたら体重をかんなの後部に移動させ、平らな表面を維持できるようにする。

可能なときは、材に対してかんなを直角に保つために、側定規をつけるようにするが、不便なときはかんなをかけた後に直定規で確かめる。

幅の広い板を平らに削るときは、台かんなと同じ要領(51ページを参照)でおこなう。

面取り加工

送り込み部のV字型の溝を、材の直角の角にあてる。スイッチを入れ、必要な深さになるまで端から端まで数回にわたって動かす。幅広く面取りする場合は、角度調節フェンスを装着する(右を参照)。

しゃくり加工

材の一木端面にそってしゃくり加工をするときは、側定規削り深さゲージで必要な寸法に合わせる。左に述べた要領でかんなを送り、その間は側定規を材の側面に押し付けるように力を加えておく。削り深さゲージが材の上面につくようになったら、しゃくり加工が完成したことになる。

角度しゃくり加工

角度しゃくり加工をするときは、側定規の接触面を本体に対して必要な角度に傾くまで調節する。この場合、かんなが斜面を滑り落ちないように、材側面に対する圧力をけっしてゆるめないことが大切。

豆かんな

豆かんなは、主に木材の木口を切削するための軽量のかんなである。片手で握るようになっているが、もう一方の手で台頭に圧力を加えるようにして使う。金属製のレバーキャップをはずすと、その下に刃があらわれるが、それは最も高い位置に斜めに固定されている。皮をむくような動きをするために、材の表面に対してかなり浅い角度であたるようになっている。木製のものも金属製のものも、どちらも切込み量調節、横方向調節は、かなり精密におこなえるようになっており、刃口も繊細な切削ができるように調節することができる。

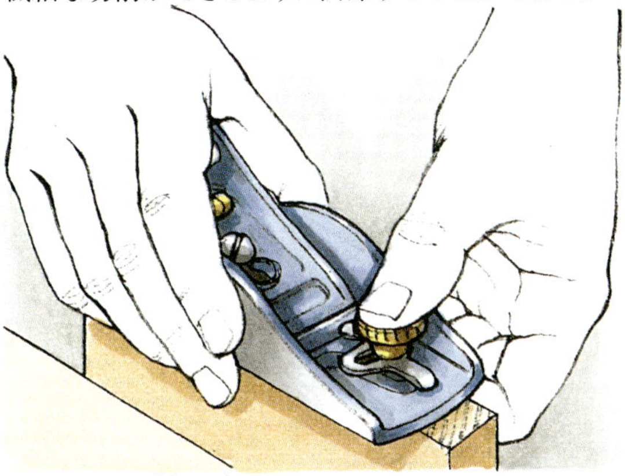

豆かんなの持ち方

手のひらを、膨らんだレバーキャップまたは半球状の切込み量調節ノブにかぶせ、親指と他の指の間にはさむように握る。材の表面にかんなを滑らせるときは、もう一方の手の親指または他の指の先端で台頭に圧力を加える。

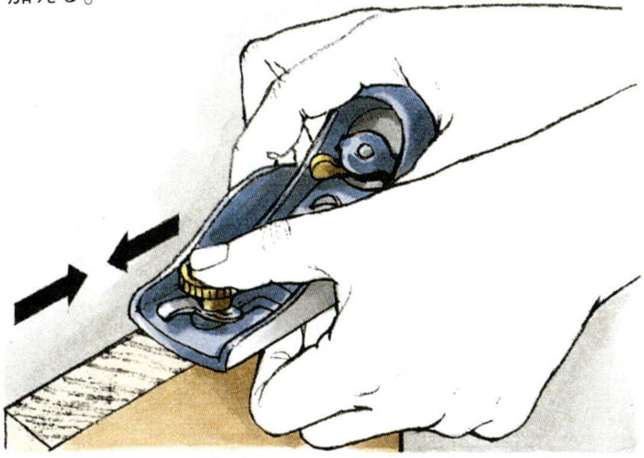

木口のかんながけ

木口をかんながけするには、刃がカミソリのように鋭いことが肝要。作業台の万力で材の木口を上に向けて固定し、木口の両端から中央に向けてかんなを動かすようにする。そうしないと、木口の端が裂けてしまう。

木口が裂けるのを防ぐ方法

もう1つの方法は、一方の角を印をつけたところまで削って面取りをし、その方向に向けてだけかんなを動かすようにする。

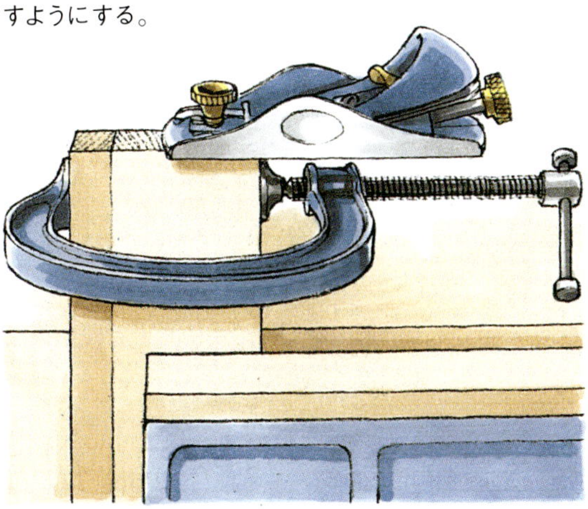

木口の端の保護

もう1つ別の方法は、別の木片を、その上端が材の上端と同一高さになるようにクランプで固定することによって、材の木口を保護し、裂けるのを防止する。

ラベットプレーンとショルダープレーン

しゃくりや、追入れ、相欠きなどの大きな組手の切削、調整のために、各種のかんなが作られている。こうしたかんな類は、どれも特殊なものばかりなので、すべてを工具箱に収める必要はないが、あると非常に便利だ。

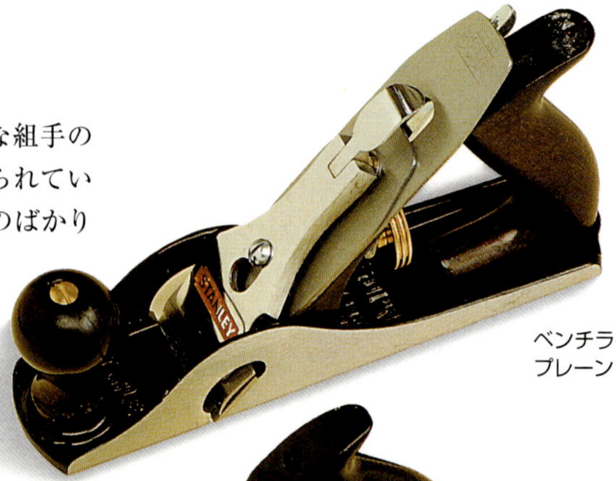

ベンチラベットプレーン

ベンチラベットプレーン

他の台かんなと違うところは、ただ1点、このかんなの刃は、下端の幅全体に出ているということ。デプスゲージも定規もついていないので、切削の方向を定めたいときは、直定規を定規として使う。

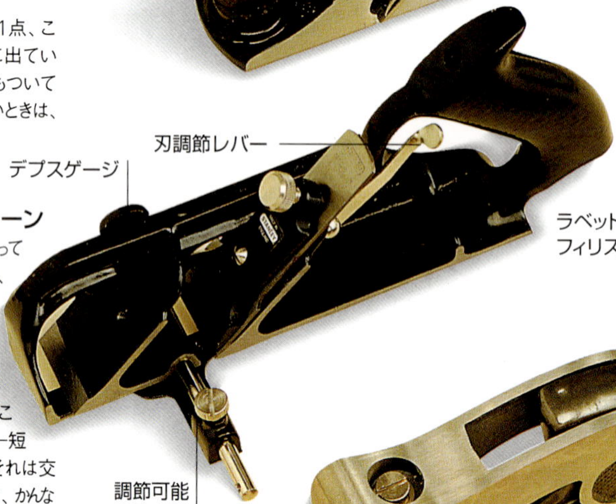

ラベットとフィリスタープレーン

ラベットとフィリスタープレーン

削り深さ調節機能と側定規が備わっているが、このかんなの最大の特徴は、刃を装着する場所が2箇所あるという点。後部にあるほうが通常使用のためのもので、先端部の近くにあるほうは、材の途中で止まるしゃくりを切削するためのもの。またこのタイプのかんなには、けづめ――短いナイフの刃――がついているが、それは交錯した木目をしゃくり加工するときに、かんな刃の前の木質に浅く切り込みを入れるためのもの。

金属製ショルダープレーン

サイドラベットプレーン

軽量のかんなで、2枚の刃が反対向きに取りつけられており、木目に応じて両方向に切削することができる。しゃくり加工をしたり、細い溝を削るときに使う。脱着式の先端部が両端につけられるようになっており、両端が閉じた追入れの角まできれいに切削することができる。

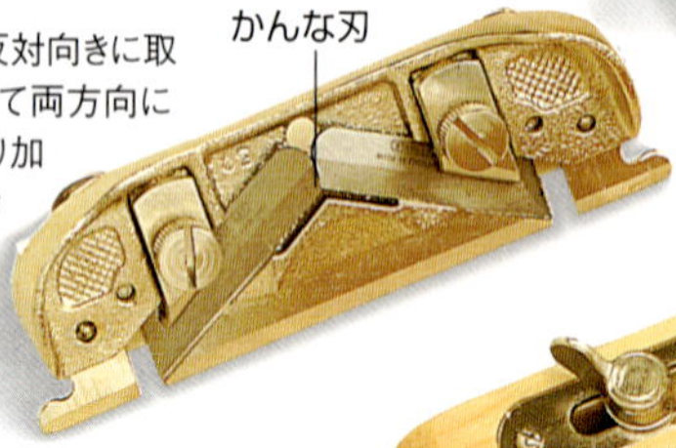

サイドラベットプレーン

木製ショルダープレーン

ショルダープレーン

精巧に作られたショルダープレーンは、細いラベットプレーンのように使うことができるが、このかんなは主に大きなほぞや重ね接ぎのきわを削るために使用される。脱着式の先端部をつけてブルノーズ加工をすることができる機種もある。

ブルノーズプレーン

ショルダープレーンの小型版で、閉じたしゃくりの端や小さな組手を切削するのに適している。

金属製ブルノーズプレーン

木製ブルノーズプレーン

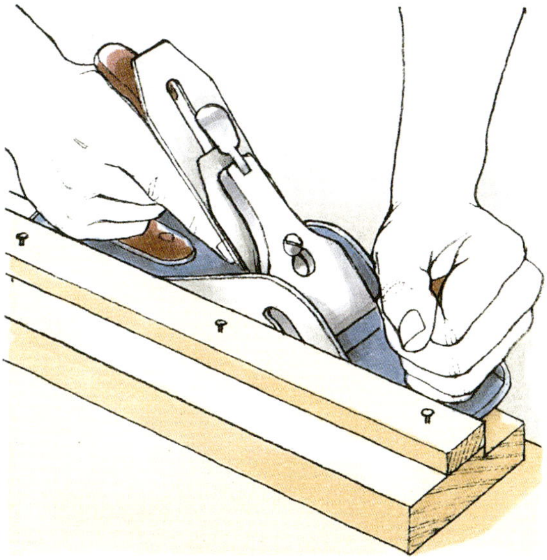

ベンチラベットプレーンのを送る

材の木端面に予定のしゃくり深さに線を引き、その線のすぐ内側にあわせてまっすぐな小割板を釘で仮止めするか、クランプで止める。かんなの側面をその小割板にぴったりと押しつけ、材の先端から削りはじめ、少しづつ後退しながらしゃくりを作っていく。材に対してかんなが直角にあたっているようにたえず気をつけながらおこなうことが大切。またそのつど線よりも深く切削していないかどうかを確かめながらおこなうこと。

サイドラベットプレーンの使い方

しゃくりや溝の端にかんなを押しつけ、後部のデプスゲージが材の表面にぴったりとつくように調節する。垂直に立った壁面に押し付けながらかんなを滑らせ、溝を所定の線まで切削する。

ラベットとフィリスタープレーンの使い方

デプスゲージと定規を調節し、左記と同じくかんなを進め、徐々にストロークを大きくしていく。しゃくり深さ調節ゲージが効いて、刃がそれ以上深く材を削らなくなったら、しゃくり加工は完成。木目が交錯した材を切削するときは、けづめを先端がかんな刃の直前の木繊維を切削することができるところまで下げておく。

きわの切削

材を作業台のあて止めに押しつけ（108ページを参照）、かんなを横向けにしてねかせ、木口のきわを薄く削っていく。端材の木片をぴったりと材に押しつけて、刃を送る側の木口の端にささくれができないように保護する。

プロープレーンとコンビネーションプレーン

1台で溝切り、しゃくり加工、ふち飾り加工など、10以上のプレーンの役割を果たすことができる工具の発明は、当時としては、現代の電動ルーターの登場に負けず劣らず画期的なことだったろう。電動ルーターの発明は、この精巧に作られたかんなに向けられていた賞賛の目を遠ざけてしまったようだ。しかし伝統を大切にする人々に愛され続けてきた、溝切り専用のプロープレーンや、より多用途のコンビネーションプレーン、マルチプレーンは、いまなお専門職人のための工具店の店先を飾っている。

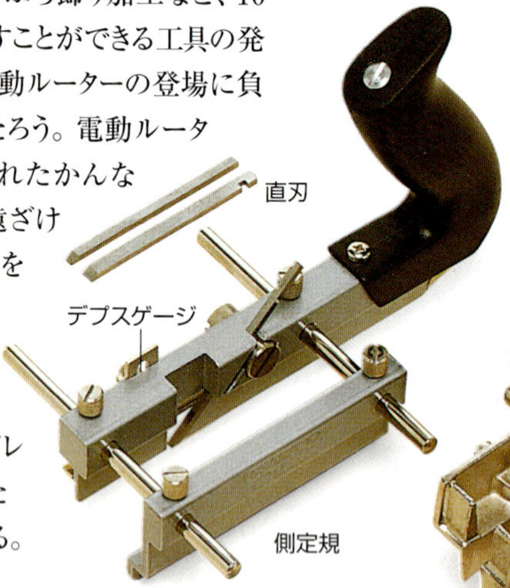

プロープレーン

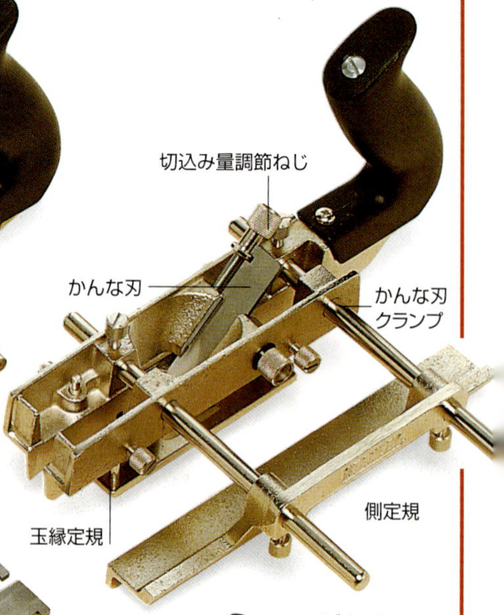

コンビネーション
プレーン

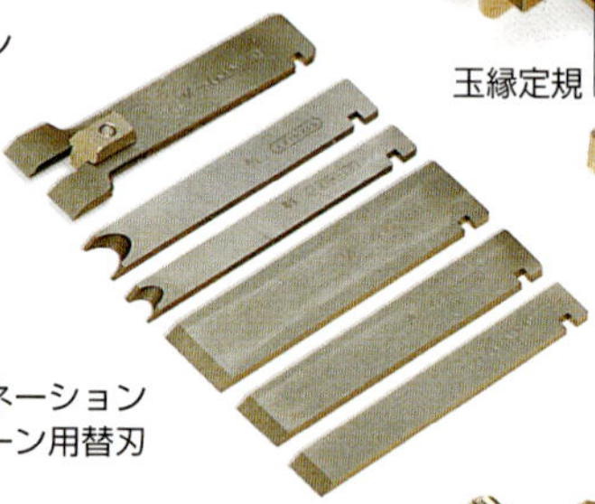
コンビネーション
プレーン用替刃

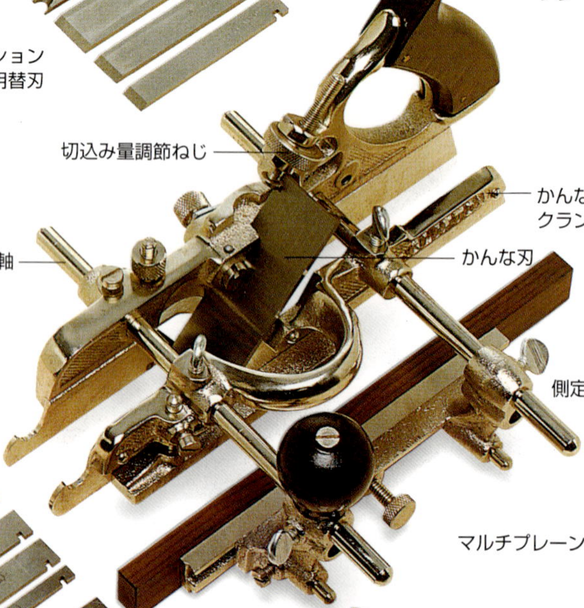

マルチプレーン

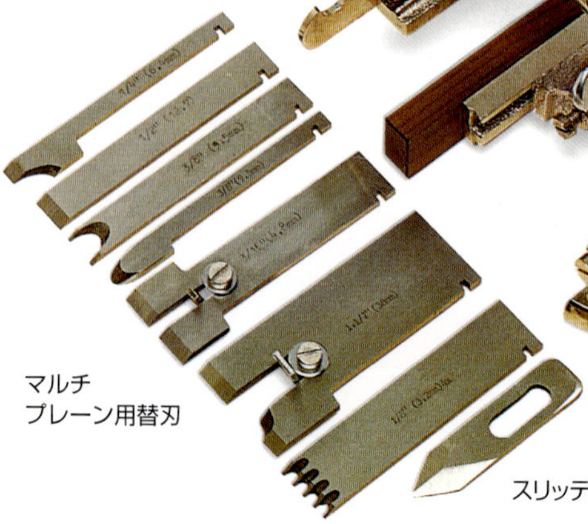
マルチ
プレーン用替刃

スリッティングナイフ

カムステディー

プロープレーン

セットになったまっすぐな四角い刃とともに販売されるプロープレーンは、溝切りおよび細かい追入れ加工専用に作られた工具。このかんなには、すべてデプスゲージと側定規がついている。

コンビネーションプレーン

プロープレーンと外見は似ているが、コンビネーションプレーンには刃の位置を自由に動かし固定することができるスライド式クランプと、切込み量を調節するねじがついている。また通常のデプス調節ゲージと側定規に加え、このかんなにはさねはぎ接ぎのさねにそわせてビード（玉縁）を作るときに使う狭い特別な定規が装着されている。コンビネーションプレーンは普通の刃だけではなく、さまざまな形状の刃が取りつけられるようになっている。

マルチプレーン

マルチプレーンは、コンビネーションプレーンよりもさらに多くの刃を取りつけることができるかんなで、そのなかには、木の細い帯を作ったり、成型加工したりするためのスリッティングナイフも含まれている。またこのかんなには、材の端から離れた場所に成型加工をするとき定規支持軸が傾くのを防ぐために、刃と側定規の間に固定するカムステディーもついている。

マルチプレーン用替刃

上に替え刃の全種類とその切り出した形状を示している。上から順に、以下の目的で用いられる。

さね加工用替刃　対応する直刃と組み合わせて使い、さねはぎ接ぎを作る。刃自体にデプスストッパーがついている。

窓枠モールディング用替刃　厚板の木端面にそって窓枠モールディングの片側を作り、もう一方の木端面にも同じ物を作る。仕上げられた成型部分は、スリッティングナイフで厚板から切り離される。

丸身くり型用替刃　真直ぐな板の木端面やパネルの四方の辺を丸身に加工するときに使う。

玉縁用替刃　板を接ぎ合わせたことがわからないようにするために多く用いられる。

リード用替刃　玉縁を一度に数本作るときに使う。

縦溝用替刃　指をかけるへこみやペンホルダーなどの加工に用いる。

直刃　しゃくりや溝を加工するときに用いる。

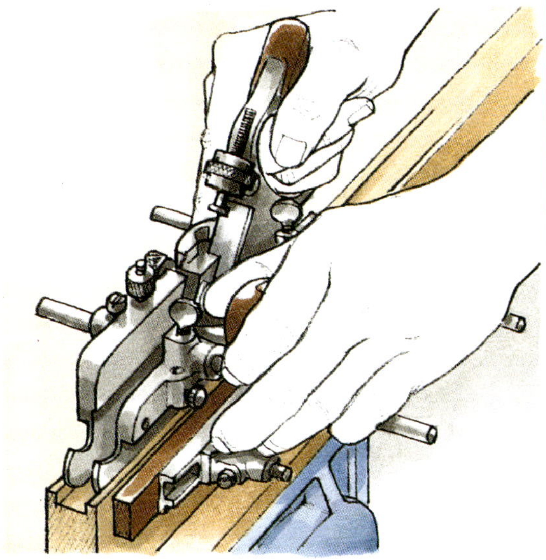

操作方法

プロープレーンもコンビネーションプレーンも、そしてマルチプレーンも同様の方法で持ち操作する。左手で側定規を材に押しつけながら、先端から短いストロークで削りはじめ、少しづつ手前に持ってきて、全体を削る。

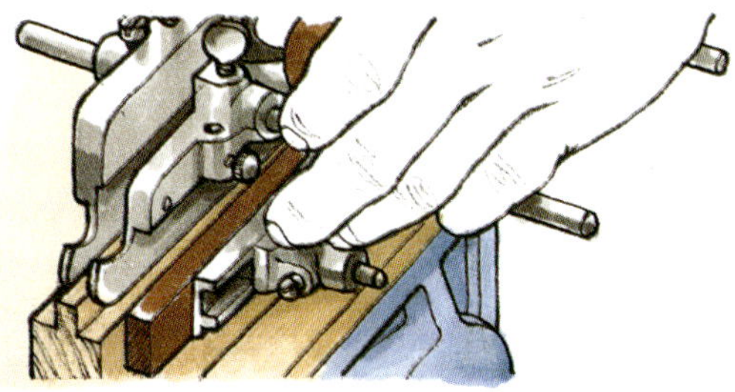

さねはぎ接ぎの加工

刃についているデプスストッパーを調節し、さねが材の端の中央にくるように側定規を調節する。上記と同じ方法で切削する。つぎに刃を直刃に替え、接ぐもう一方の材に、対応した少し深い溝を掘る。

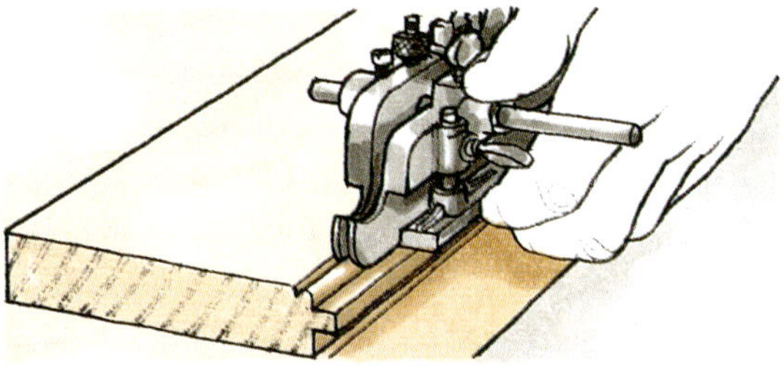

さねにそったビード加工

標準の側定規に替えて、狭いビード用フェンスを取りつける。これはさねのすぐ上を材の端を押さえるように動く。ビードの頂点が材の表面とほとんど同じ高さを保つようにデプスゲージを調節する。

南京がんな

南京がんなは基本的には木材の曲面を仕上げるためのかんなである。それをはじめて使った人は、その切れ味の良さと仕上げの速さに驚くに違いない。最初は、工具箱の中にストレートフェイスとラウンドフェイスの2種類の標準型南京がんなを揃えておく必要があるが、必要に応じて他の特殊な南京がんなを揃えていくといい。

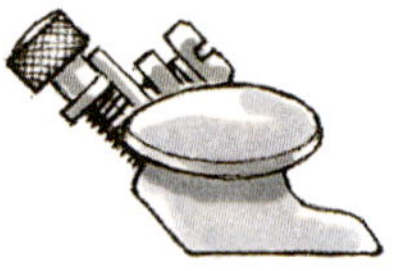
ストレートフェイス

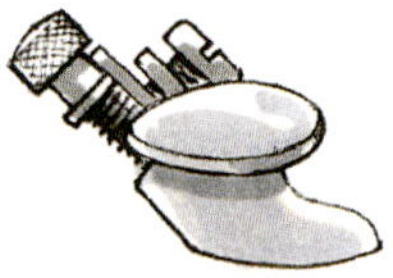
ラウンドフェイス

半丸南京がんな
(凸型刃)

半丸南京がんな
(凹型刃)

面取り南京がんな

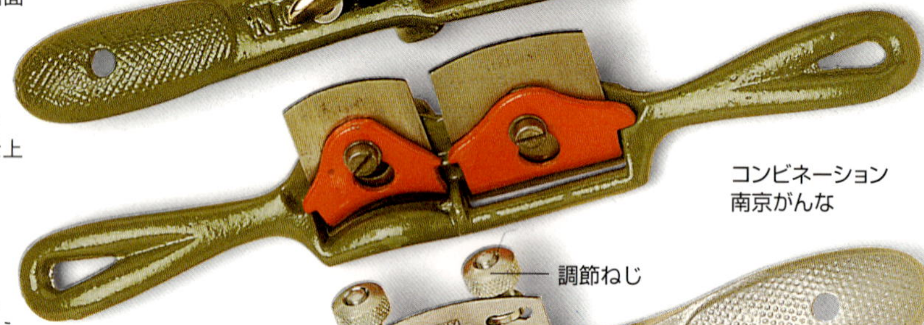
コンビネーション
南京がんな

コンビネーション
南京がんな

標準型南京がんな

南京がんなは、かんな刃よりも短いかたちの刃の両側に、長く伸びた柄がついており、それを両手で持って操作する。刃は裏刃によって固定されているが、その角度と深さは2本のねじによって調節する。安価な南京がんなには、刃先調節機構がついていないので、その場合は鋳物キャップをはめるまえに目で見て調節する。ストレートフェイス型の刃は、凸面を削るときに使い、ラウンドフェース型の刃は、凹面を削るときに使う。

半丸南京がんな(凸型刃)

かなりきつい凸面をした刃を持つかんなで、伝統的な無垢材のスティックバックチェア座部のくぼみのような曲面を加工するのに最適な工具。

半丸南京がんな(凹型刃)

凹型の刃を持つホローフェイスの南京がんな。横柱や脚部を丸く仕上げるときに使う。

コンビネーション南京がんな

半丸の凹型刃の横に、標準のまっすぐな刃のついた2つの目的に使える南京がんな。いろいろな曲面を持つ作品を仕上げるときに、いちいち南京がんなの種類を変えなくてすむ。

面取り南京がんな

一対になった調節用定規のついたもので、材の直角の角にそって正確に面取りすることができる。

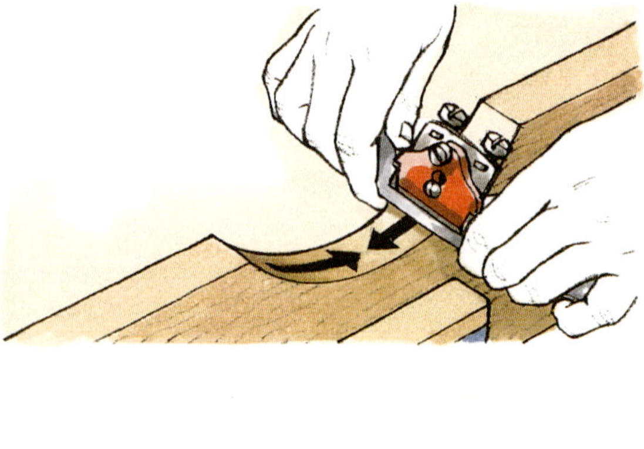

南京がんなの操作

滑らかな仕上がりを作り出すためには、なによりも刃の角度を正確にコントロールすることが大切。柄の背部に親指をしっかりあてておくのがコツ。南京がんなの前面を材の上に置き、前方に押しながら削るように動かす。最初は前後に揺するように動かすが、やがてきれいなかんな屑が出はじめる。曲面を2方向から削るようにし、つねに木目にそって順目で動かすようにする。

POWER ROUTERS

Chapter 5
電動ルーター

電動ルーターの登場は、木工の
世界に他のいかなる工具の
登場以上に大きな衝撃をもたらした。
それは少なくとも電気ドリル
登場以来の衝撃であった。
この工具は非常に用途の広い工具
なので、本書の限られた紙面では
基本的な操作法について
紹介することができるだけだ。
縦溝加工、玉縁加工、特殊なジグを
装着しての木工組手加工などの
より進んだ使い方については、
本書ではふれることができない。

電動ルーター

　電動ルーターは、同じ仕事をする手動工具を調節する時間と変わらない時間でセットアップすることができる。しかもそのカッターは非常に高速で回転するので、その仕事はつねに正確で、仕上がりもプロ並みだ。

　大きさ、かたちはさまざまだが、基本構造は同じ。精密に研磨されたカッターがモーターハウジングの下部にとりつけられていて、そのモーターハウジングの両側にグリップがついている。モーターハウジングはベースプレートから出ている2本の支柱によって支えられており、グリップを下に押すと、カッターがベースプレートの穴を通ってその下の材に入っていく。支柱にはそれぞれ強いスプリングがついているので、グリップの力をゆるめると、すぐに本体が自動的にもとの位置に戻る仕組みになっている。

ベースプレート

側定規や集塵フードなど、あらゆる付属部品はベースプレートに固定される。ベースプレートの底には、交換式のプラスチックの底板がついており、金属のベースプレートが材を傷つけることがないように保護している。

側定規

脱着式の側定規により、材の縁に平行にカッターを動かすことができる。ほとんどのルーターに標準装備でついてくる。

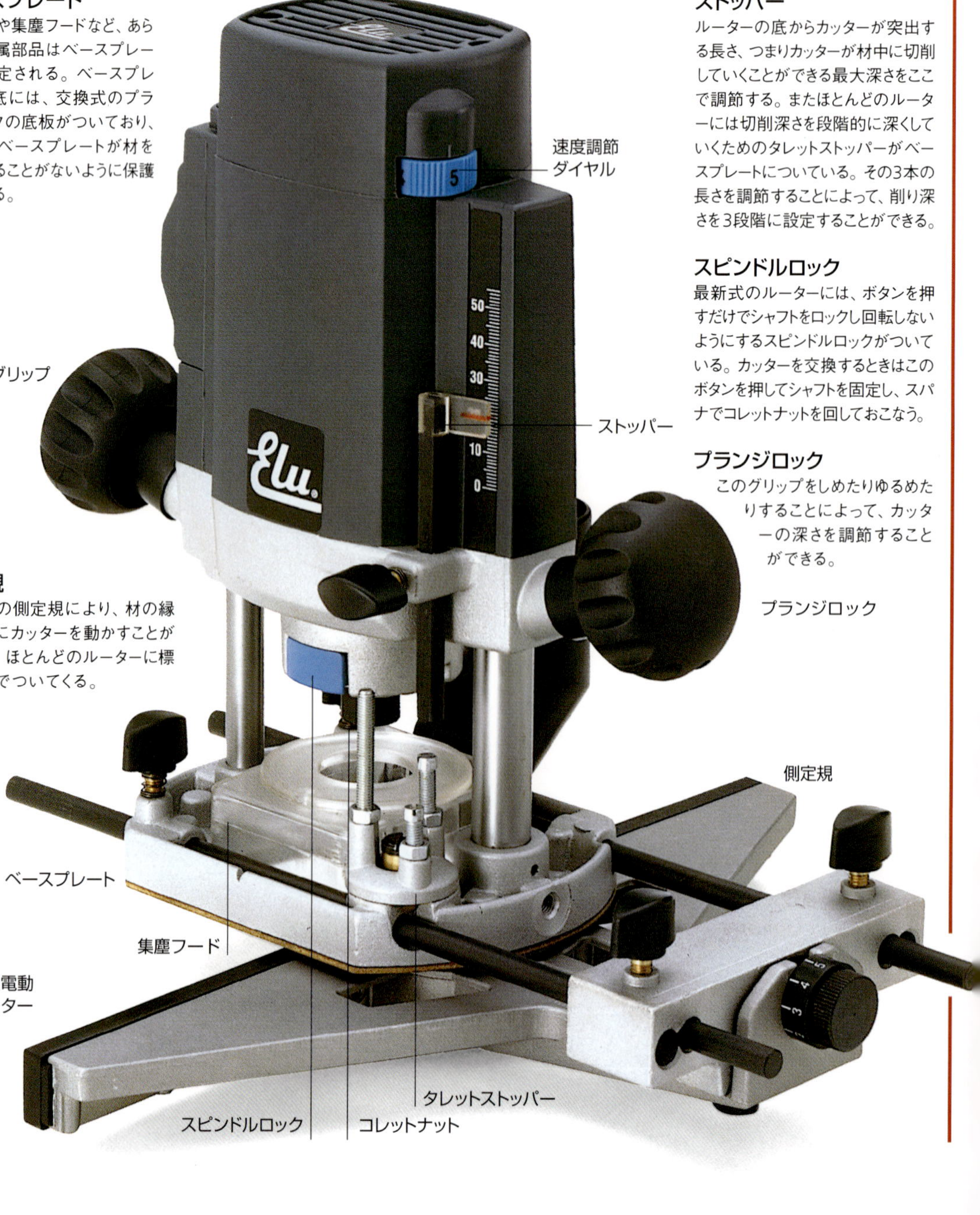

ストッパー

ルーターの底からカッターが突出する長さ、つまりカッターが材中に切削していくことができる最大深さをここで調節する。またほとんどのルーターには切削深さを段階的に深くしていくためのタレットストッパーがベースプレートについている。その3本の長さを調節することによって、削り深さを3段階に設定することができる。

スピンドルロック

最新式のルーターには、ボタンを押すだけでシャフトをロックし回転しないようにするスピンドルロックがついている。カッターを交換するときはこのボタンを押してシャフトを固定し、スパナでコレットナットを回しておこなう。

プランジロック

このグリップをしめたりゆるめたりすることによって、カッターの深さを調節することができる。

ルーターの大きさ

800〜1200W(1.25〜1.75HP)の中型のルーターが、アマチュアの木工家に最適だろう。ジグやテンプレートなどの既製品の付属部品は、ほとんどがこのサイズ向けに作られており、家具や簡単な建具を作る分には十分すぎるくらいに揃えられている。750W(1HP)くらいのモーターを搭載した小型で安価なルーターも販売されており、これも溝切り、しゃくり加工、成型加工などのほとんどの基本作業をこなすことができる。しかしより力の強い機械のほうが同じ仕事を時間をかけずにすることができ、また小型のルーターでは使えるカッターが限られている。プロの木工職人は、1850Wくらいの大型のルーターを使っているが、これは建築用の直径の大きいカッターを使うためのもの。

コレットの大きさ

カッターの軸は、モーターのすぐ下にあるテーパーのついたコレットにさし込み、コレットナットで固定するようになっている。大部分のルーターのコレットは、直径6〜8㎜の軸を受けるようになっているが、大型ルーターのコレットは、12㎜までの軸を受けることができる。

変速機能

ほとんどのルーターには変速機能がついており、作業にあわせて最適な回転速度を選択することができる。大半の作業は、最大回転数(20,000rpm)でおこなうことができるが、直径の大きなカッターを使うときなどは、回転数を落としたいと感じる場合がある。軟らかい金属やプラスチックを加工するとき、またフリーハンドで精密な加工をするとき、材の表面を焦がさないようにするときなど、回転数を落とす必要が出てくる。メーカーはそれぞれの機種の最適速度を提示している。

機具を材中に送り速度が変化したり、材の固い部分にあたったりしたときも回転数を一定に保つ機種もある。この機能のついたものは、始動時によくある機械の“反ぱつ”も少ない。回転数はルーターのスイッチを入れるまえに設定しておくこと。

集塵機能

どのルーターも、集塵アダプターがつけられるようになっている。固定式の集塵装置がついている機種もあるが、大部分のものがカッターを包むように透明のプラスチックのフードがつけられ、そのフードからホースが出て集塵機につながるようになっている。本書の図では、見やすくするために集塵フードとホースは取りはずしている。

ガイドブッシュ

たいていの機種には、ジグやテンプレートと一緒に使うガイドブッシュが1枚以上付属している(68ページを参照)。

ルータープレーン

この章の大部分は電動ルーターにあてられているが、かつて板やパネルに追入れを作る仕事をほとんど独占的におこなっていたルータープレーンのことについてふれないわけにはいかないだろう。まずのこで追入れの両サイドに切り込みを入れ、つぎにL型の刃を装着したルータープレーンで、その切り込みの間を切削していく。追入れの底が平らになるたびに、切込み量を調節しながら進めていく。

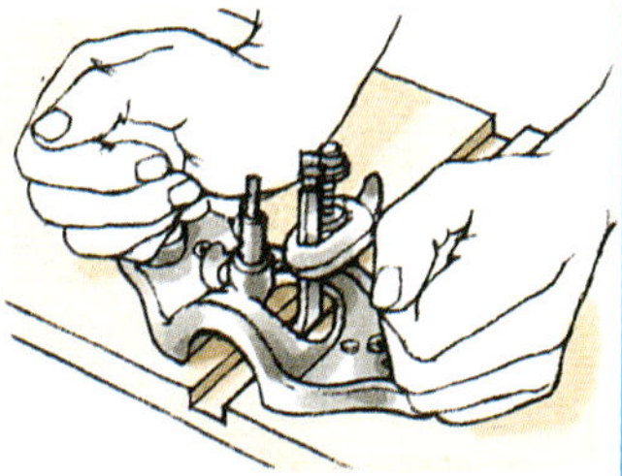

追入れの切削

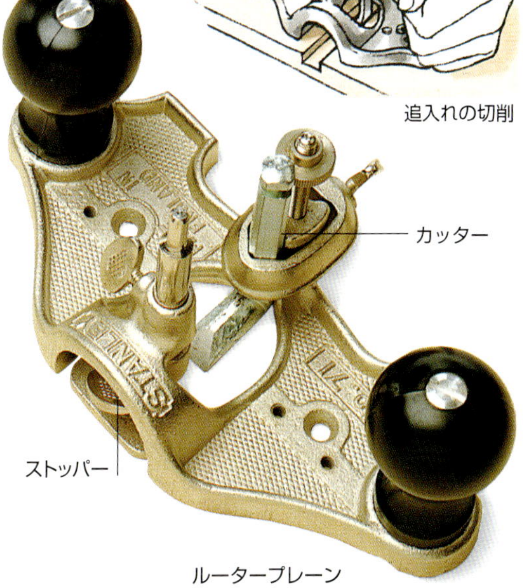

ルータープレーン

ルーター用カッター

ルーター用カッターは高価――特に大きいもの、精巧なもの――なので、どんな木工家でも全種類を揃える必要はない。必要が生じたときにそのつど購入すればよいが、品質の優れたカッターだけを購入するようにし、予算が許すかぎりの高いものを購入すること。

高速度鋼(HSS)でできたカッターは、ほとんどの木工作業を完璧にこなすことができる。しかしそれよりもさらに高価になるが、超硬合金(TCT)チップの刃先のカッターは、特に硬い広葉樹材や接着剤を多用している木質ボードを使うときには、刃先が長持ちし、長い目で見たら得になる。プランジ切削をするときは、底面切れ刃の付いているものを使い、また底面切れ刃のないものは、材の側面から加工するときに使う。

案内なしカッター

この種のカッターは、調節式側定規またはトランメルで使用して送るか、ベースプレートを直定規にそわすようにして送る。またフリーハンドで動かすとき、あるいはガイドブッシュやテンプレートを使いながら動かすときに使う。

案内つきカッター

カッターの先端が固い心棒になっているものと、先端またはシャンクにころのついているものとがある。先端の心棒またはころを、材またはテンプレートの縁にそわせながら、木端の成型加工やしゃくり加工をしていく。また単板やプラスチック化粧板を材と同じ高さにあわせるために削るときにも使う。

カッターの交換

カッターの交換は、必ずプラグを抜いておこなう。スピンドルロックボタンを押し、コレットナットをスパナで回しゆるめる。カッターをさし込み、少なくともシャンクの3分の1がコレット内に収まっているようにする。

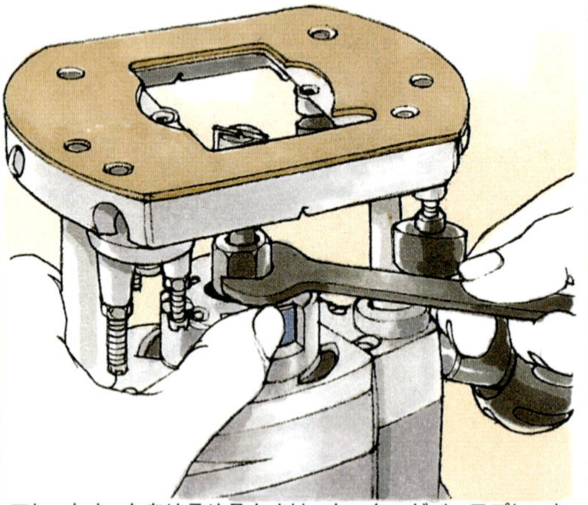

コレットナットをゆるめるときは、カッターがベースプレートの中に入らないように、逆さまにしておこなう。

カッターの研磨

HSS鋼のカッターを研磨するときは、カッターの平たい面を油砥石で研磨するようにし、斜めになった面は絶対に研磨しないようにする。ころつきカッターを研磨するときは、研磨するまえにベアリングをはずし、また心棒つきのカッターを研磨するときは、それを砥石にあてないように注意する。TCTの刃先は、専門家に出すほうがいいが、ダイアモンド入り砥石を持っている場合は、自分で研磨することもできる。

溝切りカッター

この列のカッターは、すべて案内なしのカッターで、材の繊維方向に関係なく溝を切削することができる。

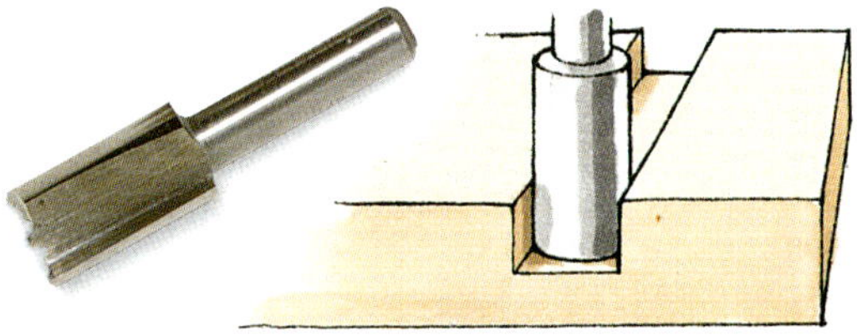

ストレートカッター

基本的なルーターカッターで、四角い溝や追入れを加工するときに使う。刃先は1枚または2枚で、切削面は2枚刃のほうがきれいだが、切屑は1枚刃のほうがよく除去される。

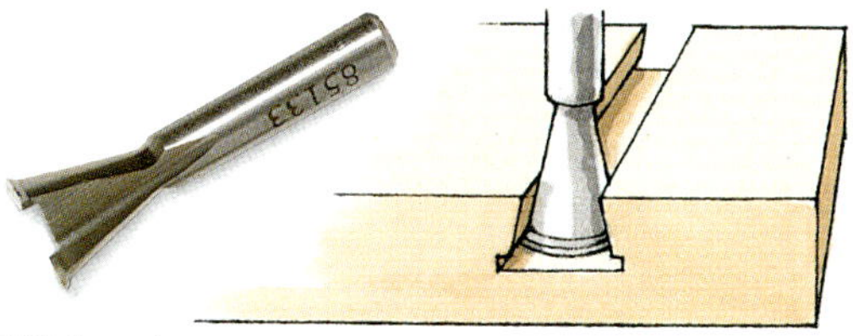

蟻溝カッター

主に蟻形接ぎを機械加工するためのカッターで、蟻形追入れを作るときにも使うことができる。

半丸カッター

単一の底の丸い溝を切削するときにも、連続して平行な溝を切削するときにも用いる。

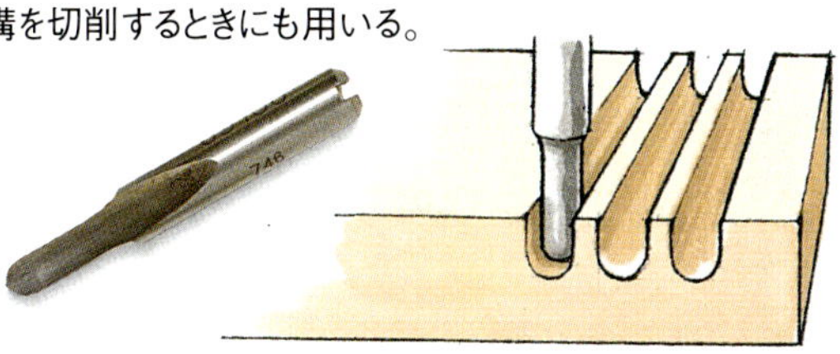

細溝カッター

細く、比較的深い、底の丸い溝を切るときに用いる。

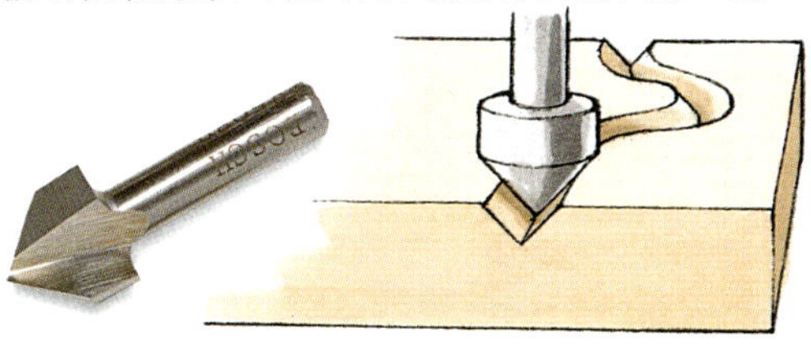

V溝カッター

文字やデザインを装飾的に彫りこむときに使う。

木端面成型カッター

溝切りカッターの場合、材の木端面にそわせて溝切りするときは、側定規を装着して使う必要があったが、大部分の成型カッターは、軸についた心棒またはころを案内にして動かす（前ページを参照）。

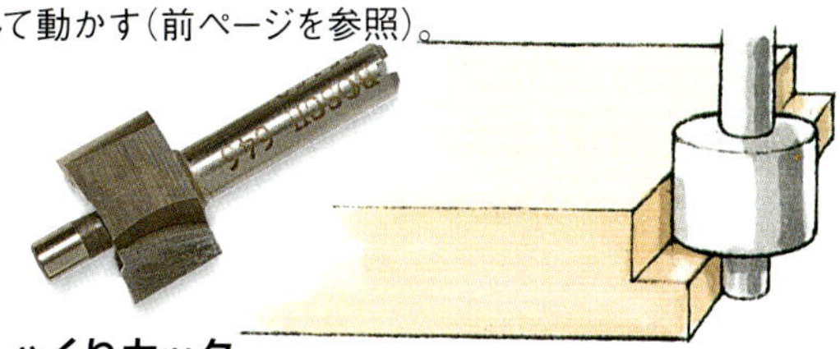

しゃくりカッター

切削深さは、カッターがベースプレートから突出する長さを調節しておこなう。異なった外径のころをつけることによって、しゃくりの幅を変えられるものもある。

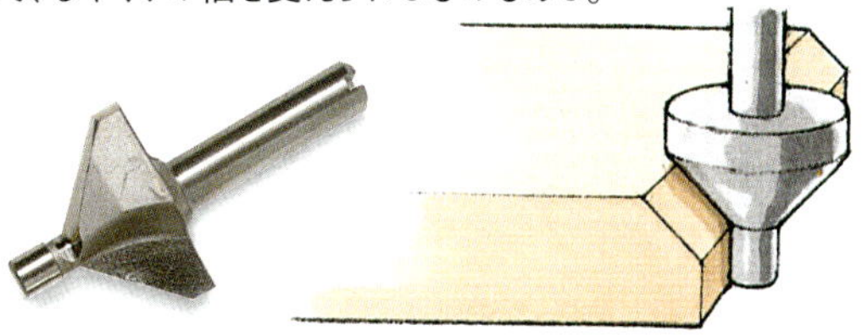

面取りカッター

材の木端面にそって45度の面取りをするときに使う。ルーターのデプスストッパーを調節するだけで、面取りの幅を変えることができる。

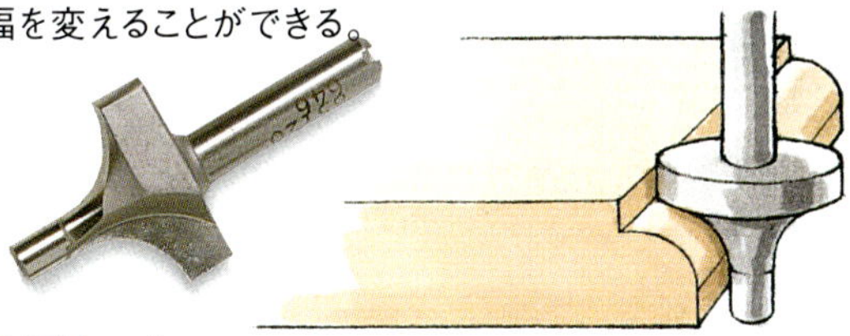

丸面カッター

シンプルな丸面で面取りする。低くすると、段差のついたくり形面が加工できる。

さじ面カッター

スプーンですくったような装飾的なカーブの面取りができる。サイズをあわせた丸面カッターと組み合わせれば、ドロップリーフテーブル用のひじ接ぎを作ることができる。

装飾成型カッター

額縁やパネルなどの成型を製作するためのカッターが、多く作られている。

溝および追入れの切削

引き出しの底板をはめたり、食器棚の裏板を固定したりするとき、正確な溝切りは不可欠だ。ところで溝というとき、正確には木目と同じ方向に切った溝を指し、追入れは、木目を横切って切った溝を指す。追入れは棚板をさし込んだり、キャビネットの引き出しの桟木をつけたりするなど、非常に多く使われる。側定規や直定規を案内として使うと、電動ルーターは溝および追入れの切削のための理想的な工具になる。

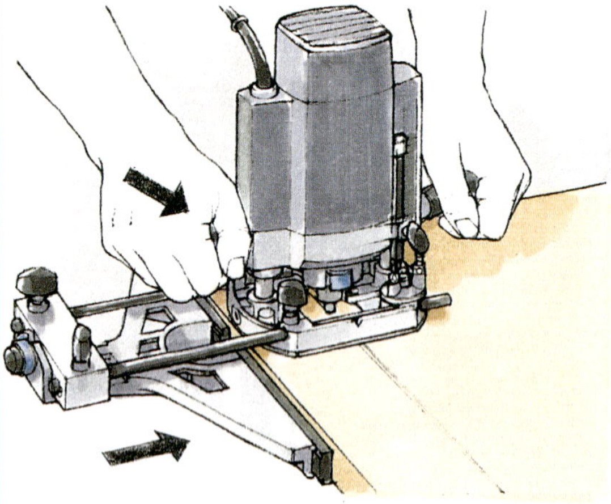

側定規を利用した溝切り

板の木端面近くに溝を切るときは、材の表面に引いた鉛筆の線にカッターをあわせ、ルーターを材に置く。そのままの状態で定規を動かし、材の木端面に押しつけ、クランプを締める。

端から端まで通る溝を切るときは、カッターを押し出してロックし、ルーターの前部を材の上に置く。そのときカッターをまだ材の端にあてないようにしておく。スイッチを入れ、ルーターを送り込んでいくが、そのとき定規を材の木端面にしっかりと押しつけておく。カッターが反対側の端にあらわれるまで進み、スイッチを切ったあとに、プランジロックをゆるめる。

材の途中で止まる溝を切るときは、溝の端にあたる線を鉛筆で明確に印をつけ、上と同じようにルーターを置く。スイッチを入れカッターを材中に押し込んだら、一定の速度で送り込んでいく。溝の止めの線にとどいたら、少し戻り、カッターを持ち上げ、スイッチを切る。

木端の溝切り

材の狭い木端に溝を切るときは、ルーターが横揺れするのを防ぐため、もう1枚側定規をつける。2枚の側定規のあいだの間隔を、ルーターを動かすことができる最小限まで狭めて材をはさみ、ルーターが滑らかに動くことを確かめてスイッチを入れる。

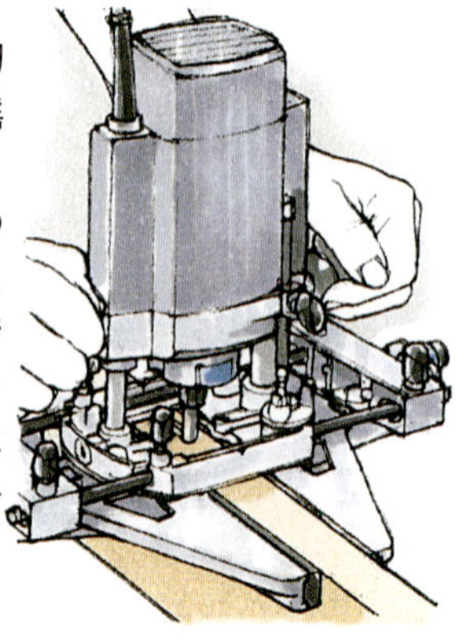

追入れ加工

追入れが材の端から遠くに位置するときは、直線の出た小割板をクランプで材に留め、ベースプレートの案内にする。たいていの追入れは材の木端面に直角になっているが、必要なときはどの角度でも留めることができる。

広幅の追入れ加工

カッターの幅よりも広い幅の追入れを切削するときは、切削の端の線が追入れの端の線にあうように、2本の小割板を平行にクランプで留め案内にする。まず一方の小割板にそわせてルーターを進め、つぎにもう一方の横木にそわせて反対の端の溝を掘る。このとき必ず、カッターの回転方向とは逆向きにルーターを進めるようにする。こうすることによって、つねにベースプレートを小割板に押しつけておくことが可能になる。

しゃくり加工および木端の成型加工

しゃくり加工も木端の成型加工も同じ手順で進めていく。ルーターを送る方向は、カッターの回転方向とは逆にすること。そうすることによって、回転力によってカッターが材中に引き込まれていく。

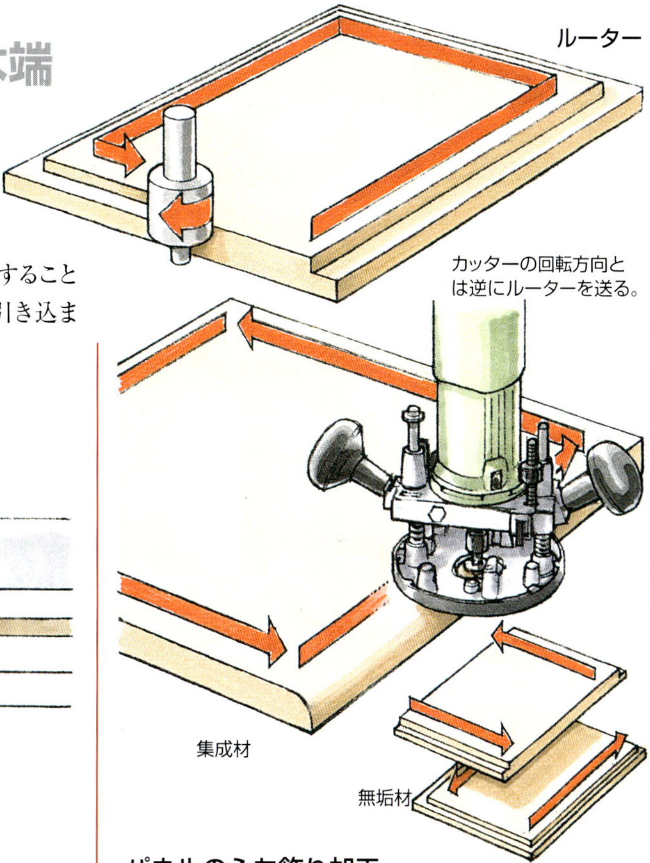

ルーター
カッターの回転方向とは逆にルーターを送る。
集成材
無垢材

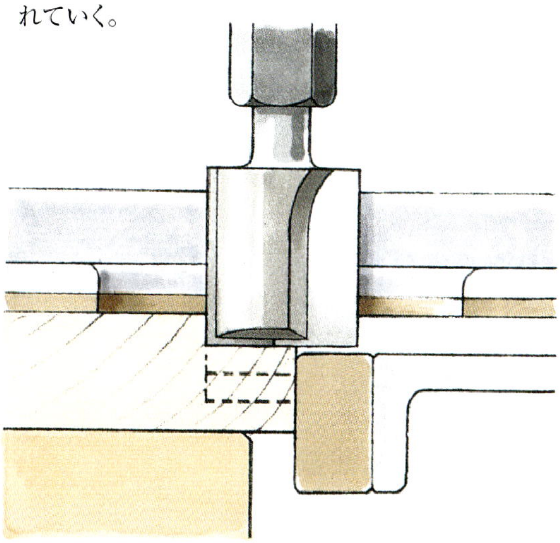

定規を利用したしゃくり加工

しゃくり幅よりも外径の大きなストレートカッターを装着する。刃先がしゃくりの内側の線になるように定規を調節する。浅い切削を何度もくり返しながら、必要な深さにしていく。

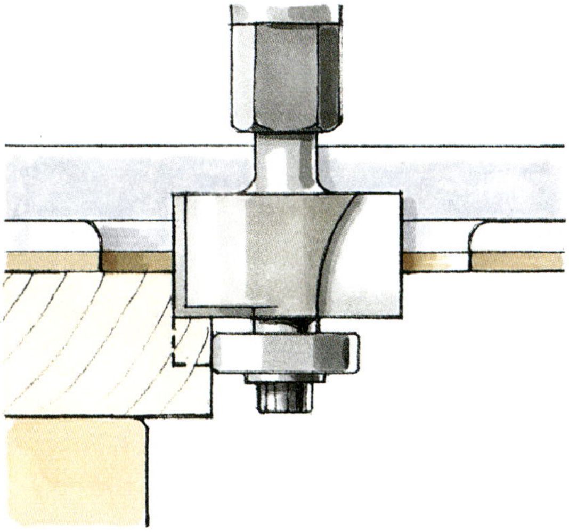

ころつきカッターによるしゃくり加工

ガイドつきしゃくりカッターは、直線でも曲線でも材の木端面にそわせてしゃくり加工をすることができる。先端のころを材の木端面にそわせてルーターを進め、1回ごとに切削深さ調節をおこない、しゃくりを完成させる。

パネルのふち飾り加工

左下と同じ要領でふち飾り加工をすることができるが、そのときルーターは反時計回りに進めること。ただし無垢材のパネルの場合は、木口を先に加工する。そうすると木口にできたささくれもつぎの側面加工できれいにすることができる。

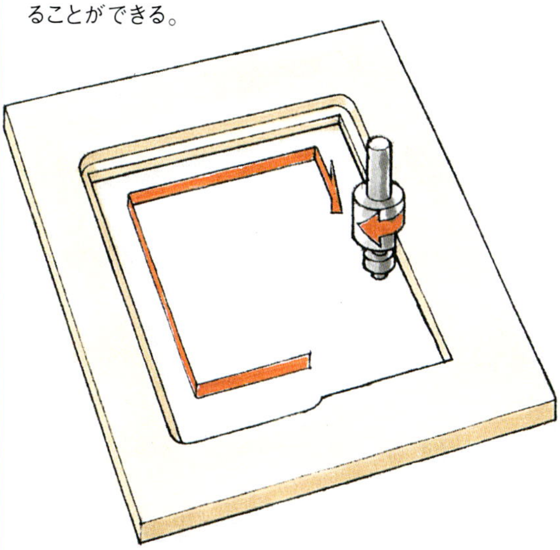

額縁内側の成型加工

額縁の内側に成型加工やしゃくり加工をするときは、ルーターを時計回りに進める。ルーターのカッターではどうしても角が丸くなるので、必要ならば、木工のみで角を出す。

円と形どった材の加工

種々の付属品を使えば、真円の円盤や穴を電動ルーターでカットすることができ、また精巧に形どった作品を複製することができる。

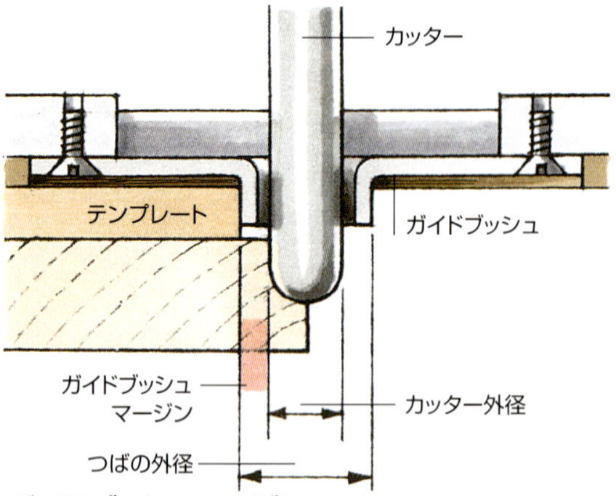

ガイドブッシュマージン

金属製のガイドブッシュ（63ページを参照）を使えば、自作のテンプレートにそわせてルーターを動かすことができる——同じものを何枚も早く簡単に作ることができる。ガイドブッシュはベースプレートにボルト止めして使うもので、簡単に言えば、カッターを囲む円形のつばのようなものだ。このつばをテンプレートの縁にそわせて動かせれば、カッターが忠実にそのかたちを複製することができる。テンプレートをデザインし作成するときには、ガイドブッシュ・マージン——つばの外径とカッターの外径の差——を計算に入れることを忘れないように。

テンプレートの使い方

テンプレートは、MDF（中質繊維板）のような滑らかで硬い板で作成する。テンプレートは、ガイドブッシュが材から離れることができるような厚さでなければいけないが、切削深さが出ないほど厚すぎてもいけない。テンプレートは材にピンまたは両面テープで固定して使う。

トランメルの利用

トランメル——硬い金属製の棒の一方の端に鋭いピンのついたもの——を使い、ピンを中心にルーターをコンパスのように回転させて、円や円弧を切削することができる。トランメルは側定規スクランプによって固定する。トランメルのピンが材にあとを残さないように、中心点の上に小さな合板の板を両面テープで留め、その上にピンを刺すようにする。

フリーハンドでの操作

手と目の連繫が上手におこなえる自信があるときは、テンプレートや案内なしにルーターを動かして思い通りのかたちに切削してみるのもいいだろう。浅く切削するようにルーターを調整し、ベースプレートを両手で軽く保持し、自由に流れるような動きでルーターを動かしかたちを作っていく。

Chapter 6　のみ

CHISELS & GOUGES

のみはセットで、
そして丸のみは
基本的なものを数本、
是非とも作業場に揃えておきたい。
のみは主にほぞ穴の加工、
部材の加工、切削に用いる。
よく研いであるのみや丸のみは、
手の力だけで
軽く材の中に入っていく。
また木槌を使い、
一度に多く削りだすことも可能だ。

のみ

ファーマーのみやベベルエッジのみは、刃幅が6〜38㎜のものが作られているが、一般に販売されている基本の角のみセットは25㎜までのものがほとんど。

ファーマーのみ

ファーマーのみは比較的厚い矩形の刃をもつのみで、幅広い用途に使える。どんなに硬い広葉樹材でも、木槌とともに使えば、切削することができる。

ベベルエッジ（追入れ）のみ

比較的軽量ののみで、木材を手で切削したり加工したりするときに使う。刃の裏側はファーマーのみ同様に平らになっているが、表側の両側面は浅く角度をつけて研ぎだされている。そのためアリ溝の底を削りだすことが可能。

ペアリングのみ

追入れを掘り出すための専用のベベルエッジのみで、長い刃先が特長。刃が折れ曲がっているペアリングこてのみは、幅の広い板の中央部分を掘るときも、刃を材に対してねかせてあてることができる。

スキュー（印刀）のみ

刃先が60度の角度で斜めになっており、木繊維を切るようにのみを進めることができる。そのため木目が一定しない木材や、節の多い木材を加工するときに便利。

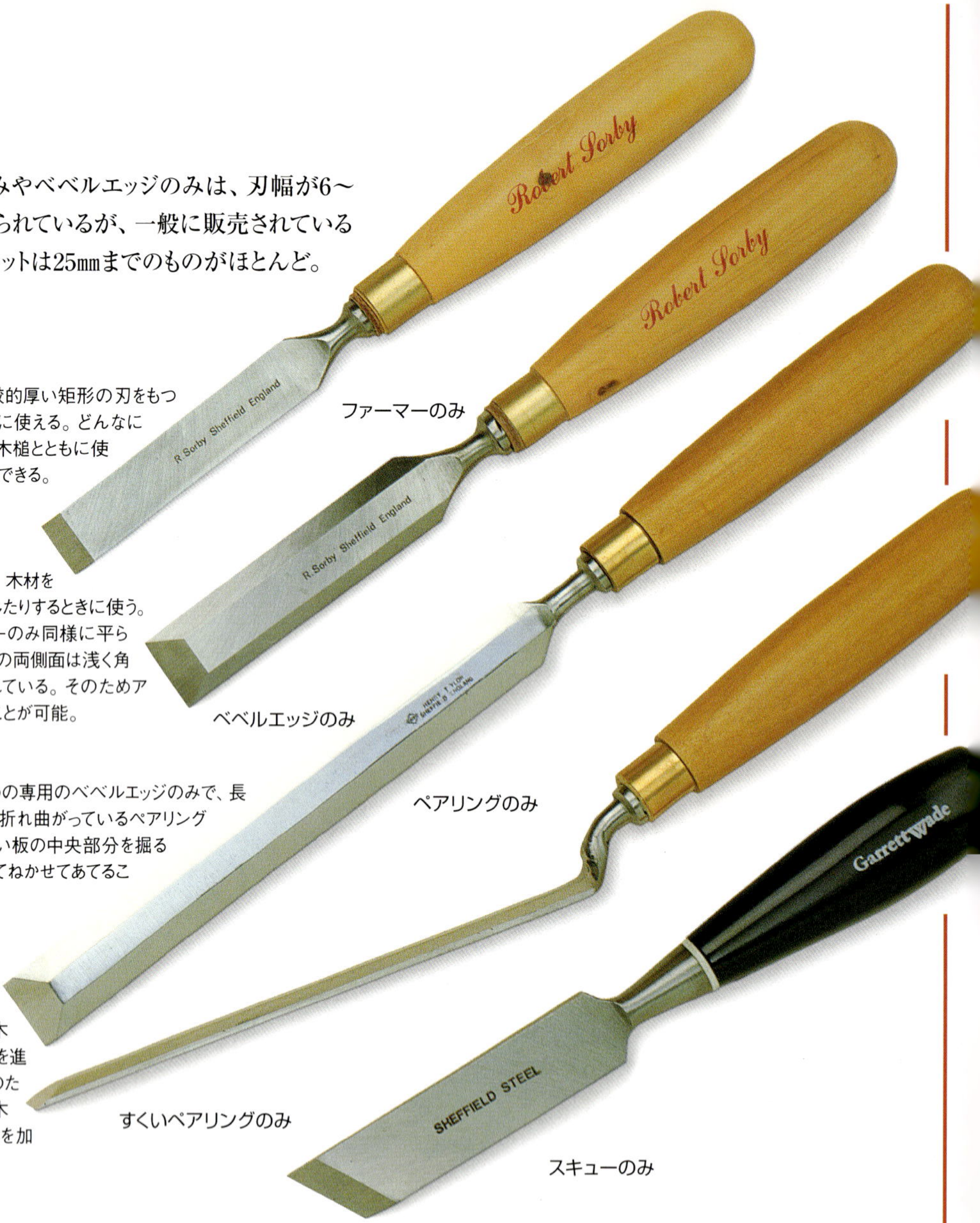

ファーマーのみ

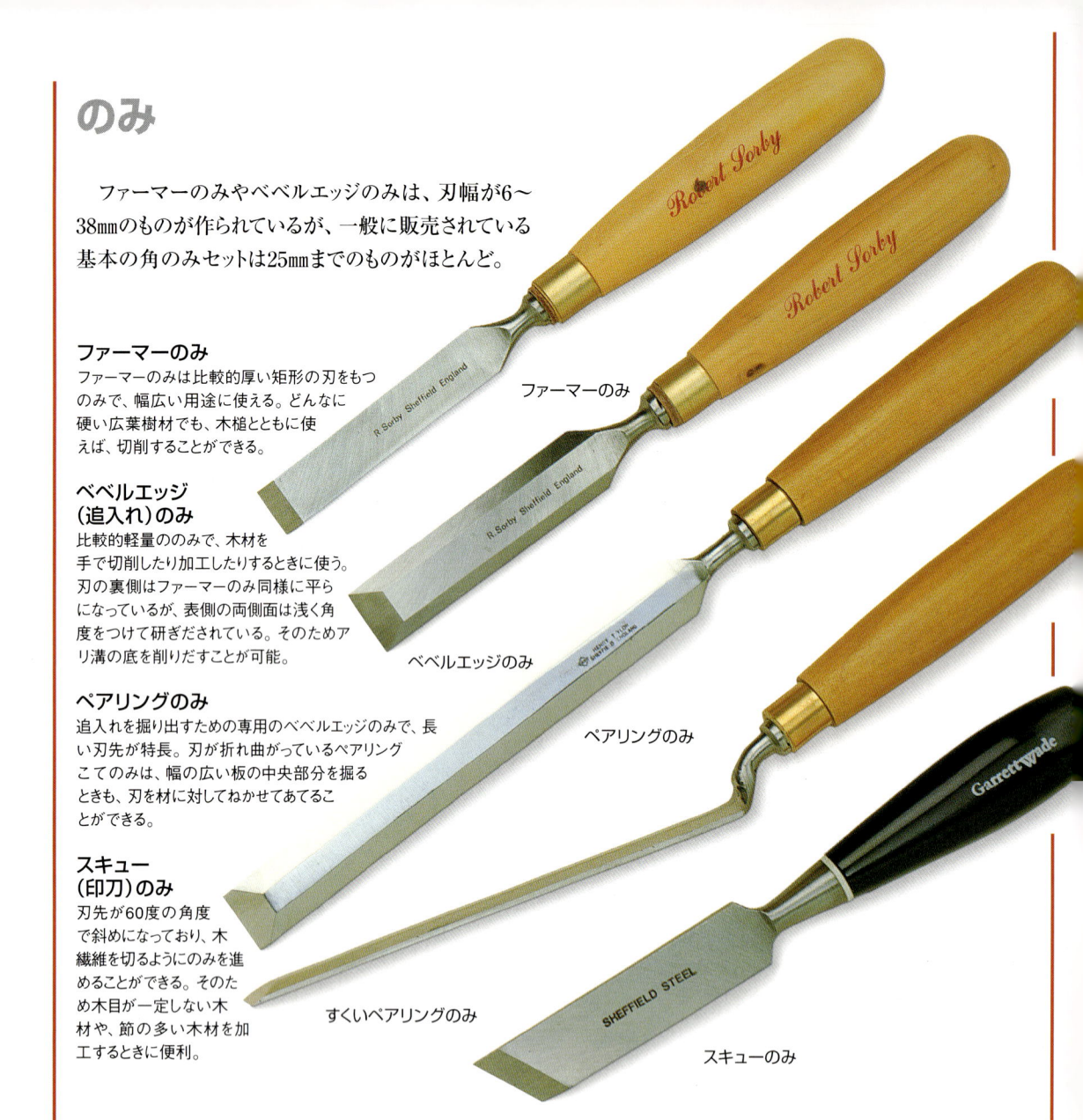

ベベルエッジのみ

ペアリングのみ

すくいペアリングのみ

スキューのみ

のみの柄

まだ大部分ののみの柄は硬い広葉樹材でできているが、プラスチックを鋳型に流し込んで作った柄ののみも増えている。その柄は、木の柄なら裂ける場合がある金属製のハンマーでたたいても、割れることはない。伝統的な円筒状の柔らかな曲線の柄は握りやすく、八角形の柄のものは、最近よく見られるプラスチック製の卵形の柄と同様に、作業台を転がっていく心配がない。冠《かつら》——柄の先端にはめ込まれた金属製の輪——は、木槌でたたきつづけることによって柄の先端が裂けるのを防ぐためのもの。

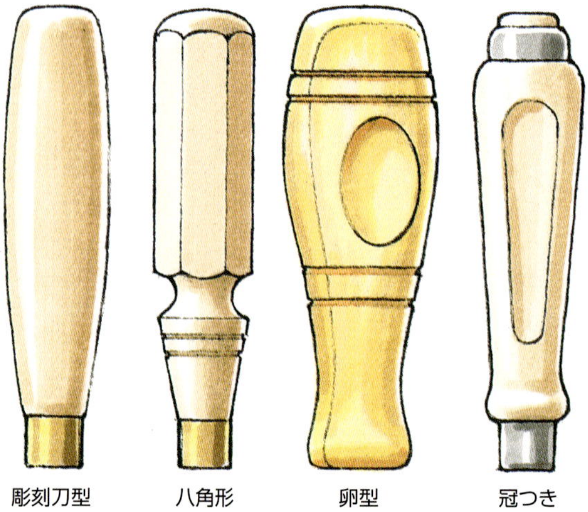

彫刻刀型　八角形　卵型　冠つき

のみによる切削

材はかならずクランプで固定するか、あて止めで支える。一方の手でのみの柄を、人さし指が刃先を向くように伸ばして握る。のみからまっすぐ伸ばした位置に前腕を保ち、ひじを折って体側につける。もう一方の手の人さし指と親指のあいだで、刃先の後部を握る。柄に力を加えるときは、もう一方の手で刃を導き、切断面に加わる力を調節する。

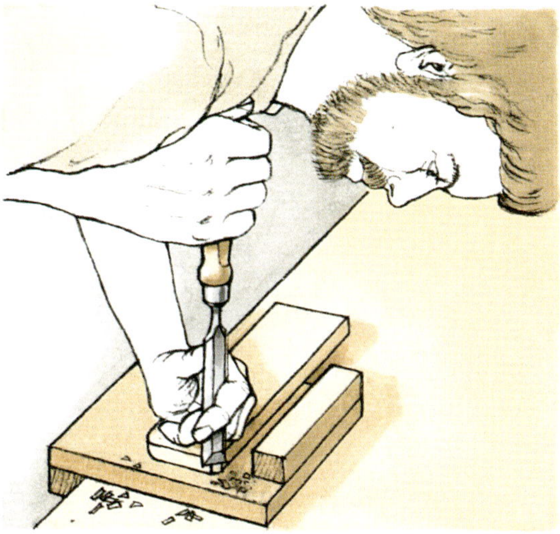

木口の切削

木口を加工するときは、材をあて止めや端材の上に置く。のみをまっすぐ立て、親指を柄の頭に軽くあてるようにして握る。もう一方の手を材の上にのせ、その手の親指と人さし指のあいだに刃を滑らせながら刃先をコントロールする。肩を使って、しっかりと安定した力をのみに加える。

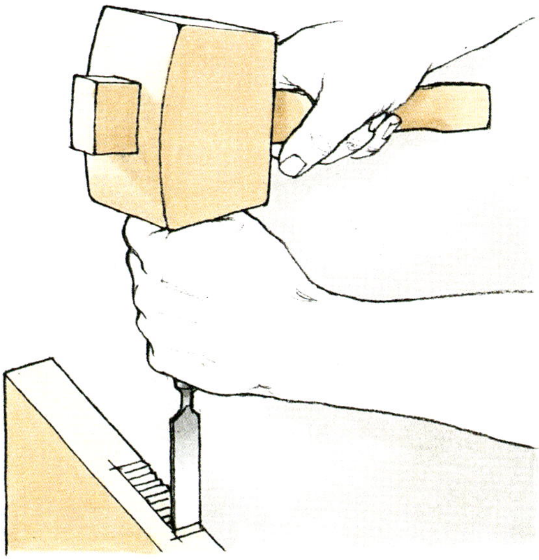

木槌でたたいて使う

硬い広葉樹材のなかにのみを入れるときや、深いほぞ穴の底を削るときは、刃先を材にあて、木槌で柄の頭をたたく。蝶番の取り付け溝を掘るときなど、より繊細さが必要とされるときは、木槌の頭のすぐ下の柄の部分を握り、木槌の重さだけを材に加えるつもりで、柄の頭をたたく。

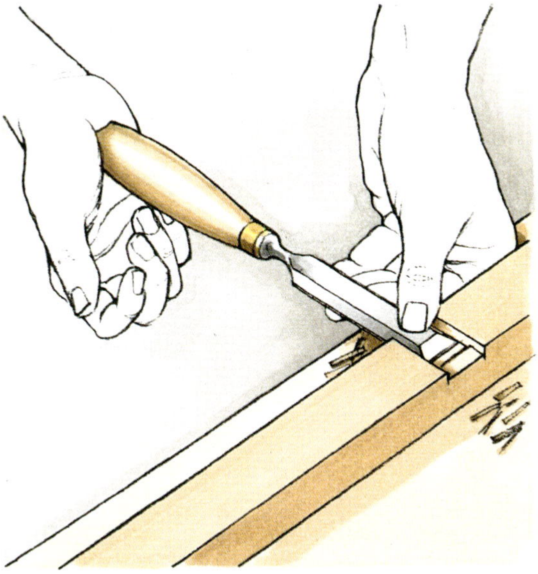

手の圧を使う

追入れ加工するときなど、少し強い力が必要なときは、木槌でのみをたたく方法以外に、一方の手の前腕をのみの柄からまっすぐ伸ばし、その手の拇指球で柄の頭をたたく方法もある。

ほぞのみ

深いほぞ穴を掘るには、材中にはさまって身動きできなくなることがなく、テコのように使っても折れない強靭な刃が必要だ。ほぞのみの多くは、ショックアブソーバーとして刃と柄のあいだに革のワッシャーがはめられている。

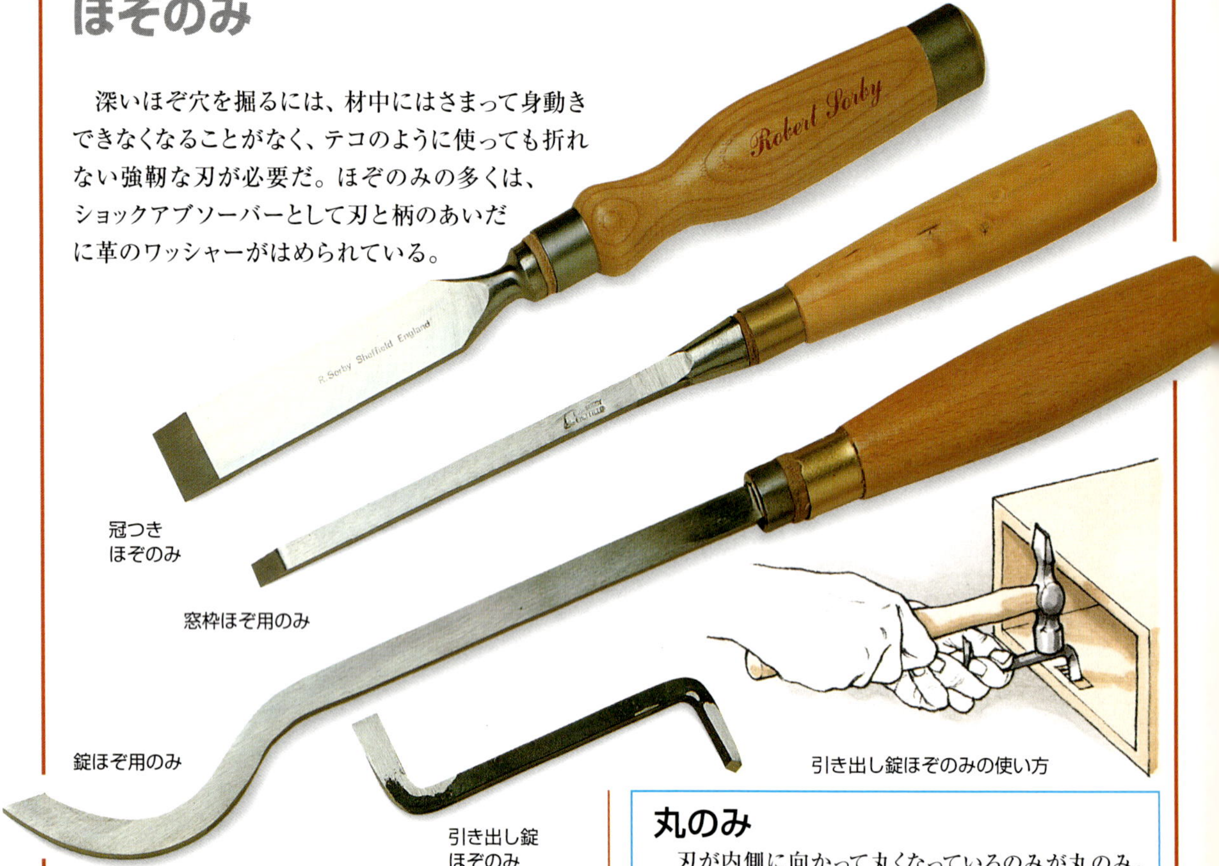

冠つき
ほぞのみ

窓枠ほぞ用のみ

錠ほぞ用のみ

引き出し錠
ほぞのみ

引き出し錠ほぞのみの使い方

ほぞ用たたきのみ

一見したところ普通のファーマーのみと変わらないが、こののみは刃が先に向かって薄くなっており、そのためほぞ穴に深く掘り込んでも、身動きできなくなることがない。刃の幅は、50mmまでのものがある。

窓枠ほぞ用のみ

窓枠用の深く細い溝を掘るのみで、幅12mmまでの先に向かって薄くなっている刃を持つ。

錠ほぞ用のみ

雁首状の刃を持つほぞ穴用ののみで、窓枠ほぞ用のみとあわせて、深いほぞ穴の底を平らにするために用いる。刃の大きさが、ほぞ穴を掘ったのみと同じか少し小さいものを使うようにする。

引き出し錠ほぞのみ

鋼だけからできている、折れ曲がった形ののみで、普通ののみや木槌では手の届かない、引っ込んだ部位を加工するときに使う。両端に刃がついていて、刃の向きが一方は軸に平行に、そしてもう一方は軸に垂直になっている。折れ曲がった軸の、刃のすぐ上の部分をハンマーでたたいて使う。

丸のみ

刃が内側に向かって丸くなっているのみが丸のみ。外丸とは、刃先の外側が研いで鋭くなっているもので、穴をすくうときに使う。内丸とは、刃先の内側が研いであるもので、椅子の旋盤で仕上げた脚に接合される材木のようなわん曲した胴付きの部分の加工などに使われる。丸のみの刃は、幅が6～25mmまである。

外丸のみ

内丸のみ

DRILLS & BRACES

Chapter 7
ドリルと繰り子

電動ドリルの登場、
特にさまざまに改良を加えられた
コードレス電動ドリルの登場は、
手動ドリルとラチェット繰り子の
出番を少なくした。
しかしその万能性にもかかわらず、
電動ドリルは完全に手動ドリルを
駆逐することはできなかった。
手動ドリルは、比較的値段も安く、
静かで、そして何よりも若い人や
木工の初心者でも完全に
安心して使えるところがいい。

手動ドリルと繰り子

堅固だが、軽量な手動ドリルやラチェット繰り子は、“現場”ではとても重宝する。というのは、これらの工具は全然電源の心配をしなくて良い。繰り子は直径50㎜までの穴をあけるときに特に便利だが、大きな木ねじを材中にねじ込むときにも使える。

1 だぼ用ビット
2 座ぐりビット
3 ツイストドリル
4 ジェニングズ式ビット
5 ソリッドセンター・オーガービット
6 自在錐
7 センタービット
8 ドライバービット
9 繰り子用カウンターシンクビット

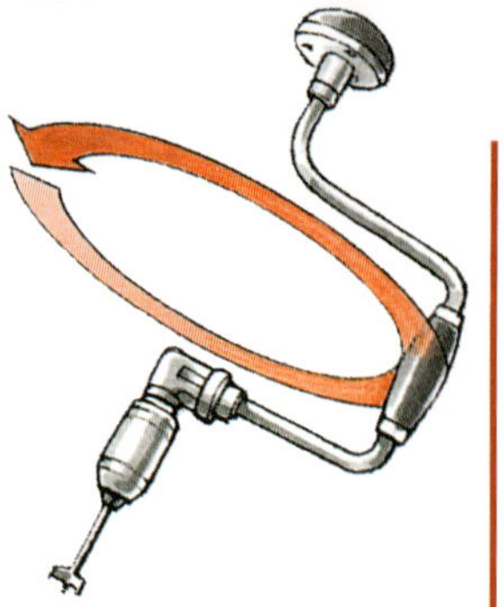

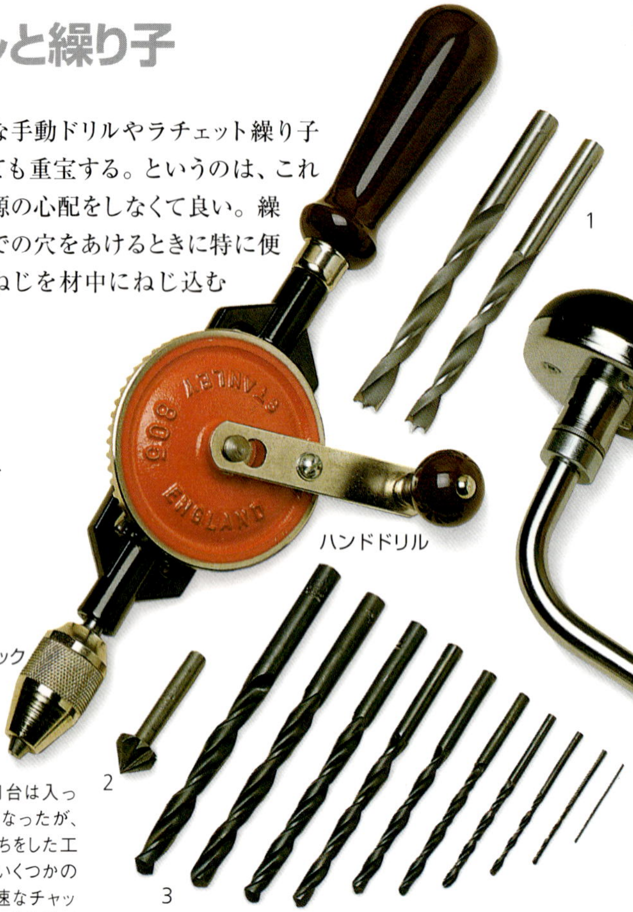

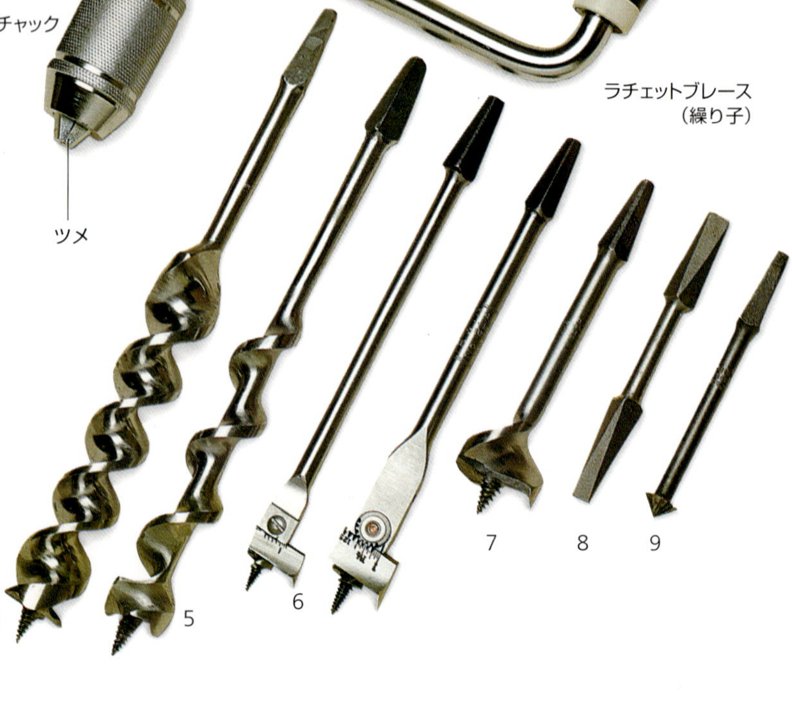

手動ドリル

どの工具箱にもかならず1台は入っている、ということはなくなったが、手動ドリルは美しいかたちをした工具だ。ハンドルの回転はいくつかの歯車を経由してかなり高速なチャックの回転に変換される。作動機構が鋳物のケースに収められているものもある。チャックには種々のツイストドリルやだぼビットが装着できる。

ラチェット繰り子

工具メーカーはさまざまな繰り子を製作しているが、そのなかでも最もよく使われるものがラチェット繰り子だ。それは天井や床の根太に鉛管や電気の配線を通す穴を作るときに用いられる。一般的な繰り子は、機具の頭の丸い握りを通じて材に力を加えながら、フレームを時計方向に回して使う。フレームを回してできる丸い輪のことをスイープというが、工具カタログでは繰り子はこの輪の大きさで分類される。25㎝のスイープの繰り子が標準的。

ラチェット機構がついているので、フレームを1回転させるのが無理な狭い空間でも、この機具は使うことができる。握りを可能なところまで回したあと逆回転させても、ラチェット機構が働いてチャックはそのままの状態にとどまり、またつぎの時計回りの動きが可能になる。カムリングを回すとラチェット機構が逆に働き、ドリルビットを抜くことができるという仕組み。

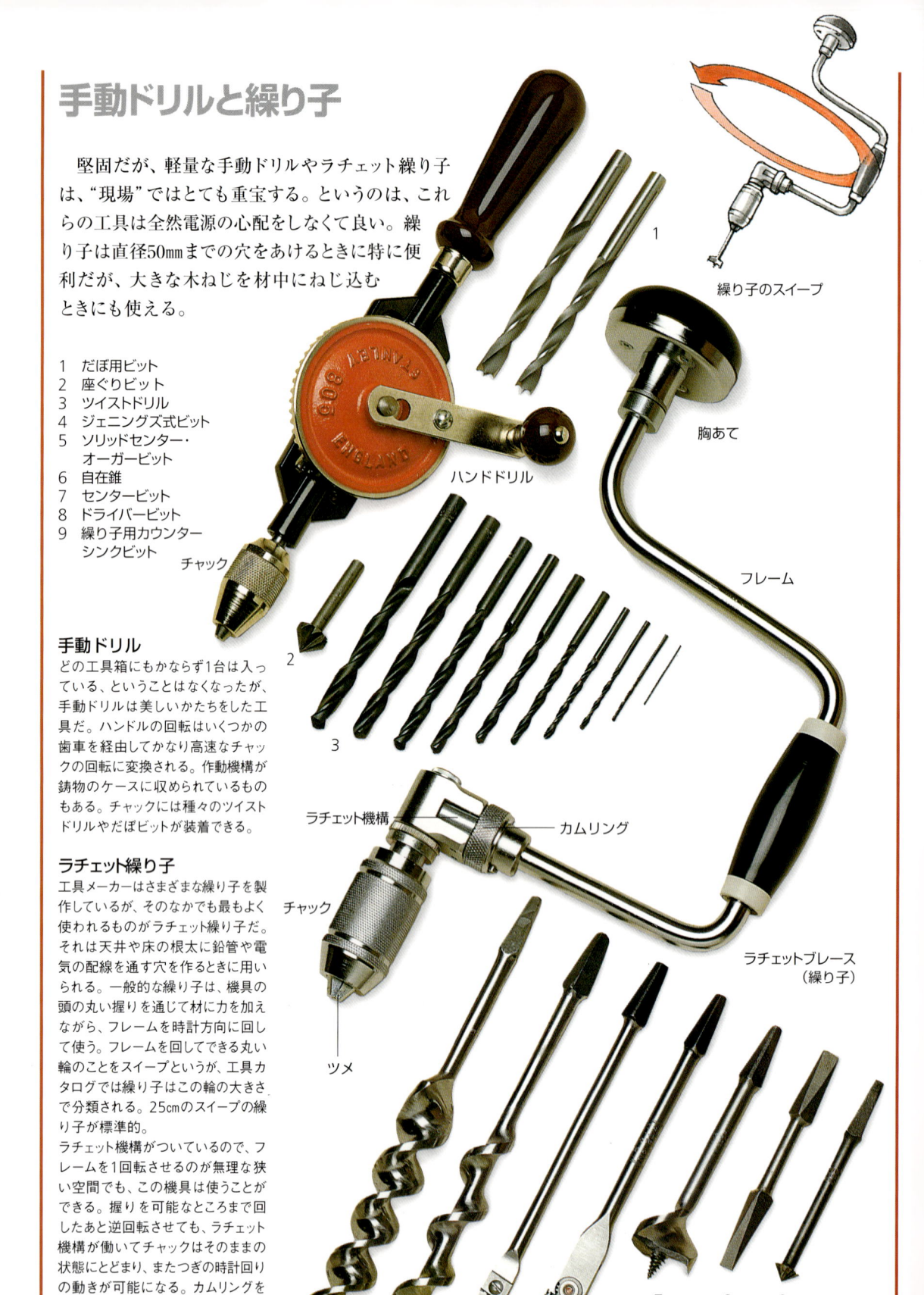

ドリルビット

手動ドリルでは、チャックが円筒状のツイストドリルやだぼビットをくわえる。繰り子は特殊な四角い軸のビットをくわえるように設計されているが、円筒状の軸のドリルもくわえることができる汎用のツメを持ったものもある。

ツイストドリル

単純なかたちのツイストドリルには、2本のらせん状の（ツイストした）溝が切ってあり、ドリルが材中に入っていくとき、削りクズを排出する。2本の溝は先に進むにつれ、2個の刃先になり、さらに1個の鋭いドリル先端をかたちづくる。ほとんどの手動ドリルが、最大径9㎜までのビットがつけられる。木工家の多くが、木にも金属にも使えるツイストドリルを持っている。

だぼ用ビット

木材に穴をあけるためのツイストドリルで、先端の中心が鋭くなっているので、正確な部位に刺すことができる。また両側に2個の鋭い突起が出ているので、縁のきれいな穴をあけることができる。

オーガービット

ラチェット繰り子用のソリッドセンター・オーガービットは、1本のらせん状の溝を持ったビットで、それが削りクズを排出し、深い穴もまっすぐ進むことを可能にしている。ビット先端の2箇所の鋭い突起（けづめ）が材中を掘り進み、きれいな縁の穴をあけることができる。また先端中心がねじ状になっているので、ビットを楽に材中に導くことができる。それとよく似ているジェニングズ式オーガービットは、らせん状の溝が2本切ってあるもの。オーガービットは、径が6～38㎜までのものがある。

自在錐

調節式の可変ビットは、ある範囲内で自由に穴の径を変えることができる便利なビット。機種によるが、12～38㎜のものと、22～75㎜のものが一般的。

センタービット

68～112㎜の比較的浅い穴をあけるためのビットで、単純なかたちをしており、同等のオーガービットに比べると安価。

ドライバービット

繰り子を力の強いドライバーに代えるビットで、左右両方使えるようになっている。

座ぐりビット

木ねじの頭を材中に沈め、表面から出ないようにするための先細の穴をあけるビットで、手動ドリル用も、繰り子用もある。

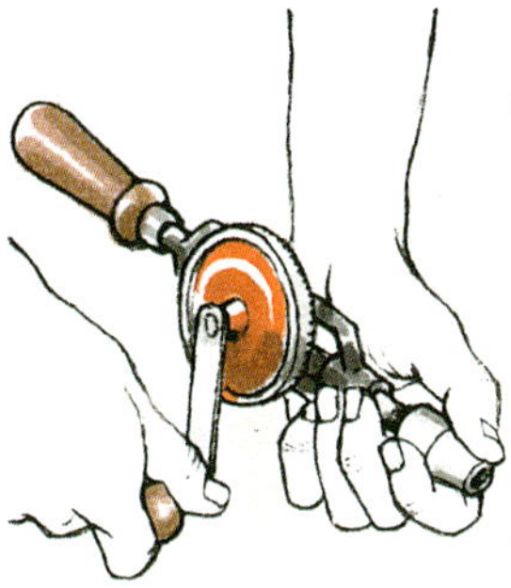

手動ドリル・チャックの操作法

手動ドリルのチャックを開くときは、一方の手でチャックを握り、ハンドルを反時計回りに回す。ドリルをさし込んだら、チャックをふたたび握り、今度はハンドルを時計回りに回すと、締まる。

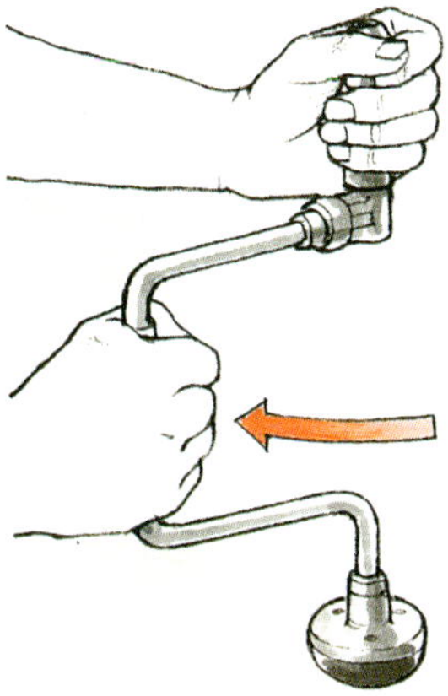

ラチェット繰り子・ビットの装着

カムリングを回してラチェットを動かないようにし、一方の手でチャックを握り、フレームを時計回りにまわす。チャックにビットをさし込んだら、反対の動作をおこないつめを締める。

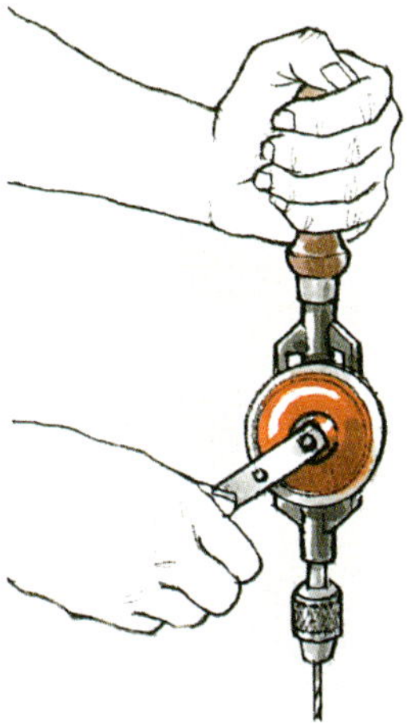

手動ドリルの使い方

ドリルビットの先端を材にあて、ハンドルを前後に動かし、ビットの先端を材に食いこませる。ハンドルを一定の速度で回転させ、必要な深さまで穴を掘り進める。細いツイストドリルを使っているときは、大きな力を加えないようにすること。ドリルを材中に侵入させるには、機具自体の重さで十分。

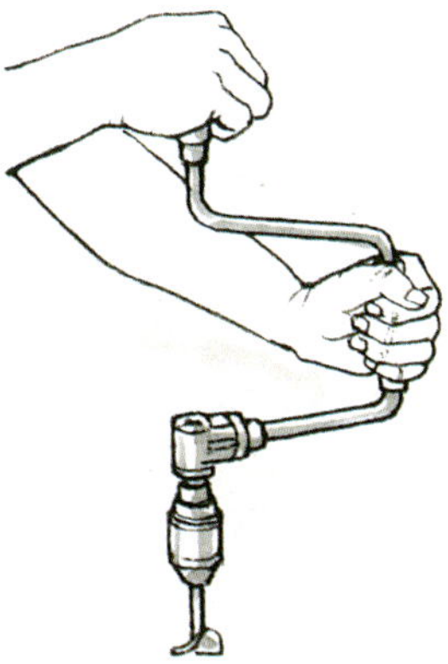

繰り子による穴あけ

一方の手で繰り子をまっすぐ立て、もう一方の手でフレームを回転させる。垂直に掘り進むためには、フレームを回す手を体で支えることが大切。ビットをはずすときは、ラチェットを固定し、数回逆回転させて先端を材から抜き、フレームを前後に動かしながら機具を持ち上げる。

電動ドリル

電動ドリルは、単に木工のためだけの価値ある工具ではない。木工をしない人でも、ほとんどの人が電源式やコードレス式の電動ドリルを持ち、家の修理や保守に使っている。そのため市場には、ほとんど“使い捨て”に近い安価なものから、プロの建築家や大工のための耐久性の高い洗練されたものまで、非常に多くの種類が出回っている。木工用には中程度の機種で十分であるが、あらゆる必要を満たすことができる機種を選んでもけっして無駄にはならない。

電源式ドリル

木工家のほとんどが依然として電源式のドリルを購入する傾向がある。というのも、それはかなり重量があり大きなものだが、電源につなぎさえすれば、何時間でも強い力を発揮しつづけることができるタフな機具だからだ。

ハンマー機能

このスイッチを入れると、ドリルビットに回転運動と同時に、毎秒数百回の打撃運動が加わる。石工工事で石やれんがに穴をあけるときに便利な機能。木工でこの機能を使うことはあまりない。

電源式電動ドリル

ドリルチャック

ほとんどのドリルのチャックが、3本のツメが自動的に中心に近づきドリルビットの軸をつかむ形式になっている。チャックを特別なキーで締め付け、ドリルビットがツメから脱落することがないように固定するタイプのものもあるが、現在では多くのものが“キーレスチャック”式になっており、チャック全体を包む円筒状の筒を回すだけでビットをしっかり固定することができるようになっている。

ストッパー

ドリルが必要な深さに達すると、この先端が材にあたり、それ以上掘り進めないようにする。

逆転機能

逆転スイッチを入れると、回転の方向が逆になる。木ねじなどを引き抜くときに便利。

トリガーロック

このボタンを押すと、スイッチが入ったままになり連続使用ができる。もう一度トリガースイッチを押すとロックボタンが解除される。

速度調節

ベーシックな機種のものは、何段階かの限られた速度変換ができるだけだが、大部分のドリルは、トリガースイッチに加える圧力を加減することで速度を調節することができる無段変速機能付になっている。またほとんどの機種が、小さなダイヤルをまわすことによって、トリガースイッチの動きを制限し、最大回転速度が一定以上に上がらないようにする機構がついている。また電子速度制御装置がついていて、ドリルに加わる負荷に応じて自動的に最適な回転速度に保つ機種も多く出ている。この機能のついたものは、ドリルが材中にはさまれたときにモーターの損傷を防ぐと同時に、高速モーター始動時のショックがやわらげられている。メーカーは使用するドリルが最も効率良く性能を発揮をする回転速度を示している。おおまかな原則としては、材木に穴をあけるときは高速で、そして金属や石に穴をあけるとき、木ねじを回すときは低速で動かすようにする。

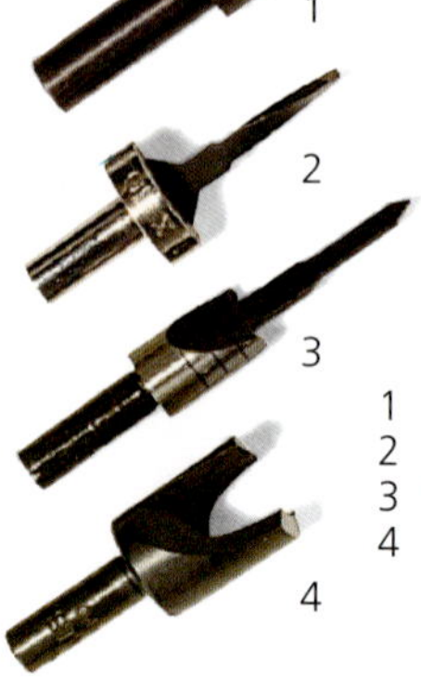

1　座ぐりビット
2　座ぐり付きドリルビット
3　座ぐりビット（深穴用）
4　プラグカッター

電気ドリル用ビット

ほとんどの電気ドリルには、チャックでつかむことができるドリルの軸径に制限があり、たいていのものは使用できるドリルの最大軸径が10または13mmになっている。ツイストドリルやだぼドリル（75ページ参照）は、軸のサイズが正確に切り出す穴の大きさに対応しているが、多くの木工用ビットは、軸の径以上の大きさの穴をあけることが可能。

短軸ツイストドリル

13〜25mmの径のツイストドリルは、短軸になっており、標準タイプの電気ドリルのチャックに装着可能。ツイストドリルは穴の中心を正確に出すことが難しいので、特に広葉樹材に穴をあけるときなどは、中心にポンチで小さな穴をあけるとドリルが落ち着く。

板錐

電気ドリルで6〜38mmの穴をあけるときに使うもので、そう高価ではない。先端に長く鋭い突起が出ているので、どんな場所にもドリルを固定させることができ、材に斜めに穴をあけることも可能。

フォルストナービット

フォルストナービットは直径50mmまでの底の平たい穴をあけるときに使う。木目が交錯した部位や節のある部位でも、ビットがぶれることがなく、また穴に穴を重ねるときや、材からはみ出すような穴をあけることもできる。

座ぐりビット

手動ドリルや繰り子につける座ぐりビット同様、このドリルビットも木ねじの頭を出すための先が細くなったくぼみを作るために使う。木材にあけたクリアランスホールの中央にビットを置き、電動ドリルをハイスピードにして滑らかになるように仕上げる。

座ぐり付きビット

1回の操作で、木ねじのための先穴、下穴、そして皿穴を掘ることができる特殊な用途のドリルビット。木ねじの大きさにあわせたものが各種用意されている。

座ぐりビット（深穴用）

木ねじの頭のための皿穴ではなく、ねじの頭を材の表面より下に隠すための沈め穴をあけるためのビット。

プラグカッター

座ぐりの木ねじの頭を隠す円筒の栓を切り出すためのもの。

ドライバービット

マイナス及びプラスのねじ釘を回しいれるためのビット。

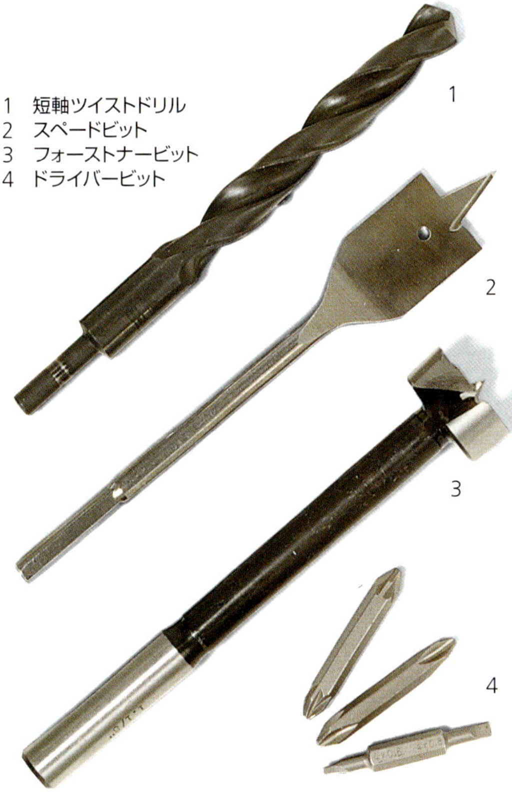

1　短軸ツイストドリル
2　スペードビット
3　フォーストナービット
4　ドライバービット

ドリルスタンド

電動ドリルをボール盤のように使えるようにするスタンド。スプリングの抵抗のあるレバーを下げると、ドリルが材中に入っていく。スタンドのゲージを合わせて、穴の深さを調節する。鋳物のベースをボルトまたは木ねじで作業台に固定して使う。

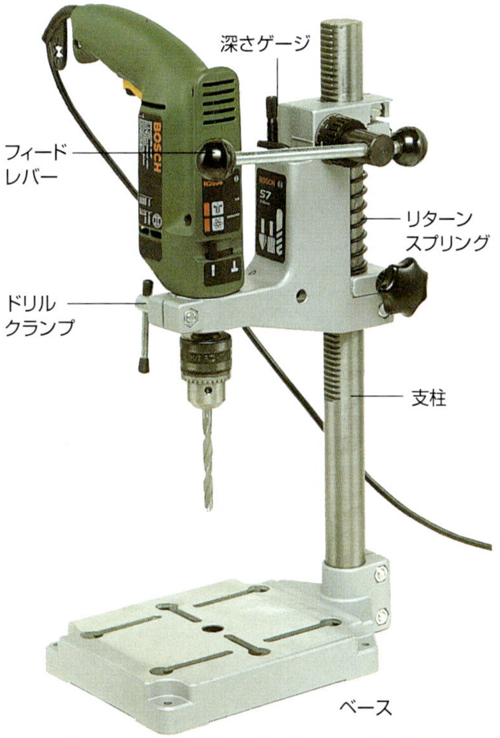

コードレス電動ドリル

充電式電動ドリルには、確かに電源式にまさる点がいくつかある。最もはっきりしているのは、携帯に便利で、電源がないところでも使用可能という点。邪魔になるコードがなく、また音も静か。13㎜の最大軸径のチャックを持つ機種もあるが、ほとんどのものが10㎜のチャック。しかしそれでも短軸ビット（77ページを参照）を使えば、30㎜までの穴をあけることができる。

コードレスドリルの充電

壁掛け式充電器のついた便利なものもある。使用を終えたドリルをそこに戻すと自動的に充電を開始するというもの。しかしほとんどのコードレスドリルは、充電式電池を取りはずし、充電器にさし込むタイプ。いつも予備の電池を充電器にさし込んでおけば、電池切れの心配はない。

電池の充電にはだいたい1〜3時間かかるが、15分くらいですます急速充電器も別売されている。ほとんどの充電式電池は、数千回の充電に耐えられる。

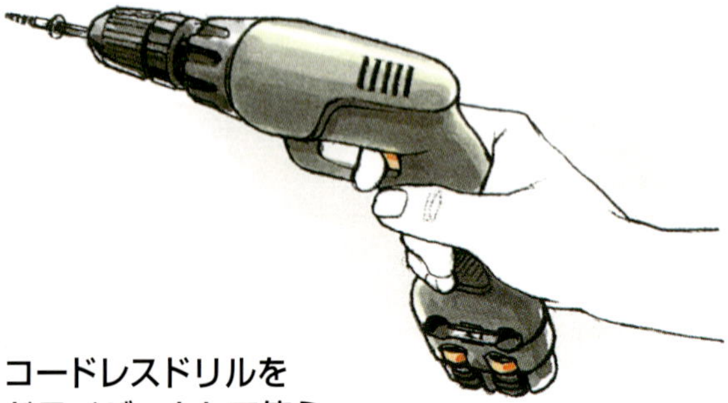

コードレスドリルをドライバーとして使う

電子制御無段変速のドリルは、木ねじを回し入れるのに最適だ。広葉樹材の場合は、最初に先穴をあけ、つぎに木ねじの軸のための下穴をあける。必要なときは皿穴もドリルであけることができる。

ドライバービットを木ねじの溝にさし込み、スイッチを入れる。ビットがスリップしないようにドリルに一定の力を加えておく。プラスの木ねじのほうが使いやすいだろう。コードレスドリルはすべて木ねじを引き出すための逆転機能がついている。トルク調節機能のついているものは、ねじを無理に押し込んで溝を崩すことなく最後まで回し入れることができる。

Chapter 8
ハンマーと木槌

HAMMERS & MALLETS

釘止めは精巧な木工で
使われることはめったにないが、
実物模型を作るときや大工仕事
などでは頻繁に用いられる。
そのため、ほとんどの工具箱には
いろいろな重さのハンマーが
数本並んでいる。
またのみや丸のみを使って
継手や仕口を作るとき、
そしてそれらを組み立てたり、
分解したりするときには、
木槌やソフトハンマーが必要。

ハンマー

使用中にハンマーヘッドがゆるんだり、柄が折れたりして、どれほど多くの事故が起きていることだろうか？　最高級のハンマーでもそんなに高いものではないから、安いものを買ってもけっして得にはならない。

クロスピーンハンマー

280〜340gの中くらいの重さのクロスピーンハンマーが1本あれば、たいていの木工仕事をこなすことができる。クロスピーン——打撃面の反対側のくさび状になっている側——は、細い釘を親指と人差し指ではさみ、打ち始めるときに使う。上質のハンマーの柄は、すべてアッシュまたはヒッコリーが使われている。それらの材料は、防縮加工やオイルによるシール加工を経てハンマーヘッドに打ち込まれ、さらに抜けないようにきつく接合させるため、シデ材や鉄のくさびで広げられている。

クロスピーンハンマー

コンチネンタルクロスピーンハンマー

ピンハンマー

細い釘、パネルピン、画鋲を打ち込むときに使う軽量のクロスピーンハンマー。

ピンハンマー

大陸式ピンハンマー

釘抜きハンマー

木工家の多くは大きな釘を打つための工具として、570〜680gの釘抜きハンマーを持っている。打撃面の反対側の先の割れた部分は、折れ曲がった釘をテコを利用して引き抜くためのものだが、そのときかなり大きな力が柄に加わる。ハンマーヘッドのソケットに深く打ち込まれた木の柄は、どんな作業にも耐えられる頑強さを持っている。それよりもさらに強いものは、鋼またはファイバーグラスでできた柄で、これはヘッドに半永久的に接合されている。柄の部分に握りやすく滑らないように、ビニールまたはゴムのスリーブがかぶされている。

釘抜きハンマー

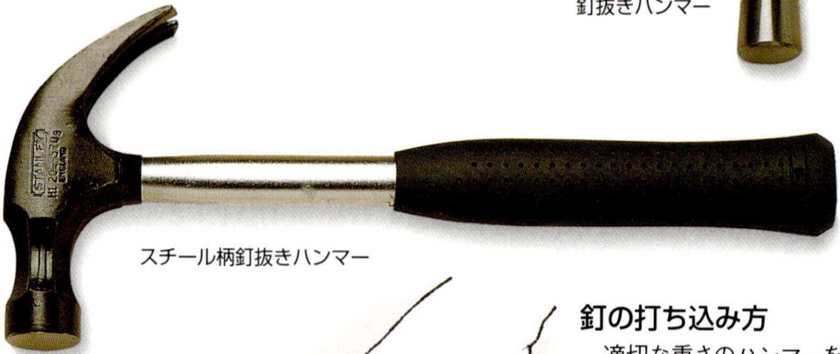

スチール柄釘抜きハンマー

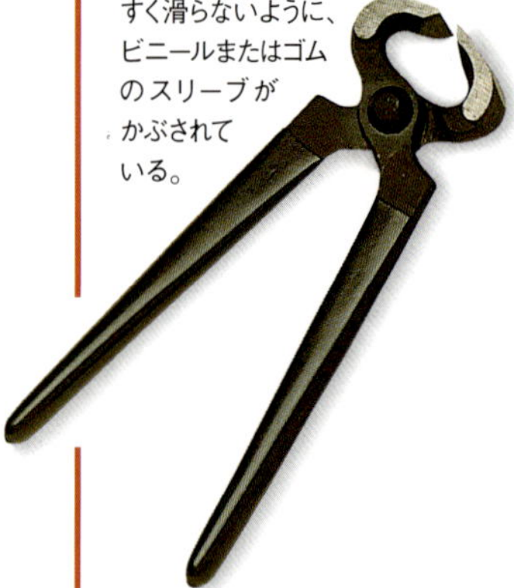

やっとこ

細い釘やパネルピンなどは、やっとこのほうが抜きやすい場合が多い。とくに、釘抜きハンマーの入りにくい狭い場所ではこれが活躍する。

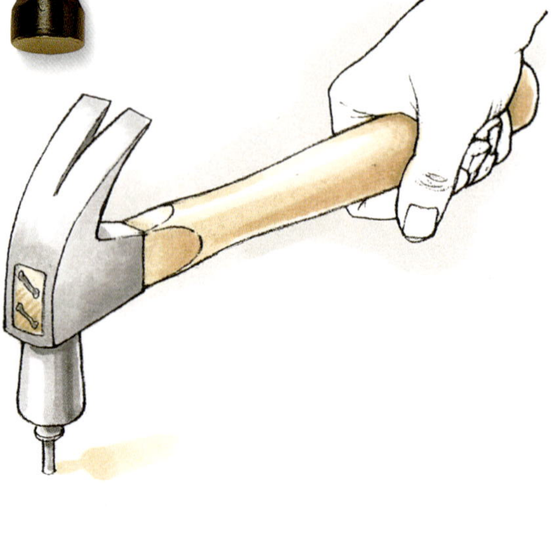

釘の打ち込み方

適切な重さのハンマーを使うことが大切。そうすれば最小の力で釘を打ち込むことができる。柄の後端近くを握り、ひじを軸にして腕を回転させるようにして打つ。目はしっかりと釘の頭に固定させ、垂直にたたくこと。斜めにたたくと釘が曲がってしまう。

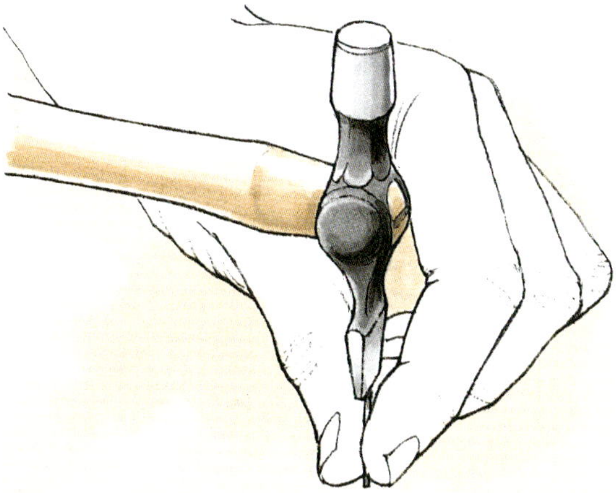

釘位置の固定

人さし指と親指で釘をはさみ、材の上にまっすぐ立てる。釘の先が材中に入るまで、ハンマーで釘頭を軽く打つ。細かい釘やパネルピンはクロスピーンのほうを使う。

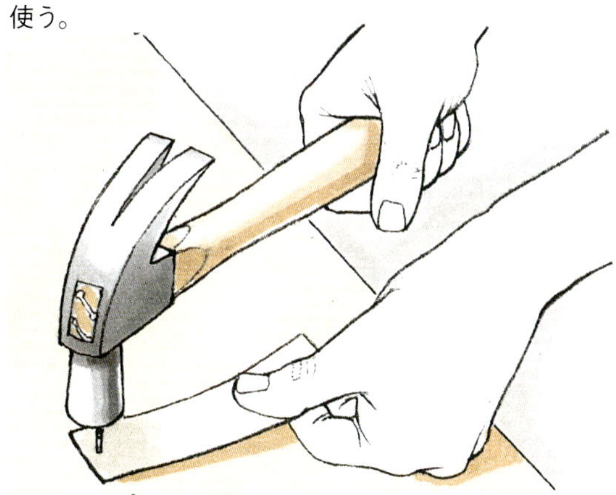

パネルピンの支持

パネルピンを打つとき、手元にクロスピーンハンマーがないときは、パネルピンを硬い紙か薄いボール紙の帯に通し、それでピンをまっすぐ支えた状態でピンを材中に打ち込む。ピンがしっかりと材の中に入ったら、紙を破ってはずし、ピンを最後まで打ち込む。

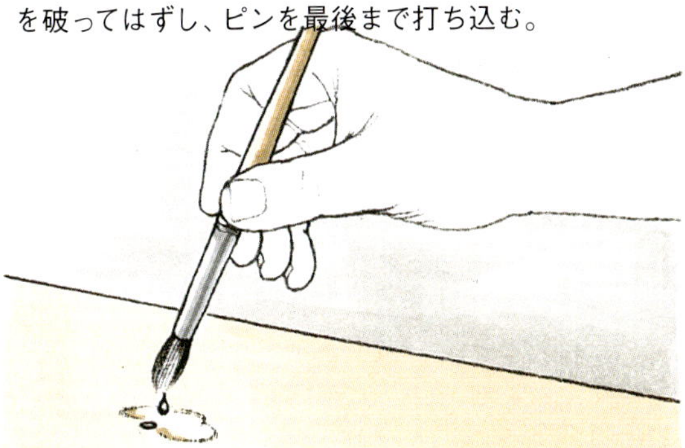

打ち損じの修復

ハンマーで釘の頭を打たずに、材を打ってへこませてしまった場合、その部分にお湯を数滴たらし、繊維をふくらませる。木が乾いたら、サンドペーパーでこすり平らにする。

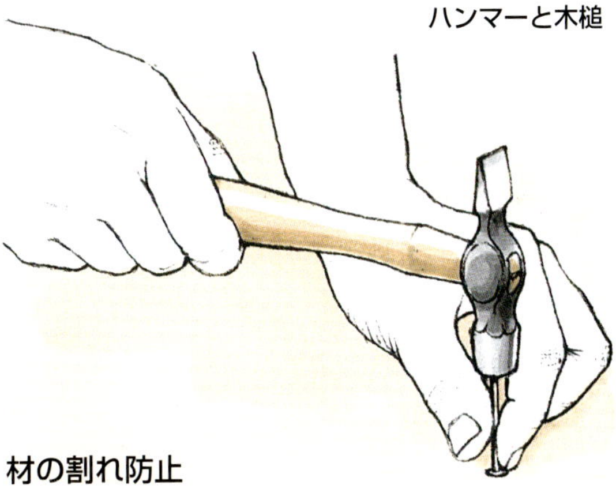

材の割れ防止

針葉樹材はそのまま釘を打つと、釘が繊維のあいだにくさびのように入っていき、そこから木が割れてしまうことがある。釘の先端をハンマーで軽くたたき丸くして打ち込むと、くさびのように入らずに、木の繊維を切断しながら入っていくことができる。広葉樹材の場合は、釘の軸よりも少し狭い先穴をドリルであけておく。

釘抜き

途中まで打ち込んだ釘を引き抜くときは、釘抜きハンマーのヘッドが割れたほうの溝を釘頭の下に滑り込ませ、柄をテコのようにして抜く。材の表面を傷つけないように、厚紙か単板をハンマーヘッドの下に敷く。長い釘を引き抜くときは、それらの代わりに当て木などを敷く。

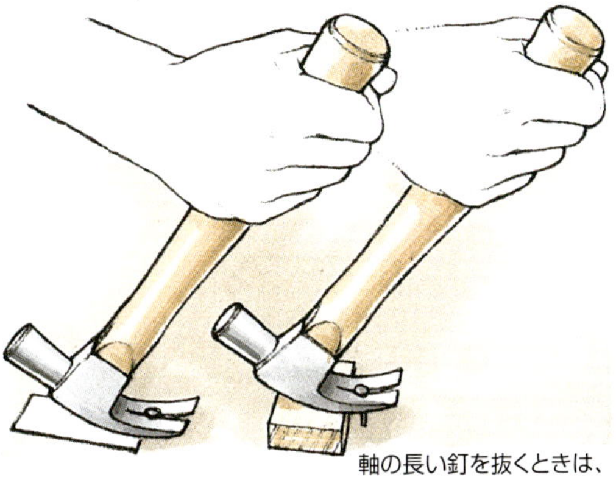

軸の長い釘を抜くときは、木片をヘッドの下に敷く

やっとこの利用

やっとこで釘を引き抜くときは、釘の軸の部分をやっとこの先端でつまみ、やっとこの顎の部分を材にあてる。そのとき、材の表面を傷つけないように、前と同様にやっとこの顎の下に厚紙を入れておく。やっとこの柄を握り、そのまま向こう側に傾ける。

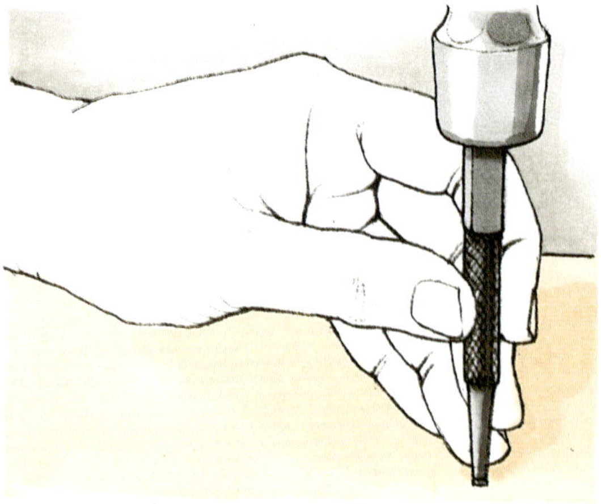

釘頭を沈める

釘頭を材の表面と同じか少し沈ませて打ち込みたいときは、ハンマーの最後の一振りで材を傷めることがないように、釘締めという金属製のポンチを使う。釘を最後1mmくらい残して打ち込み、釘締めの先端を釘頭の上にあて、指先でその先端を保持しながらハンマーで釘締めの頭をしっかりと打つ。

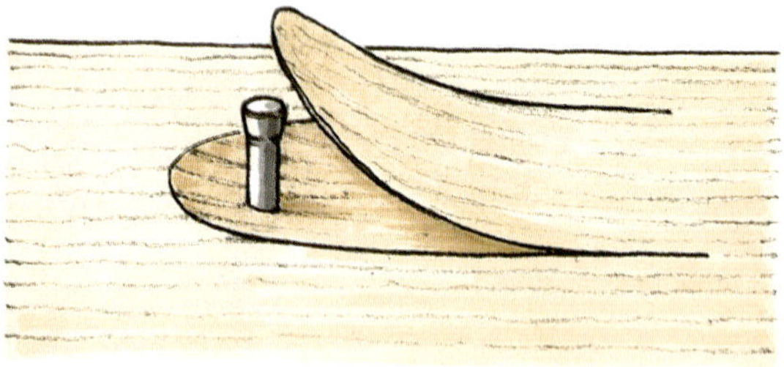

隠し釘

いま述べた方法で釘頭を埋め込み、その上から目止め材を塗り、その後塗装するか、サンダーで磨く。別の方法としては、鋭い丸のみで材の表面を薄く剥ぎ、そこに釘を打ち込んだあと、その剥いだ部分に接着剤を塗り、元のようにくっつけ、接合を隠す。

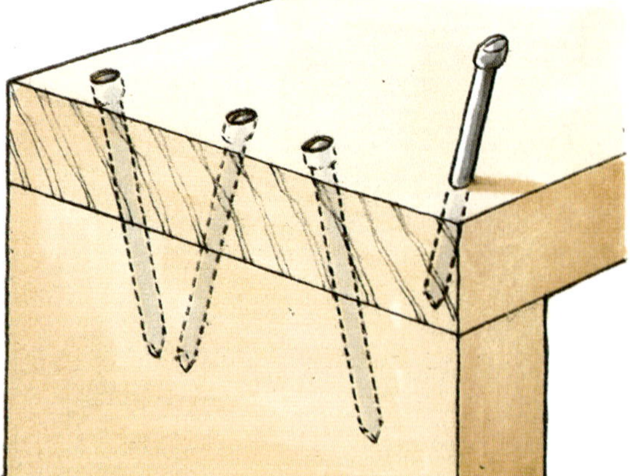

鳩尾打ち

木口に釘を打ち込むときは、接合強度を高めるために、釘を交互に反対方向に傾けて打ち込むといい。

木槌およびソフトハンマー

木槌のヘッドには、一般に無垢または集成したブナ材が使われる。ヘッドの形状が、内側に向けて扇型の先のように幅が狭くなっているのは、振り下ろしたときに自然にヘッド表面が、材またはのみの頭に垂直にあたるようにするため。ヘッドに柄をさし込んでいる穴も、同様に柄の先端側が広く、内側に向けて少しずつ狭くなるテーパー状になっている。こうすることによって、木槌を振るたびに、遠心力でヘッドと柄がきつく締いく。

ソフトハンマーのヘッドは、全体が、または材にあたる表面が、ゴム、プラスチック、あるいは生皮を巻いてできている。材の表面を傷めないように骨組みや枠を組み立てたり、分解したりするときに使う。

大工用木槌

ゴム木槌

Chapter 9　ドライバー

SCREWDRIVERS

木ねじを上手に締めつけたり
はずしたりするには、
木ねじの溝にぴったりと合った
ドライバーを選ぶことが大切。
そうしないとねじの頭だけではなく、
材そのものを損傷してしまう。
木ねじの溝には、種類、
大きさの異なったものが各種あり、
それに合わせてドライバーを
全種類揃えたいと思うかもしれない。
1つの方法として、電動ドライバーを
購入し、交換用ビットを揃える
という方法もある。

最適なドライバーの選択

どのドライバーがいまの作業に最適かを見つけるとき、考慮すべき点がいくつかある。誰でもすぐ思いつくのは、ねじの頭の“溝”の形状だろう。しかし同じプラスの溝でも異なった種類があり、それによって使用するプラスドライバーも変わる。また、作業の内容によっても、最適な柄の形状は異なってくる。ねじに合った先端を持つドライバーを見つけるのは最初は簡単そうに見える。しかし、たとえばねじのゲージとドライバーの先端のサイズは、どう合わせればいいのだろう?

キャビネットドライバー
木工職人用の伝統的なドライバーは、手のひらにぴったりと納まる木製の半球状の柄をしている。現在では同じかたちの柄がプラスチックでできたものもある。また、このタイプのドライバーは、軸の刃の反対側の部分が平たくなって、柄の下の口金の深い溝に固定されるかたちになっていたが、最近のものは、丸い棒のまま口金をとおり過ぎて柄のなかまで貫通して固定されている。

エンジニアドライバー
スリムな縦溝の入った柄を持つドライバーは、もともと自動車産業や電気産業で開発された。指の先で柄を回さなければならないような精密な作業や、長いまっすぐな軸で深い穴の底のねじを回さなければならないような作業をするためのものとして使われた。ただ欠点としては、このタイプのまっすぐな棒状の柄では、先端に強いトルクをかけたいときに、半球状の柄ほど力強く握ることができない。

スタビードライバー
広い刃先、大きな柄が特長のこの短いドライバーは、狭い部位でねじを回す作業に適している。

ラチェットドライバー
ラチェットドライバーを使えば、柄を握り直すことなしにねじを最後まで回し入れることができる。回転の正逆を変えるときは、柄の下の小さな突起を親指の先でスライドさせる。まんなかにすればラチェット機能を働かないようにすることができ、普通のドライバーとして使うことができる。ポンプアクション式のドライバーは、柄をまっすぐ下に押す運動を加えると、ドライバー先端が、時計回り、またはその逆に回転する仕組み。軸のまわりにスプリングがついていて、力を抜くと軸が元の長さに戻るようになっている。軸の先はチャックになっているので、プラスでもマイナスでも、さまざまなビットと交換することができる。

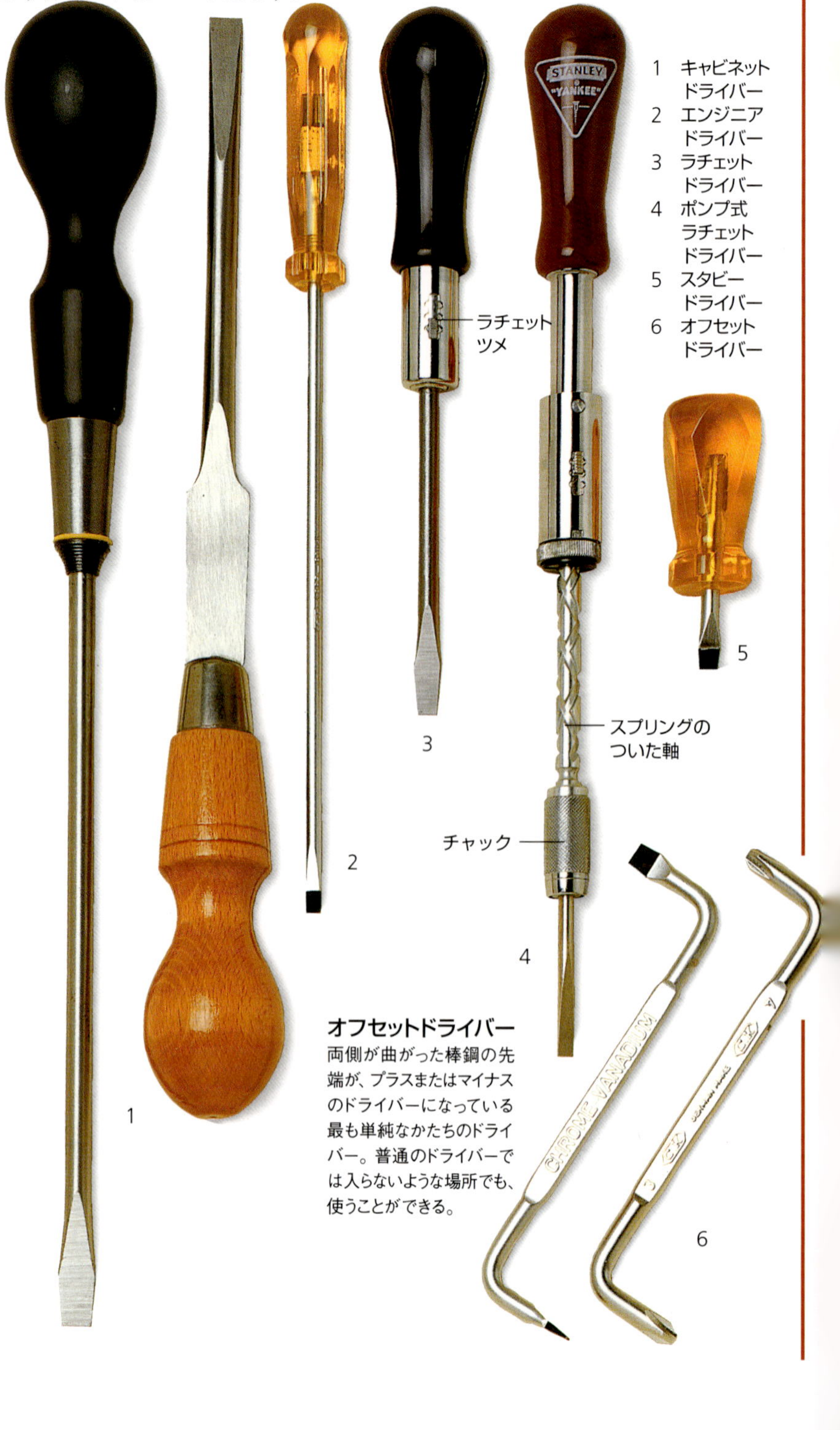

オフセットドライバー
両側が曲がった棒鋼の先端が、プラスまたはマイナスのドライバーになっている最も単純なかたちのドライバー。普通のドライバーでは入らないような場所でも、使うことができる。

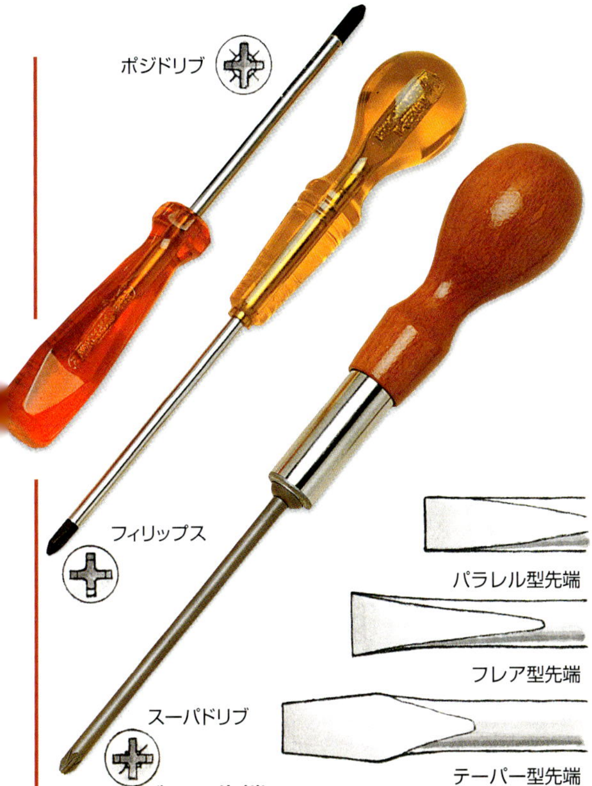

ドライバーの先端

マイナスねじ用ドライバーの先端の形状には、パラレル型とフレア型があり、後者には先端両側を削ったテーパーかたちのものもある。また、ねじとドライバーがしっかり接合するようにプラス型に切ったねじ頭の溝に合わせて、4本の縦溝で先端を尖らせているプラスドライバーもある。プラスねじには大きく分けて、フィリップス、ポジドリブ、スーパドリブの3種類がある。フィリップスは単純なプラスの溝だが、ポジドリブのプラスには、その中心に小さな正方形があり、またプラスの各溝の中間に4つの細い筋が出ている。スーパドリブは同様のプラス型だが、筋が2本になっている。

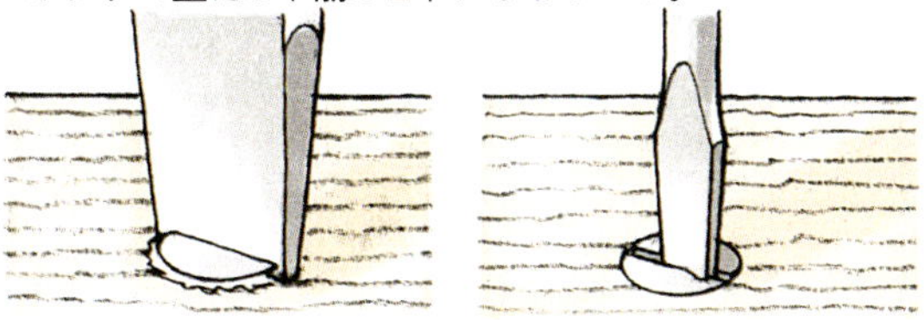

ドライバーのマッチング

ねじ溝の長さよりもドライバーの先端の幅のほうが長い場合、ねじを締めているときに材を損傷するおそれがある。逆にドライバー先端が狭い場合、固く締めたねじをゆるめるのに十分なトルクを与えることができず、溝の両側を削ってしまうことがある。

プラスドライバーの先端のサイズは、1番から4番まであり、ねじのゲージと以下のように対応している。

ねじゲージ	3〜4	5〜10	12〜14	16〜
ドライバーサイズ	1	2	3	4

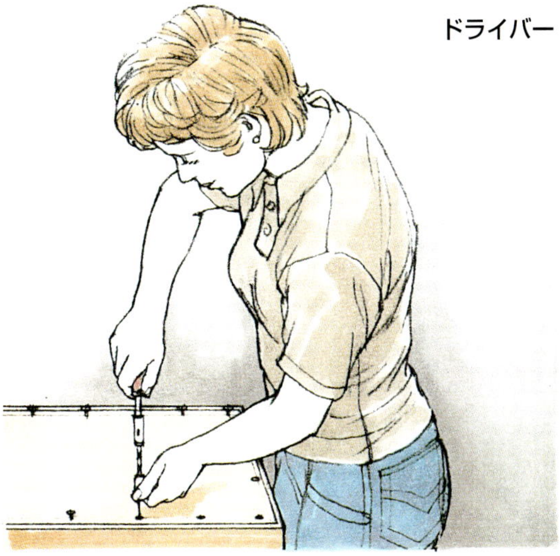

ポンプ式ラチェットドライバーの使い方

片手でチャックをしっかりつまみ、もう一方の手でドライバーをポンプのように上下に動かす。ねじがきつすぎるように感じられるときは、ねじをはずして石鹸でねじ山を軽くこするといい。

電動ドライバー

乾電池直列型のコードレスドライバーは、木ねじを締め付けるときの労力をかなり軽減してくれる。とくに、大きなねじを最後まで締め付ける力を加えることがむずかしい入り組んだ角などで力を発揮する。すべての機種にスピンドルロック機能がついているので、最後の締め付けや、はずすための最初の1回転は手動で回し、そのあとから電動に切り替えるといい。トルクコントロールつきのものは、小さなねじのときは、低く調整してしめすぎることがないようにしたり、大きなねじのときは高く調整することができる。電動ドライバーを使用するときに最も重要な点は、ねじを入れ込むときもはずすときも、かならずねじを押すように機具に力を加えるということ。

一般的な木ねじ

らせん状に切られたねじ山、スレッドが木ねじを材中に引き込む働きをする。普通の木ねじの場合、軸の60パーセントにねじ山が切られているだけで、残りは太い円筒状の軸（軸はだぼ釘の役割をする）と頭になっている。頭は材を締め付けると同時に、部品を材に固定する役割もする。

ツインスレッドの木ねじ

比較的新しいタイプの木ねじ。2本の少し粗く、軸の頭近くまで伸びているねじ山を持っている。ツインスレッドの木ねじは軸が細いため、下穴や、先穴（下図を参照）がなくても回し入れることができる。しかしそれでも、木質の密な広葉樹材は裂いてしまう可能性があるので注意。

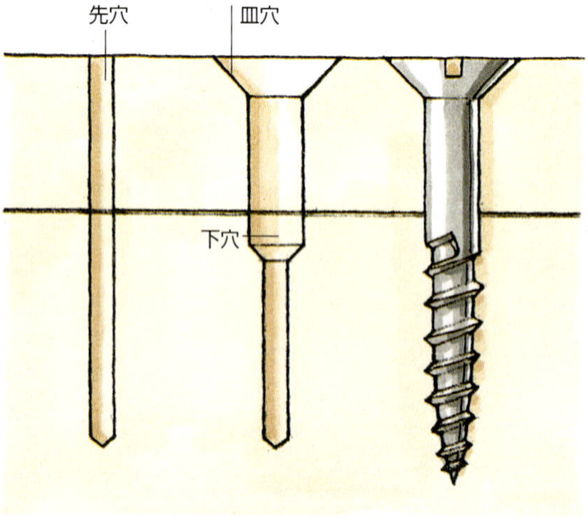

普通の木ねじの回し入れ方

針葉樹材の場合は、かなり無謀な力を出せばどんなねじでも回し入れることができるが、前もって、木ねじを意図した方向に進めるための先穴や、軸が木を割ったり途中で動かなくなったりするのを防止するための下穴をあけておくことが望ましい。

ねじのねじ山が切ってある部分の径よりもわずかに小さい先穴をドリルであけ、つぎに摩擦を少なくするためにその先穴の上部を軸の径と同じ径のドリルで広げる。必要ならばねじを回し入れる前に下穴の上に皿穴を作っておく（76-77の座ぐりビットの項を参照）。

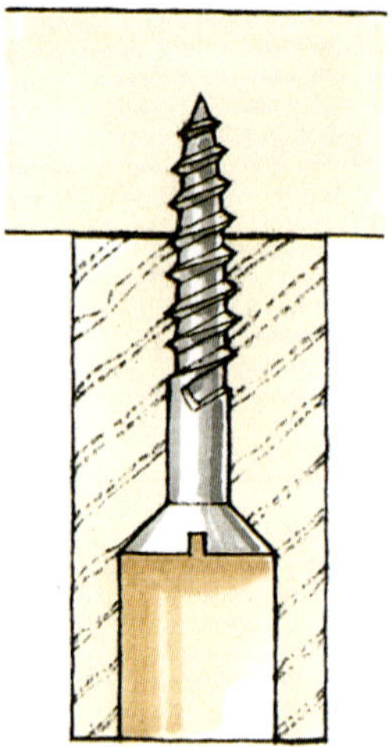

木ねじを裏から入れ込む

材料の表面より下にねじを沈める座ぐりをあける必要があるとき――たとえば厚い桟木を固定するときなど――は、ねじの頭と同じ直径の穴をドリルでフォルストナービットまたはスペードビットを使ってあけ、そのあとで先穴と下穴をあける（77ページを参照）。材料の下に隠れて見えないとき以外は、ねじの頭を木栓で隠す（76-7ページを参照）。

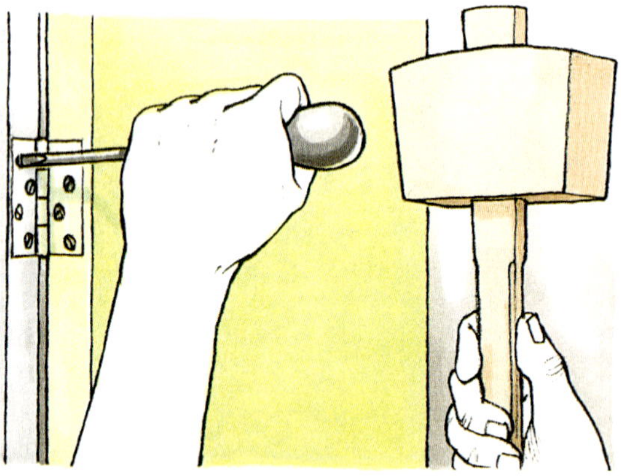

木ねじのはずし方

柄が大きく持ちやすい、木ねじの頭の溝にぴったり合うドライバを使うと、あまり苦労せずにたいていの木ねじははずせる。しかし古い木ねじ、とくにねじ込まれたあと長い時間がたったもの、上から塗料を塗られたものは、最初なかなか動かないことがある。

最初に、ねじの頭の上の塗料をはがし、溝をきれいにする。つぎにドライバー先端を溝にさし込み、木槌でたたく。その衝撃でねじが動き始めることがある。もう1つの方法としては、ねじの頭をはんだごてで熱し、さめた後もう一度回してみる。

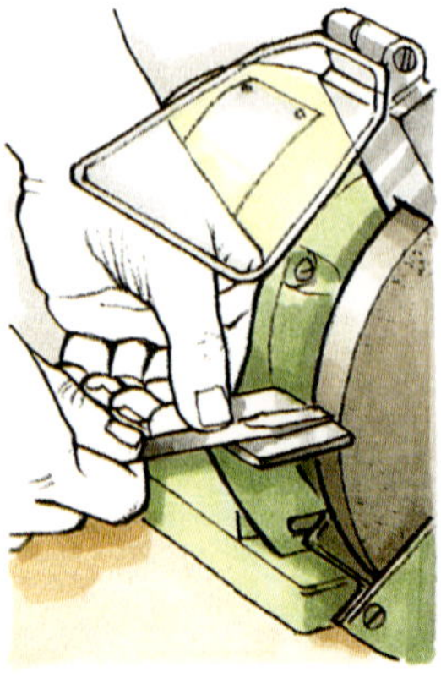

ドライバー先端の修理

刃先が摩耗してきたドライバーを使いつづけると、ねじの溝をつぶしてしまうおそれがある。マイナスドライバーの場合は先端の両側をグラインダーで削り、つぎに先をまっすぐに削る。プラスドライバーの先がかなり摩耗してきたときは、交換したほうがいい。

SANDERS

Chapter 10　サンダー

電動工具の登場は、
研磨という骨の折れる仕事を
かなり軽減した。
質のよい仕上げサンダーさえあれば、
あとは仕上げ塗りを残すだけの、
意図したとおりの完璧な表面が
約束されるように思える。しかし
最高の作品を仕上げるためには、
いかに電動サンダーで磨きあげた
表面といえども、小さな引っ掻き傷が
ないかを目で確かめる必要がある。
ほんの小さな傷でも、クリア仕上げも
するとはっきりと現れるからだ。
完璧な仕上げを確かめるため、
最後は表面を湿らせ、
手のひらで撫でること。

ベルトサンダー

粗挽きした木材の表面をすばやく平滑に削るような種類のサンダーは、家具製作には使えないが、力の強いベルトサンダーは家具職人の強力な助っ人となり、また作業台に取りつければ、材の面取りも楽にできる。

研磨ベルト

ベルトサンダーは、研磨材が塗布されている布製または紙製のベルトを2本のローラーのあいだにぴんと張って使う工具。後部のローラーがモーターの回転をベルトに伝え、前部のローラーがベルトの張りと軌道を調節する。2本のローラーのあいだの金属製のベッド、“プラテン”によって、ベルトはしっかりと材に密着される。研磨ベルトの幅は、60～100㎜。

ハンドグリップ

どんなに小さなベルトサンダーでも、必ず両手で操作する。後部のハンドグリップにはトリガースイッチとロックボタンがついている。また前部の補助ハンドルで機具を材に押しつけたり離したりする。

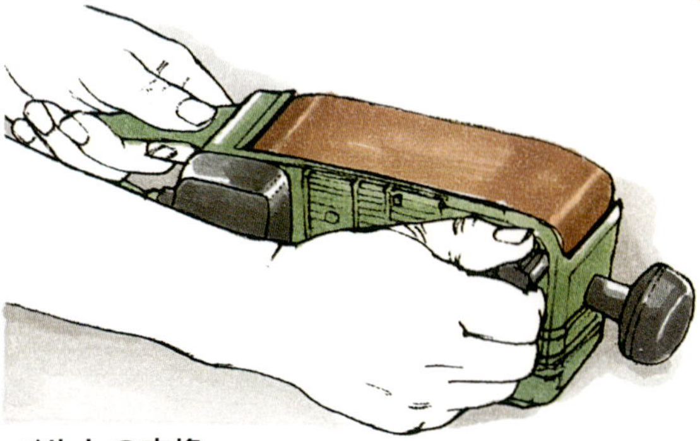

ベルトの交換

亀裂が入ったり、ほこりが付着したベルトは、材の表面を損傷するおそれがあるので、擦り減ってきたと感じたらすぐに交換すること。電源プラグを抜き、側面のレバーを引き起こすと、2本のローラーのあいだの距離が縮まり、ベルトがゆるくなるので、ベルトをはずし新品と交換する。スイッチを入れ、ベルトの動きを見ながら、トラッキングノブでベルトがローラー上をまっすぐ走るように調節する。

連続運転

スイッチを入れ、ロックボタンを押すと連続運転をはじめる。トリガースイッチをもう一度押すと、解除される。すべての電動サンダーには、この装置がついている。

集塵装置

ベルトサンダーはおびただしい量の研削屑を生みだす。どの機種にもかならず集塵バッグをつける削りクズ排出口がついている。工業用掃除機のホースにつなぐと効果はさらに上がる（105ページを参照）。

最大ベルト速度

ほとんどのベルトサンダーは、負荷をかけないときのベルトの速度が、毎分190～360mの間。電子制御装置で、自動的に最適速度を保つ機種もある。もっと力の強いサンダーが必要と感じるときは、プロ用の450m前後のものを購入するといい。

ベルトサンダーの使い方

スイッチを入れゆっくりとサンダーを材の上にのせる。ベルトが材につくと同時に、サンダーを前に送る。同じ位置にずっととどめたままにしておくと、材に傷をつけたり、深い穴をつくったりするので注意しよう。材の表面を木目にそって平行に、ストロークが少しづつ重なるようにしながら、サンダーを送る。最後はサンダーを材から離してスイッチを切ること。

縁のサンダーがけ

サンダーをかけるときは、サンダーの底を材に平らに押しつける。とくに材の縁に近づいてきたときは要注意。このとき、サンダーを材の縁で傾けてしまうと、せっかく鋭く出していた材の角があっという間に丸く削ぎ落とされてしまう。とくに単板を張っている材にサンダーをかけるときは、サンダーが芯材まで削り落とすのを防止するために、材の周囲に高さを同じにして一時的に当て木をピンで留めた上で、サンダーをかけるようにする。

作業台に固定して使う方法

ベルトサンダーを作業台の端に固定すると、両手で材を持って自由に研削することができる。作業台取り付け器具には、サイドフェンスも入っているので、それを使うと長い材の木端面も正確に研削することができる。サンダーは上向きにも横向きにも固定することができるので、材の仕上げ面に応じて使いやすい向きに設置方向を変える。研削能率が低下してきたと感じたら、ベルトをすぐに交換すること。さもないと木口を裂いてしまうことになる。

長い木端をサンダーがけするときは、材を定規にそわせるようにして動かす。

留接ぎ面の研削は、サンダーを上下に固定して使う。

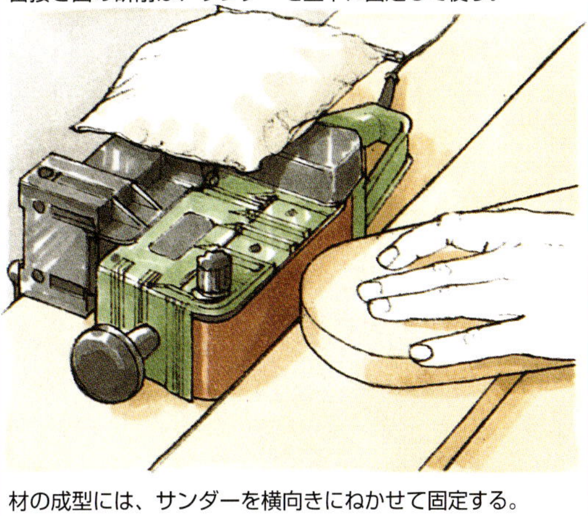

材の成型には、サンダーを横向きにねかせて固定する。

仕上げサンダー

平滑でほとんど引っ掻きあとの残らないサンダーとして設計されたオービタルサンダーは、ベースの底がフォーム素材のパッドになっており、そこに研磨紙（サンドペーパー）を取りつけて使う。スイッチを入れると、ベースプレートはごく小さな楕円運動をし、かなり高速で材の表面を削っていく。研削された表面には、細かな渦巻状の研削跡が残る。この目に見えるような研削跡を消すために、材を一度平滑にしたあと、直線往復運動に切り替えられる機種も出ている。

デルタサンダー

鋭い角や狭いしゃくりの箇所を研磨するための小さな三角のベースを持ったオービタルサンダー。

研磨紙

理由ははっきりしないが、仕上げ用サンダーに使う研磨紙は、手で使う研磨紙の大きさを基準にしている。4等分、3等分、2等分の大きさに合うオービタルサンダーが製造されている。4等分サンダーを装着するパームグリップサンダーは、片手で操作するようにつくられている。裏がマジックテープ式や接着しやすいベロア生地になっている専用の研磨紙を使うものもあり、これは交換するとき簡単にベースプレートにつけたりはがしたりすることができる。ベースプレートに巻きつけ、両端のクランプで固定するタイプのものもある。

研削速度

オービタルサンダーの研削速度は、1分間の回転数で示される。20,000～25,000回転固定のものが一般的だが、熱に敏感なプラスチック材料や塗装後の材料に対して、回転を落として使用することができる、変速機能のついたものも発売されている。

集塵機能

効率的な集塵機能は、使用者の健康のためはもちろん、研磨紙の目づまりを防ぐためにも必要。ベースプレートと研磨紙の両方の穴をあわせ、その穴から直接研削屑を集塵バッグや掃除機に吸い込む機種もある。

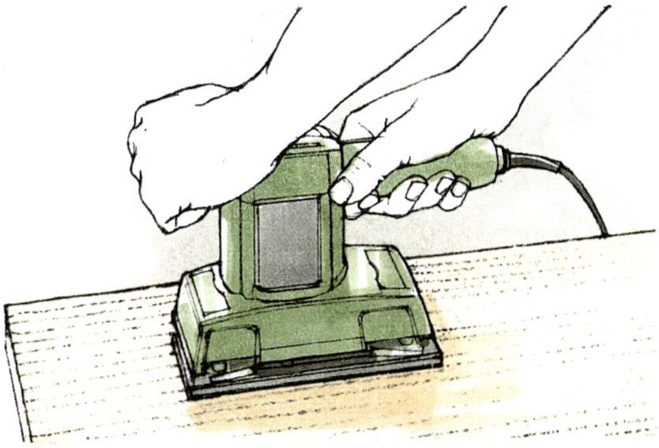

オービタルサンダーの使い方

サンダーは、木目にそって前後に平行に、ストロークが重なり合うようにして均等に表面をおおうように動かす。サンダーを材にあてているあいだは、動きを止めないようにし、また強く押さえすぎないように気をつける。強く押さえすぎると熱が発生し、研削屑と樹脂による研磨紙の目づまりの原因になる。

天井の研削

大きな部材を研削するのに大きなサンダーを選択するのが普通だが、壁や天井を研削するときは、軽量のパームグリップサンダーのほうが便利。

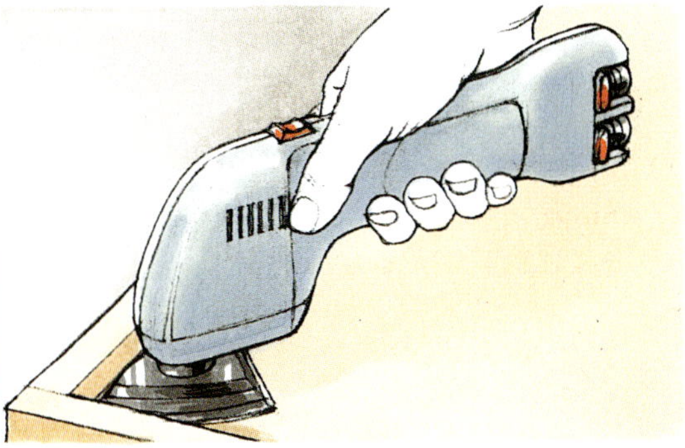

コードレスサンダー

コードレスの工具類の1つとして、コードレスサンダーを発売しているメーカーはほとんどないが、材に引っかかったり、邪魔になったりするコードのないサンダーが便利なことはまちがいない。

電動サンダー専用研磨材

滑らかな表面仕上げを作っていくために、研磨布紙表面に樹脂で付着させている砥粒の大きさを徐々に細かくしていく。電動サンダー用の研磨紙、研磨ベルト、研磨ディスクには、酸化アルミニウムの砥粒が広く使われている。広葉樹材、MDF、パーティクルボードを研削するときに最も優れた効果を発揮するのが、最も硬く、最も高価な木工用研磨材であるシリコンカーバイド。この研磨材は、塗料やワニスなどの表面仕上げ面を研ぎ落とすときに使う研磨紙に広く使われている。

潤滑材

昔からある乾湿併用研磨紙の砥粒として使われるシリコンカーバイドは、砥粒が塗料やワニスの粒子で目づまりしないように水を潤滑材として使う。また研削屑や仕上げ材ですぐに目づまりすることがないように、砥粒にはドライ潤滑剤やエステルでコーティングされている。

静電気防止剤入り研磨紙

砥粒の生産過程で静電気防止剤を混入したものは、非常に目づまりが少なく、研削能力も向上する。電動サンダー用に生産されているものはないが、適当な幅のロールを購入し、それをカットして使うことができる。

ランダムオービタルサンダー

ディスクサンダーの特徴に偏心楕円運動を付け加えたサンダーで、表面の傷をほとんど消せる。底のパッドに柔軟性があり、平面だけでなく曲面を仕上げるときにも使える機種も発売されている。しかし狭い角にはデルタサンダーを使う必要がある。

ディスクサンダー

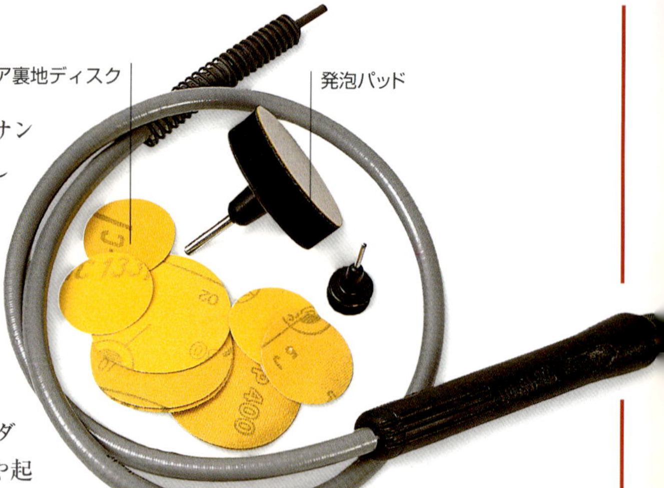

フレキシブルシャフトサンダー

仕上げ用サンダーにはならないが、ディスクサンダーを作業台に取りつけて使うと、木口を研磨したり、部材の成形をしたりするときにとても便利だ。携帯用電気ドリルにゴムのディスクサンダーを取りつけたものは、仕上げ用サンダーとして分類することができるが、木目を交走した深い引っ掻き傷を残す場合があるので、実際は床板を研磨するときなど、少しくらい粗くてもよい作業に適している。小型のディスクサンダーで柔らかい発泡パッドの付いたものは、曲面や起伏のある面に順応することができるので、特に旋盤職人には便利である——ディスクと旋盤が同時に回転するので、材にみっともない引っ掻き傷を残すことなく、すばやく旋盤の加工あとを消し去ることができる。

作業台に取りつけて使うディスクサンダー

ディスクサンダーは専用のものが生産されているが、電気ドリルに装着してそれをディスクサンダーに変身させる、頑丈であまり高くない付属部品が販売されている。硬い円形のプレートをドリルに装着するもので、そのプレートに円盤状の研磨紙をつけて使う。プレートには金属製の支持テーブルが付けられるようになっており、さらにそのテーブルには水平から45度までの角度がつけられるので、木口を四角く研削するときも、留接ぎを研削するときにも使える。

サンダーはあまり危険性のない電動工具のように見えるかもしれないが、ひどい傷を負わせる場合があり、とくに目の荒いペーパーはかなり深い傷になる。必要な調節をすべて終えてからスイッチを入れるようにし、回転しているディスクには指を近づけないように注意する。

ミニディスクサンダー

裏面がベロア生地になった直径25〜75㎜の研磨紙を、軸の付いたパッドに貼り付けて使うことができる。電気ドリルを動力源にするが、チューブの中に軸が通っているフレキシブルシャフトサンダーの先に取りつけて使うと、とても便利。

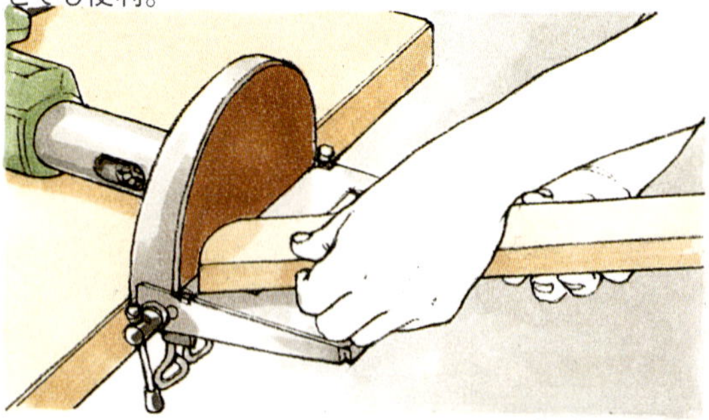

作業台取りつけディスクサンダーで成形する

のこで大まかなかたちに挽き材した部材を、ディスクサンダーの左半分の面に軽くあてる。こうすることによって、ディスクの回転で材を支持テーブルにしっかりと固定する力が働く。

木口および留接ぎの加工

必要な角度に合わせ、それにそって滑らせるように材をディスクにあてる。強く押しつけると、木口を焦がすおそれがある。

Chapter 11 工具の研磨

SHARPENING TOOLS

鋭く研磨された刃先ののみやカンナで
木材を切削するのはとても楽しい。
反対になまくらの工具を使って
する仕事は辛い。
切れ味のよい、切削面の美しい
よく研磨された工具は、
サンダーをかける必要がないほどの
滑らかな表面を残すだけでなく、
無理な力を加えなければならない
鈍化した刃先の工具に比べ、
はるかに安全だ。

砥石

木工工具の刃先は、金属を研いで薄い刃先にすることができる砥石を使って、つねに鋭く研磨されていなければならない。高級な天然石の砥石は高価だが、それよりも安価な合成砥石でも満足できる研磨はできる。研ぐときには、水か油を潤滑材として砥石の表面にかけておくが、それは鋼が熱を帯び過ぎなくし、金属と砥石の微粒子が砥石の表面を目づまりさせるのを防ぐため。一般に砥石は日常的な工具を研磨するための直方体のベンチストーン、そして丸のみや彫刻刀など刃先を研ぐためのナイフエッジ型あるいはハート型のスリップストーン（挽き砥）のかたちで販売されている。

ベンチストーン

木工家はのみやカンナ刃を研ぐとき、だいたい20×5㎝で2.5㎝厚のベンチストーンを使う。なかには、研磨の各段階ごとに1個1個、別のベンチストーンを使うものもいるが、2種類の砥石を背中合わせに接着した経済的なものも販売されている。また天然石砥石と合成砥石を組み合わせたものもある。多くの場合、ベンチストーンは木の台とセットになっているので、作業台の上のどこでも安定させて使うことができるが、作業台の上に滑らないように特殊な調節式のホルダーで固定して使う場合もある。

スリップストーンと砥石やすり

丸のみや彫刻刀、そして木工旋盤用工具の研磨には、小型の砥石を使う。ハート型やコーン型のスリップストーンが使いやすいが、その他にも小さな丸のみ、ドリルビット、ルーター刃先用に、ナイフエッジ型、四角形、三角形などさまざまなかたちのものが販売されている。

油砥石

天然石および合成砥石の大半は、潤滑材として軽油を使う。最高級の油砥石と考えられているノバキュライトは、アメリカのアーカンサス州だけから産出される。この珪酸の結晶は、自然な状態で、さまざまな粒度で産出される。荒目の斑点状になった灰色がかったソフトアーカンサスは、金属をすばやく削ることができ、刃先の荒研ぎに使われる。白色のハードアーカンサスは、刃先に研ぎ角を出すときに使われ、ブラックアーカンサスは、それを研磨し仕上げるときに使われる。さらに目の細かいものは、希少で半透明をしている。

合成油砥石は、焼結した酸化アルミニウムかシリコンカーバイドから作られる。合成油砥石は、荒砥石、中砥石、仕上砥石に分けられるが、同じ範疇の天然石砥石にくらべるとかなり安価だ。

水砥石

水を潤滑材として使う砥石は、柔らかく砕けやすいので、同等の油砥石よりもすばやく研磨することができる。金属の刃先が水砥石の表面を往復するたびに、新しい粒子があらわれ、はがされていく。しかし水砥石の粒子のこうした結合の弱さは、偶然のダメージを受けやすいということも意味している。とくに小さい丸のみなどの研磨で砥石の表面を削り取られる危険性がある。天然石水砥石は、かなり高価なので、多くの工具店は、それと同等に近い研磨ができる合成のものを薦めている。

水砥石は粒度によって、800番以上が荒砥、1000～1200番が中砥、4000～6000番が仕上砥に分類される。刃先を磨く8000番以上の超仕上げ用もある。100～220番の超荒砥石は、刃こぼれしたりかなり擦り減った刃を修復するときに使う。

チョークのような名倉砥《なぐらと》（砥平《とだいら》）は、目づまりを起こした仕上水砥石の表面をこすって研ぎ汁を出し、研ぎ味を良くするためのもの。

種類	合成油砥石	天然油砥石	水砥石
荒砥	荒砥	ソフトアーカンサス	#800
中砥	中砥	ハードアーカンサス	#1000～1200
仕上砥	仕上砥	ブラックハードアーカンサス	#4000～6000
超仕上砥		半透明アーカンサス	#8000

ダイヤモンド砥石

最も耐久性のある荒砥から仕上砥までの“砥石”が、ニッケルメッキした鋼板のうえに単結晶のダイヤモンドを埋め込み、硬いポリカーボネートで接着したダイヤモンド砥石。どんな刃先もすばやく研磨することができる。ベンチストーンのかたちから細いやすりのかたちまであり、潤滑材なしでも、水を使ってもよく、鋼でもカーバイドでも研磨することができる。

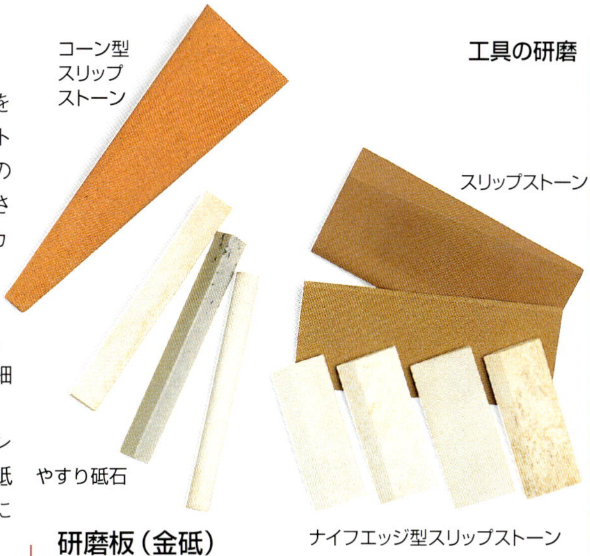

研磨板（金砥）

通常の砥石に代わるものとして、鋼または鋳物の板にオイルを流し、シリコンカーバイドの粒子を均質に散布することによって、研磨板を作ることができる。かんな、のみのための完璧に平らな鏡面の刃裏、あるいはカミソリのように鋭い刃先を作り出すことができる。鋼の工具のための究極の刃先を作り出すためには、平らな鋼板のうえに、ダイヤモンド研磨材を撒き、それで仕上げる方法もある。ダイヤモンド研磨材は、カーバイドでできた刃先の研磨にも使える。

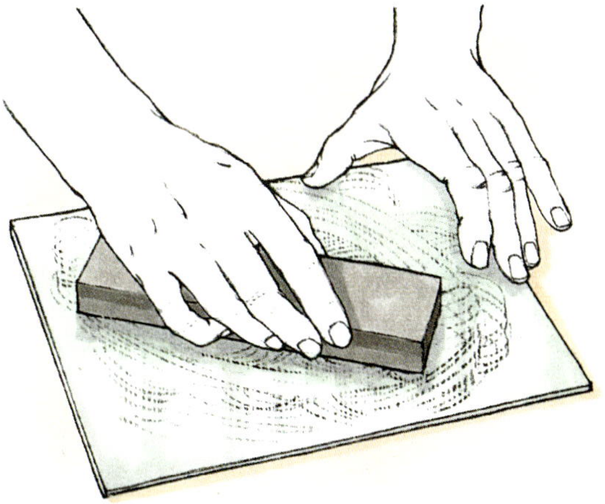

砥石の手入れ

荒目の砥石は、使用する前に5分間ほど水に浸しておく。目の細かいものはそれよりも短い時間でよい。水砥石はぴったりと合うプラスチックの容器に収め、湿気が蒸発しないようにしておき、氷点下の状態にならないように注意する。油砥石はほこりがつかないように覆いをかぶせ、粗い布にしみ込ませたパラフィン油でときどき表面をきれいに拭いておく。

すべての砥石は、使っているうちに中央部分がくぼんでくる。油砥石の場合は、シリコンカーバイドの微粒子を散布したガラス板でオイルを潤滑材にして平らになるまで磨く。水砥石の場合は、粒度200番の乾湿併用研磨紙をガラス板に貼り付けたもので磨く。

各種刃の研磨方法

新品のかんな刃やのみの刃は、工場で刃先を25度の角度に研磨して出荷される。木工家のなかには、針葉樹材を切削しやすいように、これをさらに鋭い角度にするものもいる。しかし広葉樹材の場合は逆に、この角度は長く切れ味を保つには弱いため、通常は砥石で2次的な角度——第2段刃先角——をつけて使う。刃先角は工具の種類とそれを使って切削する材料の種類によって異なる。たとえば、台かんなの場合は、30〜35度が最もよく切削できる。また木槌で材中に打ち込まれることがないペアリングのみは、20度くらいの浅い角度で研がれる場合が多い。密度の高い広葉樹材にほぞを切るときののみは、35度くらいに研いだほうが効率がいい。

刃裏の磨き

グラインダーで研削してある刃は、刃裏や刃表に微小な傷が残っていたり、刃先にざらざらとした指にひっかかる感じが残っていたりする。刃先を研磨したあともこれが残っていては、正しく研磨したことにはならない。そのため、新品の刃を研磨の第1段階は、中砥のベンチストーンか金砥で刃裏を磨くことからはじめる。

水またはオイルを浸したあと、刃表を上にして砥石の上に平らに置く。刃が揺れないように指先で一定の力を加えたまま、刃を前後させる。刃先から50㎜までを集中して研ぐ——残りは購入時のままでよい。仕上砥石で表面が鏡面状になるまで同様にして研ぐ。

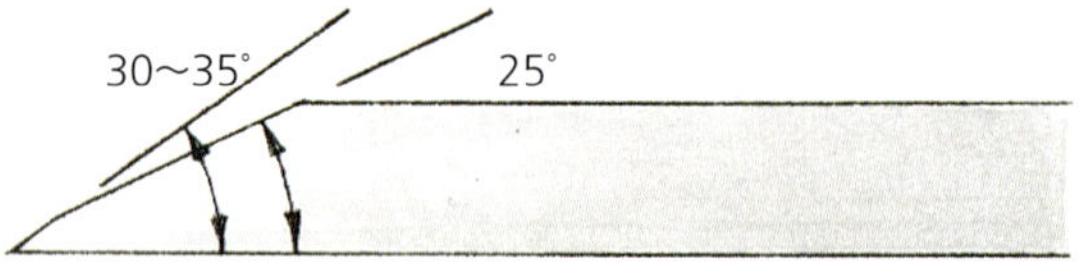

かんな刃の研ぎ

刃表を下にして、人さし指を片方の側面にそわせるように伸ばして刃を握る。もう一方の手の指先を刃先のすぐ後ろに置く。

水またはオイルで浸した中砥のベンチストーンのうえに、角度のついた面を置き、前後に揺らしてみて、砥石にぴったり密着したと感じるところで止める。幅の広い刃の場合は、刃先全体が砥石につくように砥石に対して斜めに置く。

刃先をそこから少し立てるように傾け、砥石の端から端までを使って前後に動かし、第2段刃先角を出す。手首をしっかりと固定させて同じ角度で動かすことが大事。

のみの研ぎ

のみの刃も上と同じ方法で研ぐが、のみの刃は細いものが多いので、中央部にくぼみができないように、砥石の全面を使って研ぐようにする。

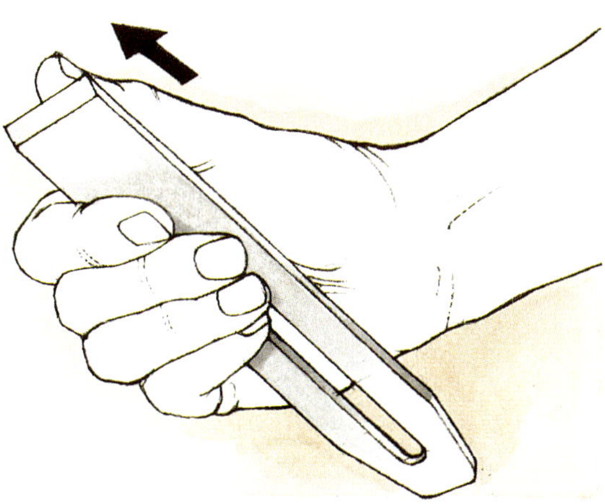

刃返りの除去

1㎜ほどの研ぎ角が出たら、仕上砥石で同じ作業を続ける。すると刃の先端に“刃返り”――刃裏側を親指の腹でこすると感じるバリ――ができる。刃裏を仕上砥石で磨き、この返り刃を取り除き、再度刃表を数回軽く研ぐ。そしてもう一度裏返してバリを取り、こうして親指で確かめながら仕上げる。

革砥による研磨

研ぎの最終段階は、超仕上砥石（95ページを参照）または革砥――厚い牛馬の皮革で、粒度の細いペーストを塗って使う――で磨きあげる。

ホーニングガイドの使い方

のみやかんなの刃を研ぐとき、正確な角度を保つことがどうしてもできないという人は、これを使うと便利。一種の補助具で、刃を一定の角度で保ち砥石にあてる助けをする。さまざまな種類のものが販売されており、南京かんなの短い刃を研ぐときに便利。

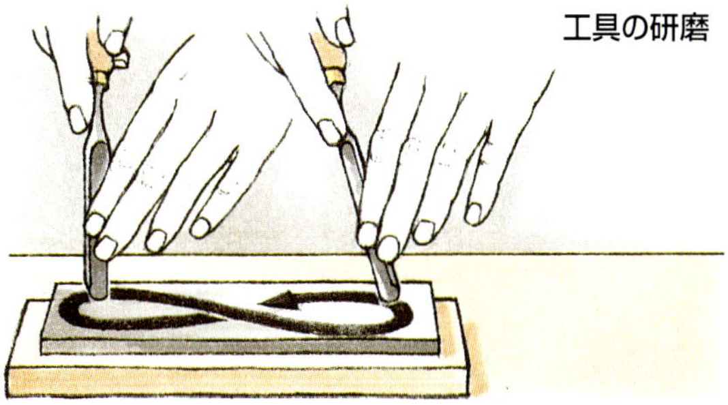

外丸のみの研磨

外丸のみ（72ページを参照）を研ぐときは、ベンチストーンの上を刃を左右に振りながら、8の字を描くように動かす。こうすることによって刃先の曲面を均等に砥石にあて、研ぐことができる。

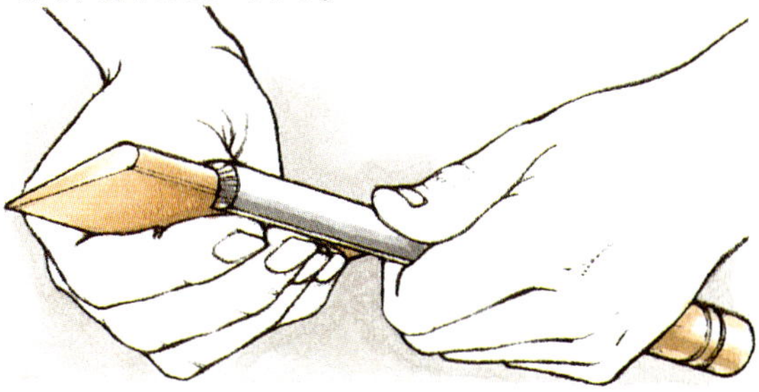

バリの除去および革砥がけ

刃の内側にできたバリをスリップストーンで取り、最後に柔らかい皮の細片で刃先を包むようにして革砥をかける。

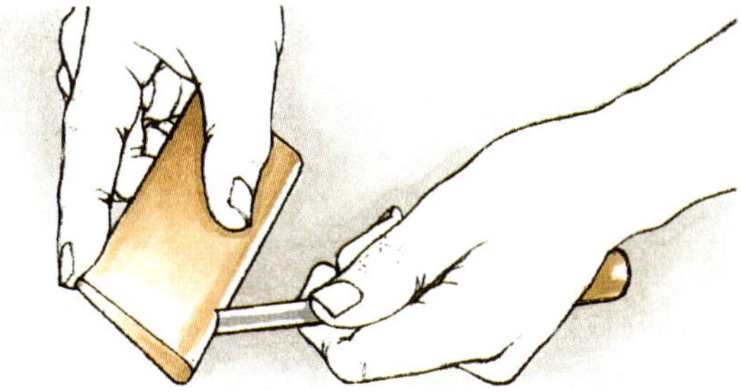

内丸のみの研ぎ

同じスリップストーンで内側の凹面の刃先を研ぐ。

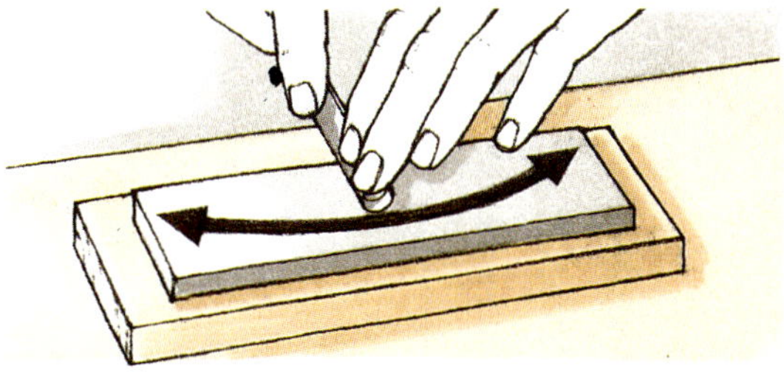

刃返りの除去

内丸のみの刃返りは、水またはオイルを浸したベンチストーンで刃裏を研いで取り除く（左上参照）。曲面に合わせて回転させながら前後に動かすが、刃全体を砥石に平らに押し付けることが大切。

グラインダーによる再研削

刃先が不均等に摩耗したり、刃こぼれしたりしている工具で満足な仕事をすることは不可能だ。そのような刃は、グラインダーでもう一度正確に25度の刃先角を出すところから修理をはじめる必要がある。その作業は、荒砥のベンチストーンでもやれないことはないが、かなり手間と労力がかかる。そんな時、電動グラインダーもしくは電動研磨機が便利。

電動研磨機

高速で回転する砥石によって生じる高熱のため、刃が完全にダメになってしまう場合があるが、この水で冷やしながら500rpmの低速で研削する電動研磨機はその心配がなく、工具の刃先を研磨する機具として一般的である。古いかたちでは、砥石は垂直に取り付けられ、刃先は砥石の木端面で研ぐかたちだったが、砥石が水平方向に取り付けられた新しいかたちのもののほうが、完全に平らな面で刃先を研削できることから、選ばれる場合が多い。粒度1000番の合成の汎用砥石が標準としてつけられているが、荒砥、仕上砥への交換も数秒以内にできる。

高速グラインダー

標準型の据え置きグラインダーは、両側に2枚比較的小さなディスクまたはホイールをつけ、約3000rpmで回転させる。刃先に高熱を生じさせないように、特別にその半分の回転数にしている機種もある。片方に角度を出すための荒砥、そしてもう一方に刃先を研ぐ仕上砥のホイールがついている。ホイールは交換可能。高速グラインダーを使うときは、刃先を数秒おきに水につけて冷やさなければならない。またグラインダーはかならず作業台にしっかりとボルトで固定しておくこと。

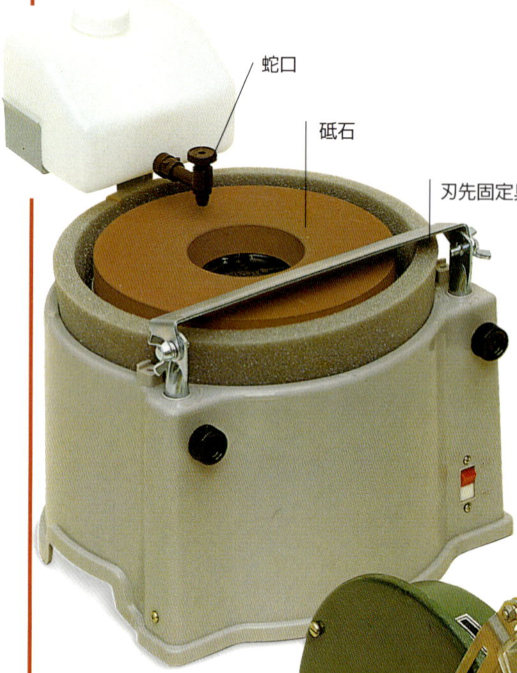

電動研磨機

高速グラインダー

ホイールとディスク

高速グラインダー用のホイールは酸化アルミニウムでできており、あらゆる木工工具の刃先の修理、研磨に使うことができ、荒砥、中砥、仕上砥とある。オーバーヒートの問題を減少させるため、結合剤として?リトファイドを使っているものもある。砥粒がシリコンカーバイドのネオプレーンゴムホイールは、細い丸のみや彫刻刀の研磨にとくに推奨したい。また本革や硬質フェルトの革砥用ホイールや、切削工具の刃先を鏡面仕上げにする研磨用コンパウンドを塗って使用する布ディスクもある。これらの柔らかい材のディスクは、ディスクが刃先から逃げる方向に回転するように刃をあてる。

ドレッサー
(ホイール目立て用)

グラインダーホイールに“光沢”——金属の粒子で目づまりすること——が出だしたら、効果的に研削することができなくなる。その場合はホイールの木端面をシリコンカーバイドのスティックで清掃するか、特殊なダイヤモンドチップの、あるいは歯車がびっしり横に並んだかたちの、ドレッサーでそれを削り落とす。

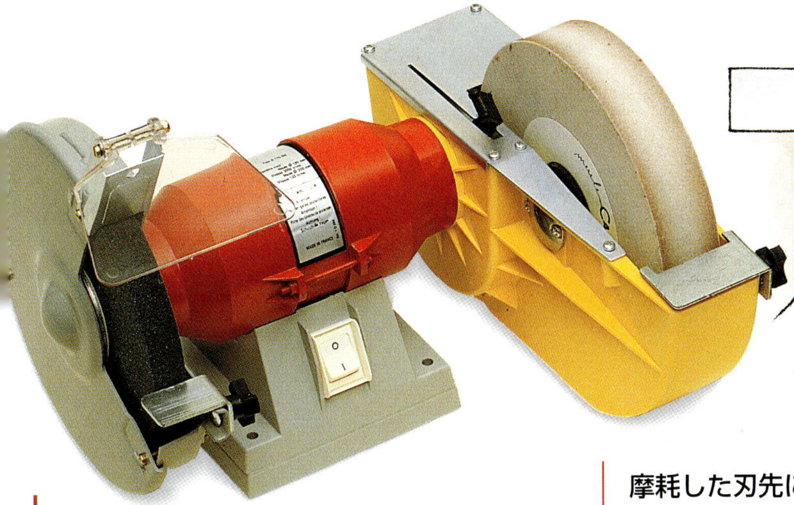

コンビネーショングラインダー

高速グラインダーの利点と低速研磨機の機能を兼備した機具。最も一般的なかたちは、片側では垂直に取り付けた砥石が水槽につかりながら回転し、もう一方では酸化アルミニウムのホイールが高速で回転するというもの。砥石の代わりに研磨ベルト、あるいは刃先を研ぐための幅の広い革砥のホイールをつけているものもある。

グラインダーホイールのドレッシング

光沢が出たグラインダーホイールは、研削速度が遅くなるだけでなく、刃に熱を帯びさせやすくなる。その場合は、ホイールを回転させながら、ドレッサーまたはシリコンカーバイドのスティックをホイールの木端の全面にあてて表面を掃除する。そのときは、かならずフェイスマスクと防護メガネを着用する。ホイールが摩耗したとき、あるいは片減りしたときも同じ工程で修復する。

摩耗した刃先に線を引く

のみやかんなの刃を研磨するときは、直角定規で刃先をチェックする。細いフェルトペンで、刃先の長手方向の辺に直角にガイドラインを引く。

刃を直角に研削する

グラインダーを固定するクランプがすべてしっかりと締められていることを確認して、刃先固定具を研削ホイールの木端から3㎜のところにセットし、スイッチを入れる。防護めがねを着用し、刃を水に浸したあと、刃表を下にして刃を刃先固定具に置く。刃をしっかり握って前方に進め、刃がホイールの研削面に触れたらすぐに、端から端まで横に動かす。刃が熱くならないように数秒おきに刃先を水に浸す。

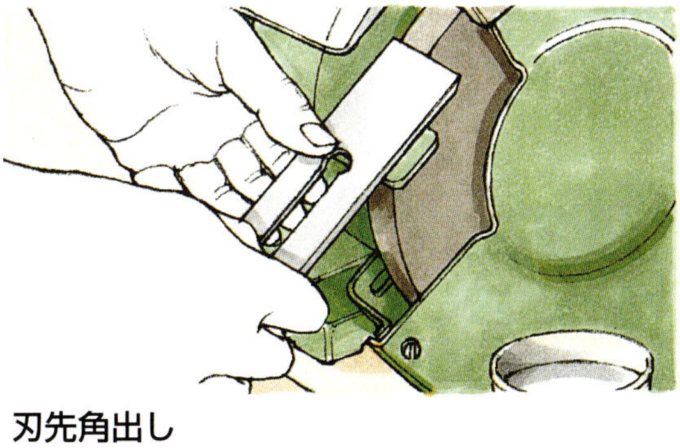

刃先角出し

刃先が直角になったらスイッチを切り、刃先固定具を刃が25度の角度でホイールにあたるようにセットし直す。スイッチを入れ、刃幅全体にホイールがあたるように動かす。やはり数秒おきに刃を水で冷やす。

のこの研磨

切れ味の落ちたのこの修復を完全にしようとすると、歯先出し、あさり出し、研磨と大変な手間と時間を必要とする。そのため多くの木工家は、よくのこが挽き道にはさまれるようになったり、まっすぐ線のとおりに進まなくなった場合には、専門家に修復を依頼する。しかしそれに必要な工具はそう高価ではなく、テクニックも基本的には単純で、十分な練習を積みさえすれば誰でもできるようになる。切れなくなってきたと感じたとき、いつも修復のすべての工程を経なければならないということはない。目立てやすりで数回研いでやるだけで、鈍化したのこが元の鋭い切れ味を取り戻し、満足のいく結果を出す場合もある。手のこも胴付きのこも研磨方法は同じだが、歯の先端が特殊で硬質のものは、手では研磨することができない。細い枠のこののこ身は、なまってきたときは交換した方がよい。

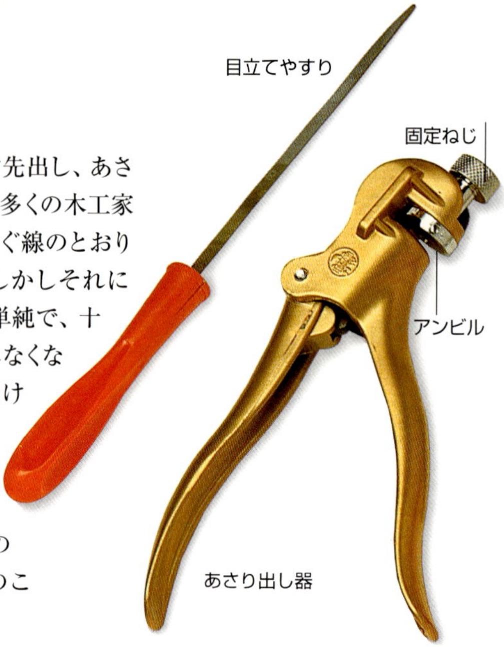

あさり出し器

これはのこの歯を1つ1つ正確に左右に曲げる（あさりを出す）工具 握りをしぼるとピストンが出て、それが歯を、のこ歯の大きさによって調節できる角度の付いたアンビルに押し付け曲げる仕組みになっている。普通のあさり出し器は12PPIまで対応できるが、もっと細かい歯に使えるものもある。拡大レンズつきのあさり出し器もある。

目立てやすり

のこの歯先は、特殊な3角柱のやすりで研磨する。やすりの各面の高さが、歯の高さの約2倍あるものを使う。右上の表は、手のこや胴付きのこを研磨するときのやすりの長さの目安。

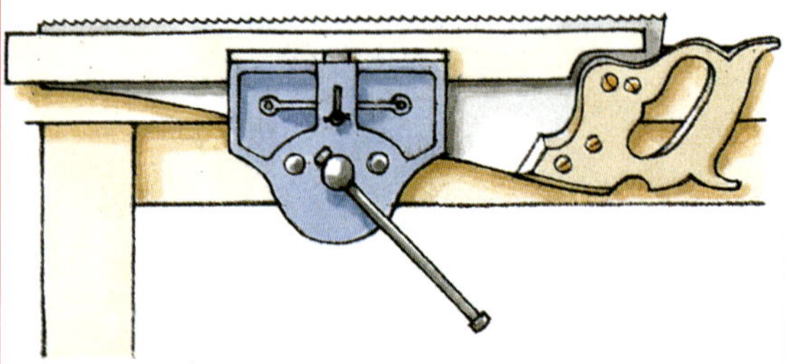

のこの固定

研磨しているあいだにのこが振動しないように、歯底線のすぐ下を2本の横当て木にはさみ固定する。最も長い手のこののこ身を支えられる長さに広葉樹の当て木を切り、一方の端をのこの柄に合わせてカットし、それでのこ身をはさんで作業台の万力で固定する。必要ならば、当て木ののこ先端部にあたる部分をもう1箇所Gクランプで固定する。

目立てやすりの選択表

のこ	PPI	やすり長さ
縦挽きのこ	5〜6	250㎜
横挽きのこ	7〜8	230㎜
パネルのこ	10	200㎜
テノンソー	13〜15	180㎜
ダブテイルソー	16〜22	150㎜

目立てやすりガイド

縦挽きのこ、横挽きのこの歯を研磨するとき、やすりの角度と深さを一定に保つ工具が、この目立てガイド。のこ身の歯側の上に置くと、それが保持しているやすりが歯に直角または適当な角度であたれる。

のこの歯先出し

のこの歯先にそわせてやすりを軽く走らせる。すると歯の先端に小さな輝く点があらわれる。これがのこの目立てをするとき、正確な研磨のためのガイドになる。傷んだのこを修復するとき、歯の高さを一定の高さに合わせるためにこの歯先出しが欠かせないのだ。

まず広葉樹材のブロックに、狭い先細になった追入れを切り、そこに鉄の板やすりを入れ、くさびで止める。これがやすりを運ぶジグになる。そのブロックをのこの歯先に押しあて、歯の上をやすりで先端から後尾までこすりながら、2〜3回往復させる。

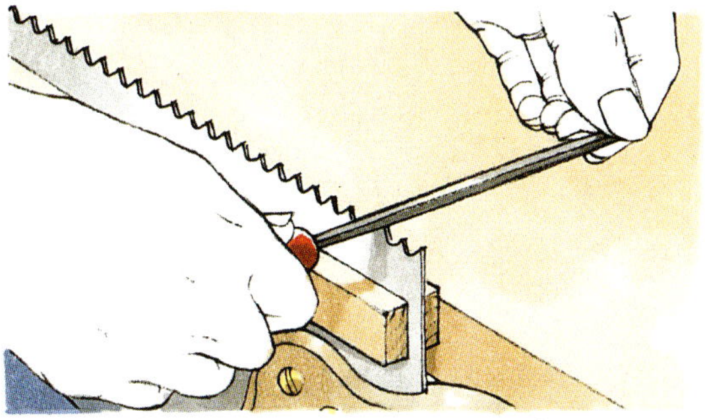

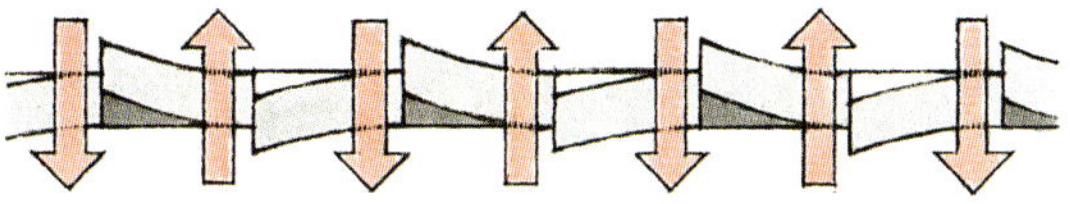

縦挽きのこの研磨

のこの握りを右に向け、当て木のあいだにはさみ固定する。先端側の歯からはじめる。やすりを作業者の反対へ曲がった最初の歯の上、次の歯の歯背面にあてるようにおく。やすりを両手でしっかりと、水平にそして歯に対して直角になるように保持する。往きにだけ力を入れるようにして、歯の先の輝く点が半分くらいなるまで2〜3回やすりを往復させる。歯と歯のあいだの“歯室”に1個おきにやすりをあて、柄まできたら、のこの向きを変え、ふたたび固定し、同じように1個おきにやすりをあてる。明るい点が消えると、できあがり。

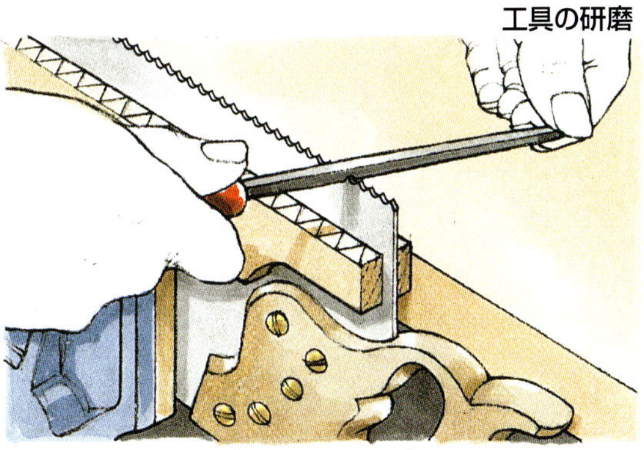

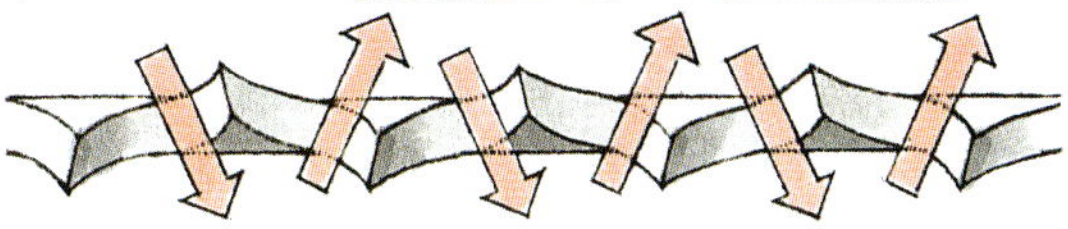

横挽きのこの研磨

横挽きのこの歯も、縦挽きのこの歯と同様に研磨していくが、今度はやすりを、先端を柄のほうに、のこ身に対して65度の角度になるように傾けて置く。両側の固定用当て木に対して65度の平行な直線を引くようなつもりで、やすりを往復させるといい。

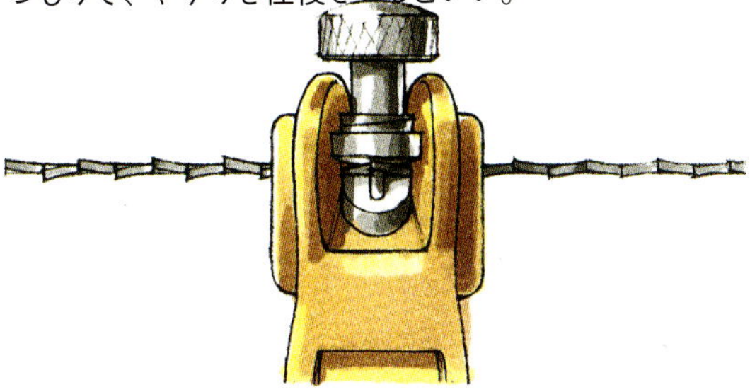

“あさり”を出す

あさり出し器の先端の固定ねじをゆるめ、アンビルを回し、その端に書いてある数字がのこのPPIの数字と合うように調節し、ねじを締める。

どちらの端からはじめてもよいが、あさり出し器をのこ身の上に置き、1個おきに向こう向きに歯を曲げていく。最後まで終わったら、残り半分の歯を曲げていく。

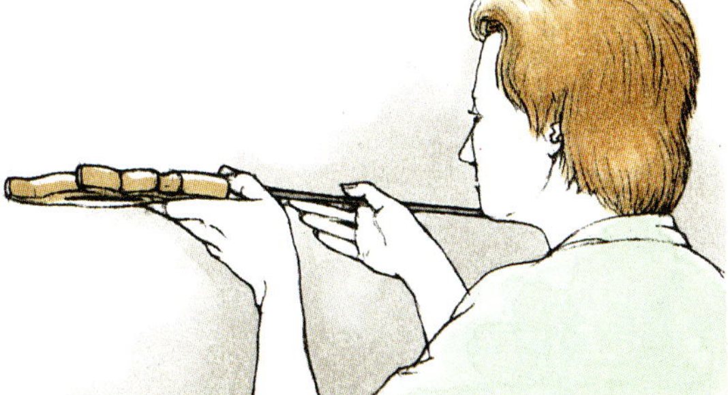

あさりの確認

歯を向こう側にして両手で刃を水平に持ち、まちがって曲げていないかを確認する。

ドリルビットの研磨

木工家は、のみやかんなの刃は定期的に研磨する習慣はあるが、ブレースビットやツイストドリルは無視しがちだ。その理由は単純だ。それらの工具が少しくらいなまってきても、余分に力を入れさえすれば何とかなるからだ。しかしより早く、美しく、正確に穴をあけようと思うなら、やはりこれらの刃も鋭く研磨しておく必要がある。

ブレースビットの研磨方法

センタービットとオーガービットを、細くまっすぐな針やすりを使い研磨する。

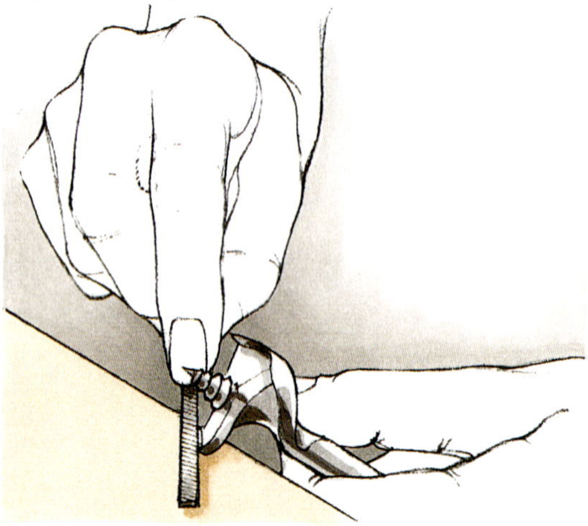

1　スパーの研磨

スパー（けづめ）の内側から研磨しはじめる。どんな場合でもけっして外側を削ってはいけない。というのは、ビットの外径を変えてしまうことになるから。

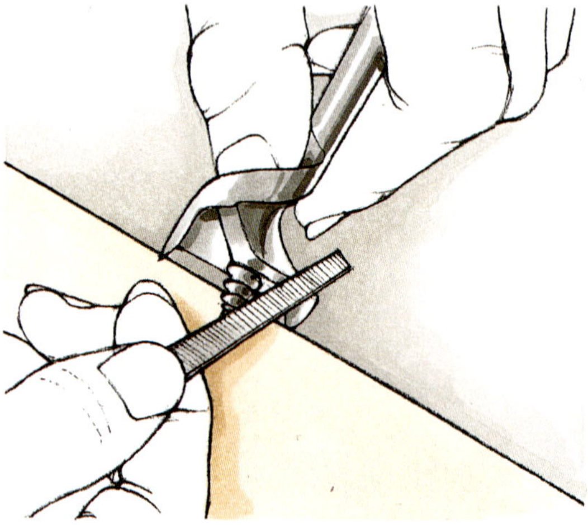

2　刃先の研磨

作業台の上に先端のリードねじを置き、刃先をやすりで研磨する。あやまってねじまで削ってしまうことがないように注意する。

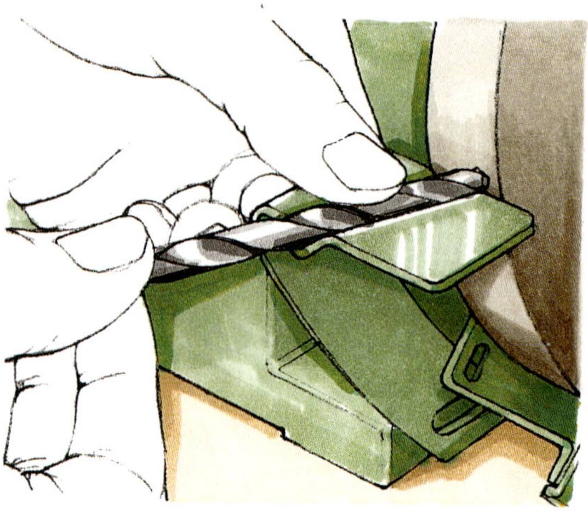

ツイストドリルの研磨

小型の研磨ホイール機に必要な角度でドリルビットをあてるための種々の研磨用ジグがある。電気ドリル用にデザインされたシャープナーもあり、またモーターを内蔵しているものもある。直径12㎜までのツイストドリルに利用することができる質のよいジグ標準の酸化アルミニウムホイールや石工用ドリルを研磨するためのシリコンカーバイドホイールが付属している。

ツイストドリルは作業台据付けグラインダーで研ぐことができる（98ページを参照）。回転しているホイールに対して、ドリルを回しながらあて、全体を均等に研磨する。先端が中心からそれることがないように注意する。

ルーターカッターの研磨

ルーターカッターは砥石で、あるいは刃先が超硬チップになっている場合は、ダイヤモンド砥石またはダイヤモンドやすりで研磨する。かならず平たい面だけを研磨する。そうしないとカッターのかたちが変形してしまうことになる。2本溝のカッターを研ぐときは、各面を均等に研ぐこと。ガイド付きカッターの場合は、ころをはずしてから研磨する。また心棒つきのカッターは、砥石の端で心棒を削ることがないように注意する。

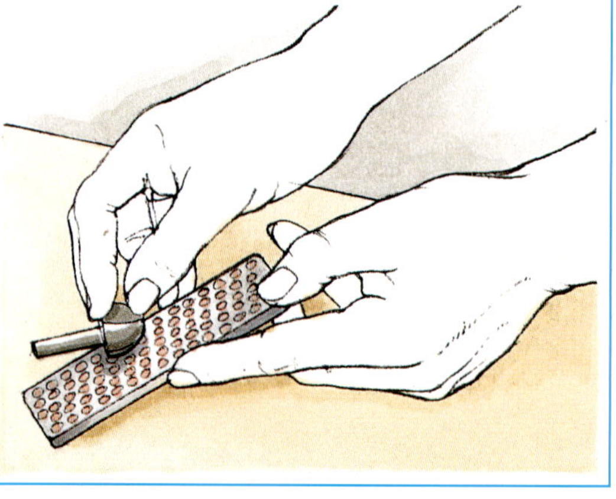

Chapter 12　作業台と作業場

BENCHES & WORKSHOPS

人によっては、作業台は
ダイニングテーブルで十分だ
という者もいるかもしれない。しかし
木工に真剣に取り組んでいる者で、
自分の作業場とそこにある
使い勝手のよい作業台を
望まない者がいるだろうか？
少なくともそれは、食事のために
作業を中断して片付ける必要はない。
頑丈な万力を備えた
堅固に作られた作業台、
それはあらゆる木工作業を
やりやすくし、安全にする。
そしてそれがよく考えられた
レイアウトの、機能的な作業場に
置かれているならば言うことはない。

自宅の作業場

ガレージ、離れ家、地下室などが一般に作業場として使われる。作業場は1階にあるのが望ましい。大きな材木を加工する種類の木工をやっている場合や、大型の機械を入れる予定があるときはとくにそうだ。理想的には、作業場のある建物は、生活の場に持ち込まれる騒音とほこりの量を少なくするために、生活する場所から分離していたほうがいい。しかし、理想的な作業環境を創るために必要な、空調システムや冷暖房設備が必要なら、それを自宅の延長で敷設することができれば、離れて作業場を設けるよりも費用が少なくてすむ。

1　壁掛け収納
作業台から手が届く所に、壁掛け工具棚（114〜115ページを参照）を作り、工具をそこにかけるようにする。また釘、木ねじ、その他の小物は分けてガラス瓶に入れ、棚に並べておくと必要なものがすぐ取り出せる。

2　電気ソケット
作業台の上の適当な場所に、差込口が2個あるソケットを取り付ける。

3　安全管理
ドアと窓は施錠できるようにしておく。それは泥棒対策だけではなく、子供を有毒化学物質や危険な電動機具に近づけさせないためだ。

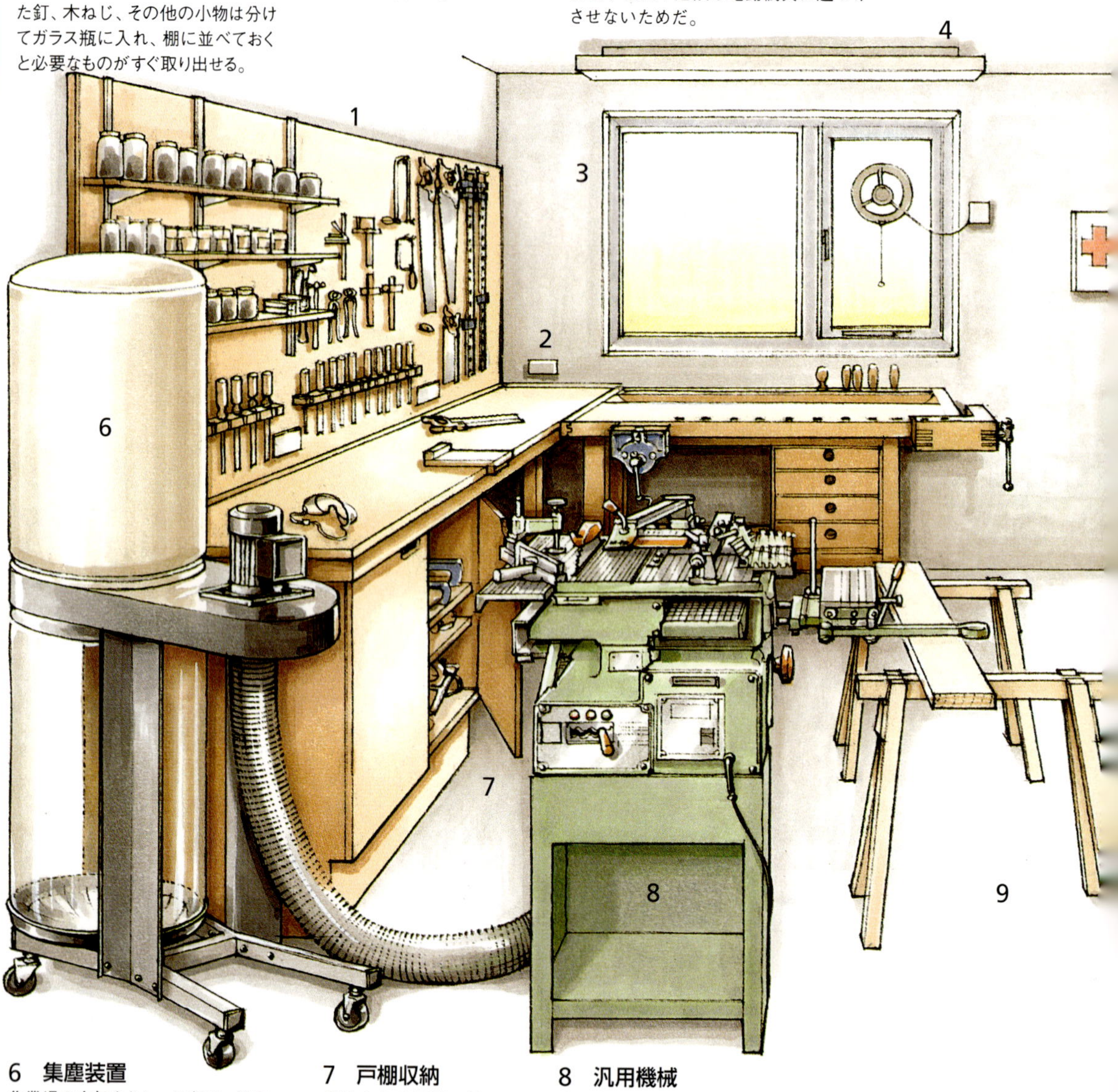

6　集塵装置
作業場の空気をきれいに保ち、健康を損なう可能性のある物質を除去するために、集塵装置は不可欠。電動工具の切屑排出口につなぐ。

7　戸棚収納
重量のある手動工具や電動工具は、低い戸棚に保管する。

8　汎用機械
木工機械は必要だが、あまりスペースがない、というときは、種々の工具の機能を一体化したマシーンの導入を考える。

4　照明

良好な自然光のもとで作業できるように、作業台はできるだけ窓の近くに据える。壁と天井は白いペイントで塗装し、照度を上げるようにする。影が生じにくいように蛍光灯照明にし、単板の合わせと色合わせが正しくおこなえる“昼光色”の蛍光管を使う。蛍光灯の光は、カッターが回転していても回転していないように見せることがあるので、この点は注意する。

5　角材、板の保管

木質ボードは、スペースが許すならば、天井までのパーティションを作り、それと壁の間に横向きに立てて置くようにする。搬入搬出がしやすいように、板類は作業場のドアに一直線になるように保管したい。無垢材や単板はパーティションの柱にボルト止めした、しっかりしたブラケットの上にねかせておく。みじかい短材は、円筒容器にまとめて入れておく。

9　組み立て場所

作品の組み立てや仕上げ作業をおこなうため、作業場の中央には広いスペースがほしい。材を支える移動式の作業台や馬台を置く。

10　開放棚

仕上げ用の塗料や、その他の溶剤は、開放棚に置くようにする。しかし引火性のある溶剤の大きな缶は、別の倉庫に保管するようにする。危険物は、子供の手の届かない高い位置の棚に置いておくこと。

健康と安全

作業場の床に溜まったのこ屑やかんな屑は、火災の原因になるおそれがある。とくに微細なほこりが空気中に浮遊し充満すると、爆発を誘引しやすい環境を作り出し、危険を増大させる。集塵機や工業用掃除機を購入し、微粒子のもとを除去することによって、こうした危険をなくすことが肝要。

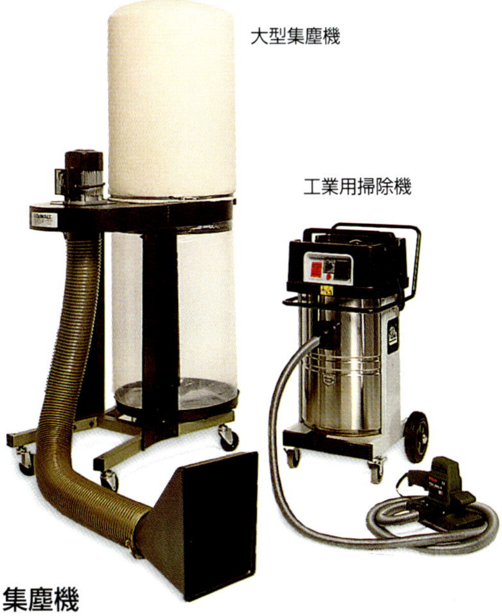

集塵機

小さな作業場には、移動式の集塵機が最適。ホースから吸い取られたほこりは、たいてい機械の上部にある綿のバッグによって濾過され、その下のバッグに貯留される。集塵機のホースの先に種々の取り付け装置をつけ、さまざまな木工機械から直接集塵することができる。

工業用掃除機

長さの違う数本のホースやかたちの異なった吸い取り口のついた、吸引力の強い工業用掃除機は、一般的な作業場の掃除にも、電動工具とつないで切屑を直接効果的に集塵するためにも使うことができる。

安全機器

目を守るために、プラスチックの防護メガネ、ゴーグル、フェイススクリーンなどを着用する。電動工具を使うとき、とくに長時間におよぶ場合は、イヤーマフ、耳栓などで耳を保護する。有害なほこりや揮発物質を吸入しないように、マスクをつける。溶剤の種類によって使い分けるさまざまな種類のマスクが用意されている。また品質のよい消火器、消火布、煙探知機も備え付けておきたい。

作業台

既製品の木工用作業台が、各種販売されている。長さも幅も異なったものが各種揃っているが、高さは81cmが標準。ほとんどのメーカーが、依頼主の注文に応じて高さを変更してくれる。家具職人用作業台が、2種類の万力、さまざまなタイプの工具入れなどを備え、最も多くの使い勝手のよい形を有している。

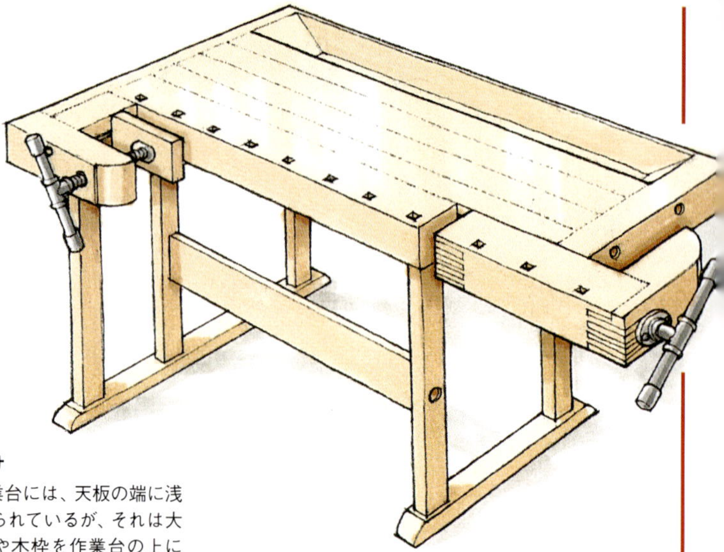

スカンジナビア式作業台

天板

たいていの天板が、ブナ材やカエデ材など硬く木目のつまった広葉樹材を使っているが、合板を使っているものもある。部分的に部材を変えるように注文することはできるが、天板が十分な厚さを持ち、表面の単板が一般的な摩耗、損傷、そしてスクレーパーによる定期的な清掃に耐えられることが条件。この種類の天板のうえに、さらに取り替え用のハードボードを張り付ける人もいる。

工具受け

多くの作業台には、天板の端に浅い溝が作られているが、それは大きな部材や木枠を作業台の上に渡すとき、天板の上の工具を一時的にその溝に入れ、いちいち工具を床に置かなくてすむようにするためのもの。付属の工具用の長い浅箱を天板の横に固定するようになっている作業台もある。

工具用細溝

作業台の後端にある細い溝は、作業中に一時的にのこ、角のみ、ドライバーなどを保管するのに便利。

家具職人用作業台

引き出し

ほとんどのメーカーがオプションで、小工具、研磨紙の残り、木ねじなどを入れるための1段の引き出しをつけている。天板の下全部を扉付き工具収納棚にしているものもある。

台枠

作業台を選ぶときは、台枠が頑丈で安定しているもの、そして天板に横から力をくわえても歪まないものを選ぶこと。

万力

どんな木工家も、少なくとも1台は大きな万力を作業台に据付けておく必要がある。作業台前面、脚の付け根にできるだけ近い所に固定する。これは、万力で固定されている部材に加えられた力によって、作業台が歪むのを防ぐため。

第2の万力

上級の作業台は、もう1台、天板の端に万力を備えている。

家具職人用作業台

ほとんどの作業台は、全部が広葉樹材で作られているが、価格の安い針葉樹材を台枠に使っているものもある。台枠は通常ほぞ接ぎで作った2脚の足枠に、梁材がボルト留めされるかたちで組み立てられている。このかたちは、作業台を移動するときに便利だ。上質な作業台は、すべて厚さが5㎝以上の長方形の天板がついており、万力が側面と端の2ヵ所に据付けられている。

折りたたみ式作業台

作業場がない、あるいは空間が限られているという場合は、必要のないときに折りたたんで収納することができる作業台が便利。それはまた、作業場において馬台としても使えるし、屋外での作業のための携帯用作業台としても使える。

天板は2枚の幅の広い板からできており、そのうちの1枚が万力のアゴの役目をはたし、両側にあるハンドルを回すことによって、先細の材でも、平行な長方形の材でも固定することができる。機種によっては、その同じアゴの板を、もう1枚の上にくるようにセットし、下方向に締め付けることができるようになっているものもある。天板の上にあるドリルであけた穴は、プラスチック製のペグを差し込んでストッパーにするためのもので、特殊な形状の材でも固定することができる。

金属製の台枠は、伸ばすと標準の作業台の高さになり、下の脚の部分だけを折りたためば、大きな材をのこで切断するときのための低い馬台になる。

木工用万力

コンチネンタル式万力は、材をはさむためのアゴが厚い木でできている。別のタイプとしては、鋳物で作ったアゴに、材をはさんだときに締めあとが残らないように木を貼り付けたものもある。また金属製の万力には、レバーをまっすぐ押したり引いたりすると、ねじが解除され、すばやくアゴが開いたり閉じたりする早締め機構のついたものもある（112ページも参照）。

エンドバイスは、その上部にあいている穴と、天板の片側または両側に一定の間隔であいている穴に金属製の当て止めを差し込み、それによって材を作業台にそわせて固定するときに使う。

コンチネンタル式万力

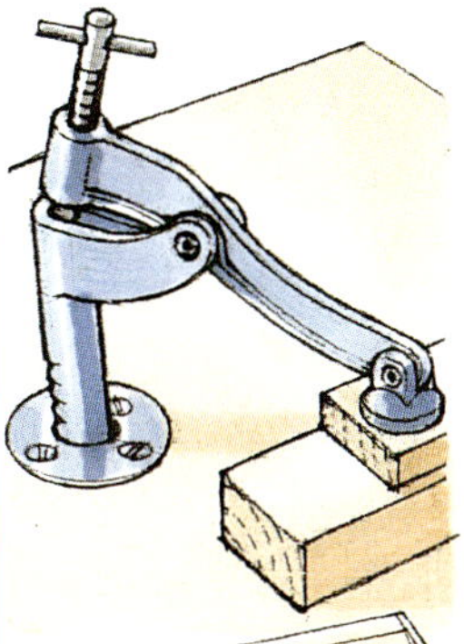

ホールドファスト

材を作業台天板に固定する移動可能なクランプ。ドリルで天板にあけた穴に金属製のカラーを取り付け、それに長い軸を差し込み固定しているもので、ねじを回すと旋回する腕が材を天板に押しつけ固定する。

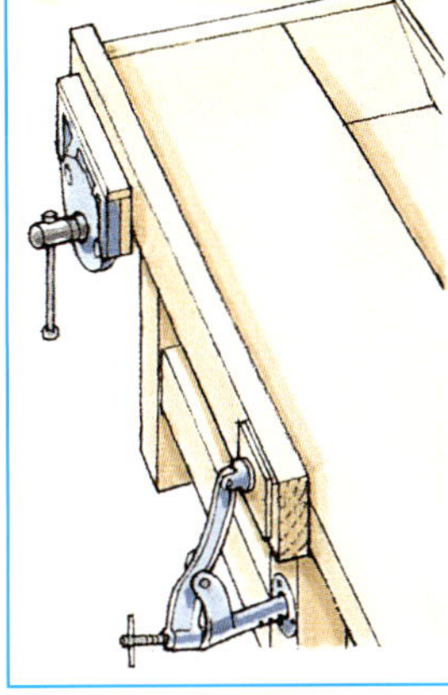

長い材の固定

作業台の脚にもう1箇所穴をあけカラーを取りつけておくと、ベンチバイスとホールドファストで長い材の両端を固定することができる。

のこ挽き・かんながけ用ガイド

のこ挽きやかんながけに役に立つ作業台の備品が販売されているが、自分で手作りすることもできる。材をしっかりと固定するだけでなく、工具を適切な方向に導く役割も果たす。また工具で作業天板を傷つけないためにも必要だ。

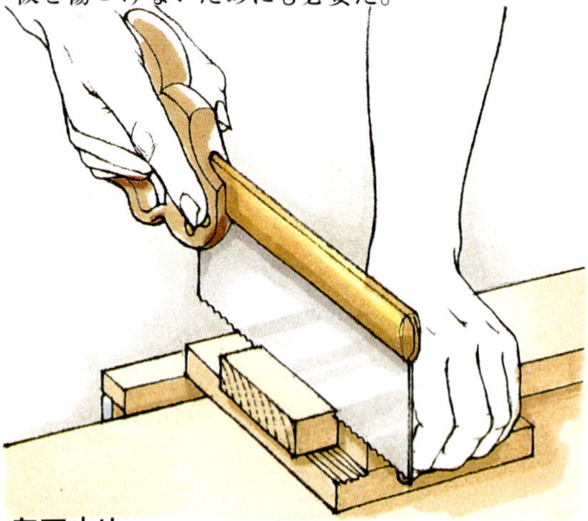

あて止め

あて止めは、胴付きのこで縦挽きるような比較的小さな部材を保持するために使う。作業台の縁にガイドを引っ掛け、材をしっかりと止め木にあててのこ挽きする。底板は材を支え、切断面にそって木繊維が裂けるのを防ぐ。底板の損傷が激しくなったら、ガイドを逆さまにして裏を使う。

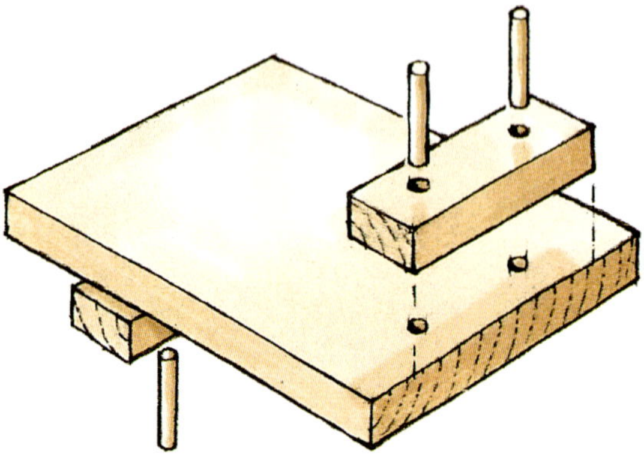

あて止めの製作

ブナ材やカエデ材などの木目のつまった18mm厚の広葉樹材を約25cm×20cmの大きさに切断し、底板にする。幅3.8cm、長さ15cmの角材を2本切断し、止め木にする。止め木を接着剤とだぼで底板の両面に、左右たがいちがいに固定する。止め木は底板の両端から25mmずつ同じ幅で内側に固定されているので、利き腕がどちらであっても同じように使うことができる。

留め接ぎボックス

この単純な工具は、留接ぎのために、とくにモールディングを縦に接ぐときに材を切断するのに使う。垂直に立った側板に溝が切られていて、その溝がのこ身を案内する。中央のボックスの長さ方向に直角に切られた溝は、直角定規で材の上に線を引くことがむずかしいモールディングを所定の長さに切断するときに役に立つ。

1　留めボックスの製作

厚さ2.5cm幅7.5cmのブナの角材を30cm長さに3本切る。1本を底にし、その両側面に端も底面もぴったりと合わせて他の2本を接着剤と木ねじで固定する。接着剤が固まったら、止め型定規と直角定規を使って線を引く（20ページを参照）。

2　溝の切断

5cm×5cmの当て木を対角線に合わせて正確に両側の側板にわたし、クランプで固定してガイドにする。テノンソーののこ身をそのガイドの端にぴったりとそわせて、慎重に溝を切る。当て木をはずし、底板にあたるまで切り進める。中央の直角な線も同様に切断する。

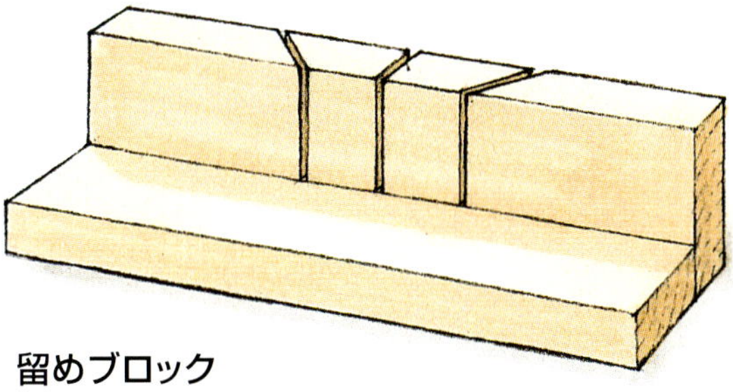

留めブロック

留めボックスのより簡素化されたかたちで、垂直の側板が片側にしかなく、あて止めと同じようにして使う。

削り台

材の木口にかんなをかけるときに使うジグ。直角型と留め接ぎ型がある。材を止め木に固定することによって、台かんなをかけても、木口の端が裂けることがなく、きれいな切削面が得られる。

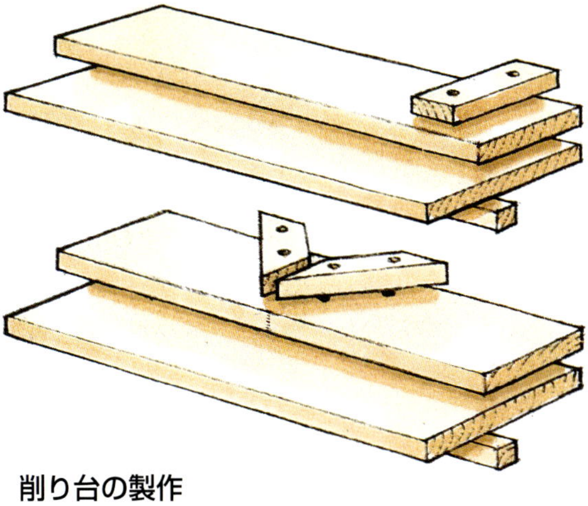

削り台の製作

木目のつまった厚さ2.5cm、幅22.5cmの広葉樹材の板を、60cmの長さに切断する。同じ厚さ、長さで、幅が15cmの同じ木材の板をもう1枚切断する。その板を2枚、一辺と材面を合わせて接着剤で階段状に接着する。

直角型の場合は、一方の端に止め木を段の辺に直角に接着剤とだぼで固定する。留め型の場合は2本の止め木を中央に、段の辺に対して45度の角度で固定する。

底裏面に小割板を付け、万力でそれを固定して使う。またはそのまま平らな状態のものを、作業台のストッパーの間にはさむように固定する。

木挽き台

木挽き台は作業場でのさまざまな作業に、適度な高さの頑丈な台として役に立っているが、本来は、厚板や木質ボードをのこ挽きするためのもの。外側に広がった脚をしているので、使用しないときは重ねて置いておくことができる。

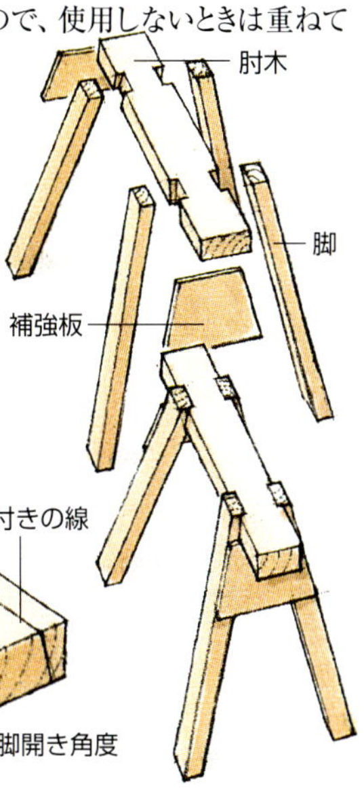

木挽き台の製作

5cm厚で15cm幅の針葉樹材を90cmの長さに1本切り、肘木にする。脚は5cm厚で10cm幅の針葉樹材を使う。床から60cmの高さになるように部材を切断し、組み立てる。

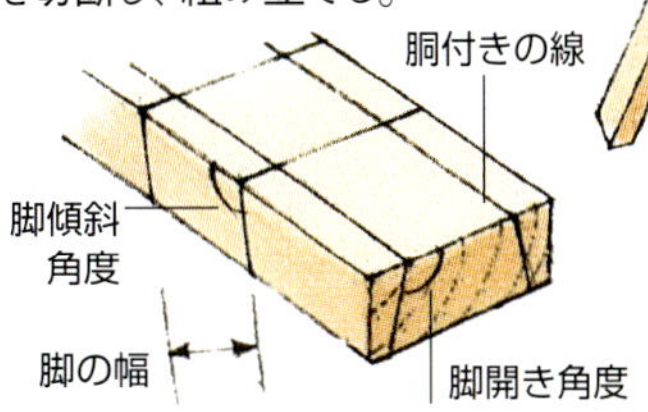

1　追入れの線引き

脚は肘木の端に、複合斜め追入れ接ぎで固定する。スライド式角度定規を105度に合わせ、肘木の上面、端から15cmの点から、脚の傾斜線を引く。脚の部材をこの線に合わせ、材の幅を移すかたちで内側に同じ角度で線を引く。肘木の上面と底面にその線から直角に線を引く。

肘木の木口に、上面の両端から2.5cm内側の点から、スライド式角度定規を使って、脚の開き角度を線引きする。罫引きを使って、胴付きの線を肘木の上面と底面に、材の辺に平行に、脚の開き角度に合うように引き、端材側に影をつける。

2　追入れの切削

脚の傾斜角に合わせて上側から底側までの胴付きの線を注意しながらのこで切り込みを入れる。同じ切り込みを12mm離しながら連続して端材側に入れていく。のみでその端材側を切削する。

3　脚の固定

脚をその先端が肘木の表面から出るようにして、接着剤と木ねじで固定する。12mmの合板を脚の角度に合わせて2枚切断して補強板にし、木ねじで固定する。

接着剤が固まったら、脚を肘木の表面と同じ高さに切断する。馬台を逆さまにして床のうえに置き、全部の脚に必要な高さになるように床に平行な線を引き、切断する。

作業台の製作

作業台は強く堅固に作られていなければならない。天板がたわみやすかったり、台枠がぐらついていたりすると、工具から材に伝わる力が半減し、効率が悪くなるだけでなく、非常に危険だ。

作業台は、頑丈な木材を使い、スペースが許すかぎり大きなものを作る。作業場が狭い場合は、作業場の一方の壁を作業台の一部に組み込むこともできる——とはいえ、自由に動かせる作業台を普段は壁にくっつけておいて、必要なときにそこから離して自由な作業位置が取れるほうがよいことはいうまでもない。

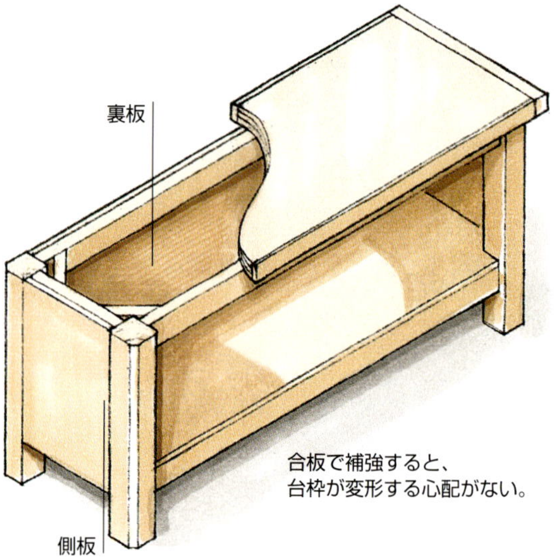

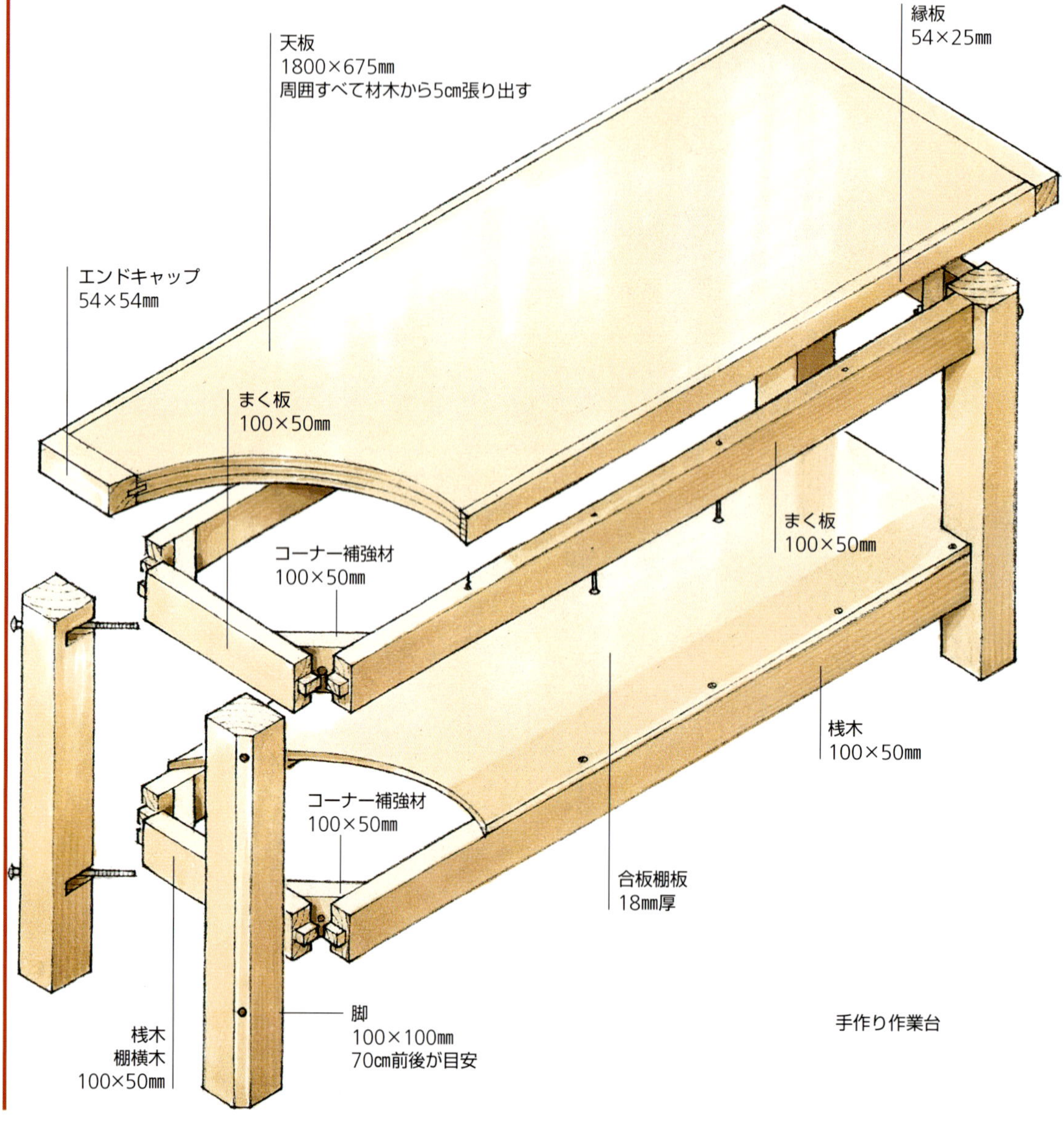

手作り作業台

頑丈な作りに仕上げる

台枠の頑丈さは、大部分材料の大きさと、接合部の強さによって決まる。伝統的な家具職人用作業台や、その現代版の図面が販売されていて、そのような図面には完璧な作業指示書がついている。また、以下のデザインを参考にして自作の作業台を作ってみてはどうだろう。

販売されている作業台は、広葉樹材を使っているが、制作費を少なくしたいときは、針葉樹材の台枠に合板の天板をつける方法もある。ほとんどの作業台がそうだが、この作業台も分解することができる。ここでは単純に、天板の台枠とその下の棚板の台枠を主要構造部材と、それを脚にボルト止めしている。必要ならば合板パネルを台枠の脚部の左右側面と裏側にねじ止めすると、さらに頑丈になる（前ページを参照）。

原寸大図面

木材の仕上げ寸法は、公称寸法が与えられているだけで、業者によって少し違っている場合が多い。各部材の正確な寸法を出すために、購入した材木の寸法に合わせて、脚接合部の原寸大の平面図と正面図を作製する必要がある。

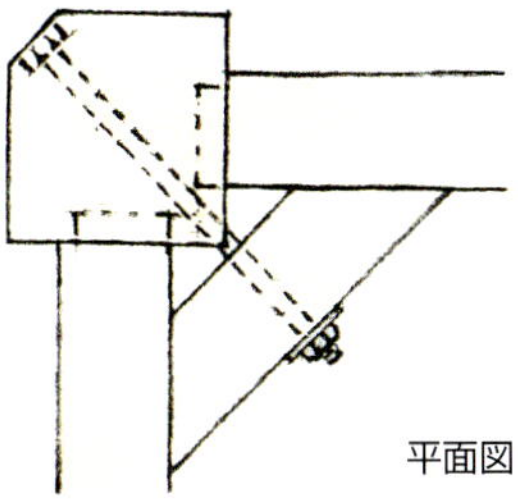
平面図

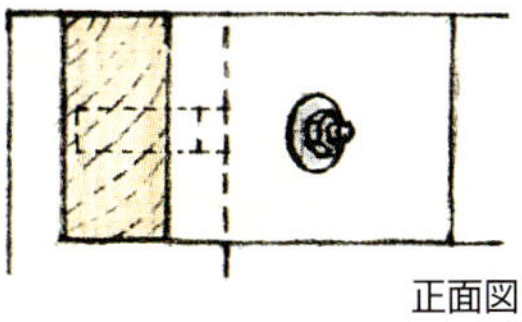
正面図

天板の組み立て

天板は、18㎜厚の合板を3枚、接着剤で接着する。長いほうに広葉樹材の縁板を接着剤で貼りつけ、短いほうには角材のエンドキャップをつける。強度を強めたいときは、エンドキャップに雇いざねを入れ込むようにする。

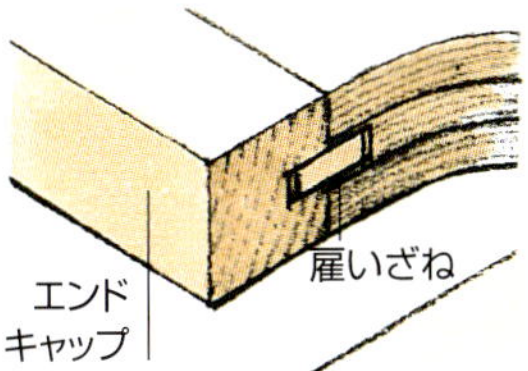

框

各框を短ほぞの長さを含めた所定の長さに切断する。ほぞは横木の見付面から6㎜内側になるように切り欠く。横木は天板の裏側に木ねじで固定する。コーナー補強材を接着剤と木ねじで内側に固定する。

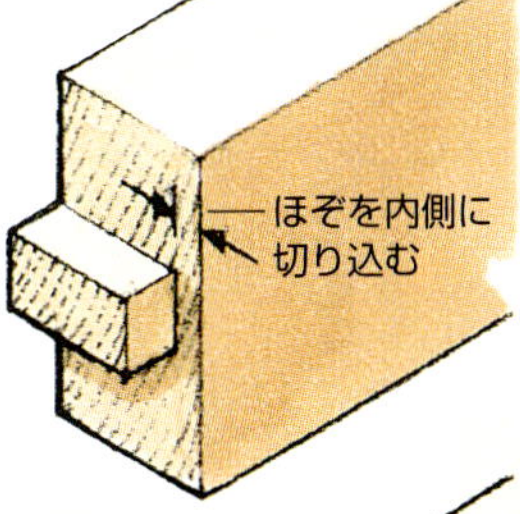

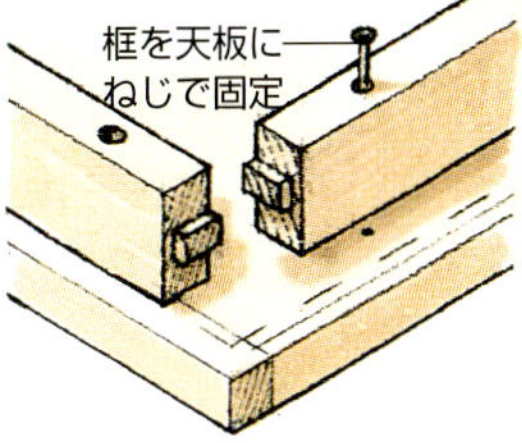

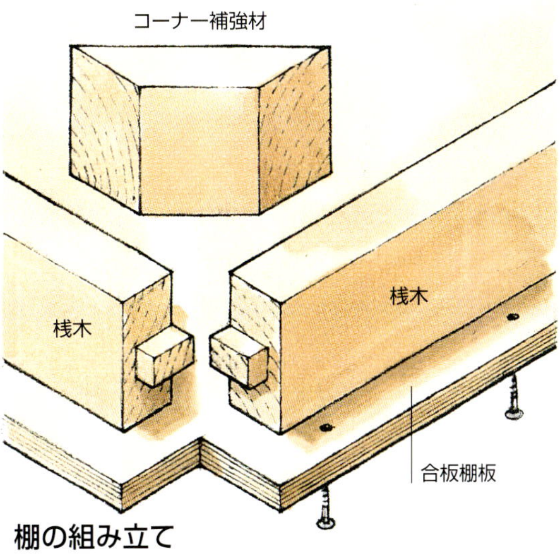

棚の組み立て

天板のときと同様にの桟木を準備する。18㎜厚の合板を必要な大きさに切断し、角を脚を受けるように切り欠いておく。棚板を桟木に接着剤と木ねじで固定し、コーナー補強材も固定する。

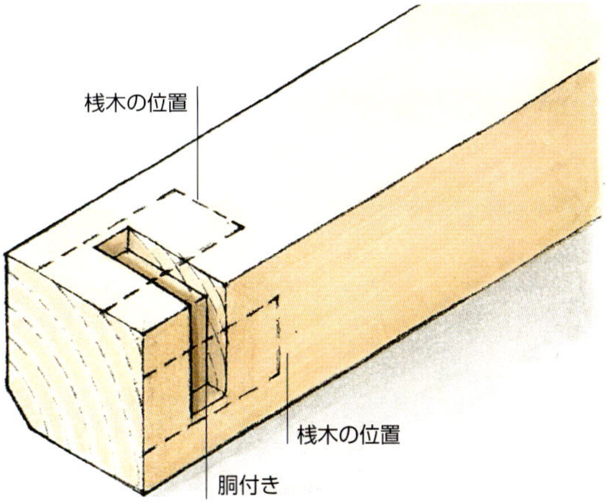

脚の作製

角材を所定の長さに切断し、外側の角を面取りする。内側の側面2方向に、短ほぞを入れ込むほぞ穴をあける。脚部を仮組し、クランプで固定する。座ぐり穴を2つ開け、200㎜のボルトを通す穴を脚からコーナー補強材まで貫通する穴をドリルで開ける。ボルトを通し、座金とナットで固定し、最後にクランプをはずす。

ベンチバイスの据付け

木工用万力の作業台への据付け方法は、固定板への木材の当て板の付け方によって異なってくる。触面が天板の端から出るのと、天板の端面と同じになるものがあり、また、ブラケットで固定板を天板にボルトか、コーチスクリュー(大きな木ねじ)で固定する。ボルト止めする場合は、天板を貫通させるボルト穴をあけ、そのあとを木栓で隠す必要がある。

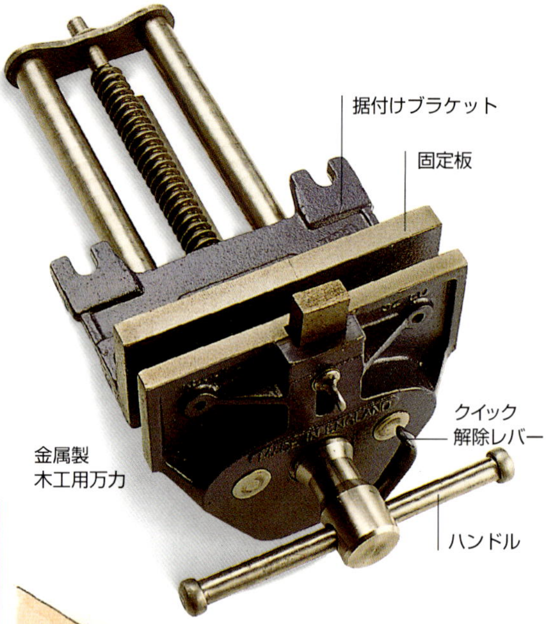

固定板を天板から出す場合

固定板の当て板を天板の端から出すようにすると、不規則なかたちの材でも、天板の側面を気にすることなく固定することができる。

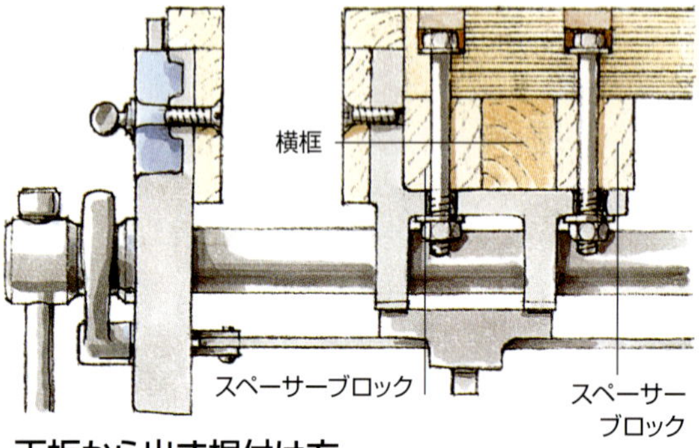

天板から出す据付け方

当て板は、12㎜以上の厚さのある木目のつまった広葉樹材で作る。当て板に笠をダボ接ぎと接着剤で接合し、それにねじ穴をあけ、固定板にあいている穴までねじを差し込んで固定する。天板の横框に万力の据付けブラケットを受け止める切り欠きを作る。当て板の上面が作業台の表面とぴったり水平になる位置まで正確に切り欠く。天板の下、横框の両横に、ブラケットを水平に支えるためのスペーサーブロック(角材)を接着剤で固定する。その角材を貫通させてボルトまたはコーチスクリューで万力を天板に固定する。

固定板が天板に納まる場合

固定板の当て板が、天板の側面にぴったりと納まるかたちの場合、材のもう一方の端を固定するホールドファストと合わせて、天板の側面全体で長い材をしっかりと固定することができる(107ページを参照)。

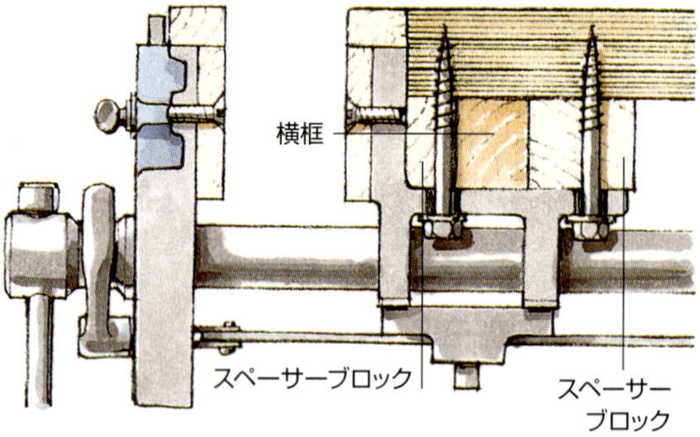

天板に納まる据付け方

当て板の取り付け方法は、前と同じ。固定板が天板内に納まるように、天板の側面を切り欠く。天板の横框に、万力の据付けブラケットを据え付ける切り欠きを作り、スペーサーブロックを固定する。天板の下側から、ボルトまたはコーチスクリューで万力を固定する。コーチスクリューで固定する場合は、かならず最初に案内穴をあけてねじを回し入れること。

工具収納

製作した部品はもちろん、作業場で使われる工具と材料の数は非常に多い。そのため、それらをいかに秩序立てて整理整頓するかが重要だ。工具や材料が散乱している状態では、よい仕事はできず、けがの危険性も高まる。使い終わった工具はすぐに片付けることが肝要だ。そのとき、工具収納がすっきりしていて使いやすく、しかも理想的には、ほとんどのものが手を伸ばせば取れる位置にあると非常に都合がいい。いつも使う工具や材料は、目立つように分類して開放棚に、そして安全に配慮し整然と保管すべきものは戸棚に。

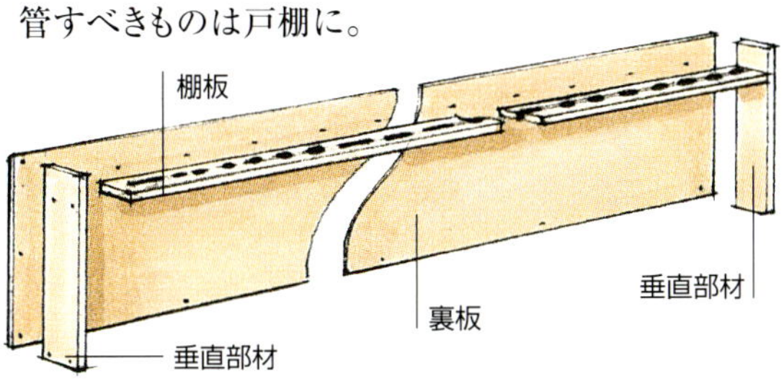

作業台上部据付け工具ラック

18mm厚のMDFを幅75mm切断し、垂直部材と棚にする。裏板は6mm厚の合板を使用。天板からの高さが約30cmになるような寸法に材料を切断し、組み立てる。垂直部材と裏板は木ねじで止める。ハンマー、のみ、ドライバー、胴付きのこなどの手工具を入れるために、棚にドリルで連続した穴をあけ、また溝もいくつかあけておく。ねじで垂直部材と裏板に棚を固定する。できあがったラックを作業台の天板の後部に木ねじで固定する。

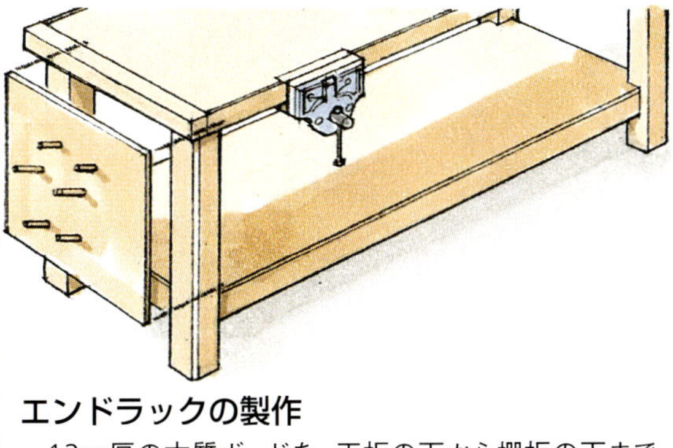

エンドラックの製作

12mm厚の木質ボードを、天板の下から棚板の下まで納まるように切断する。そのボードに工具をかけられるように、適当な位置に印をつけ、ねじ付きのフックまたは掛け釘を上向きに斜めにさして固定する(114-115ページを参照)。できあがったラックを脚の内側に固定する。

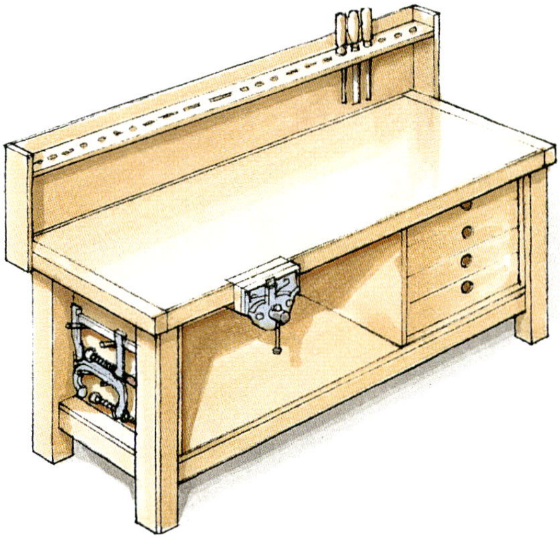

作業台の収納

作業台に工具ラックや引き出しを設置すると、多くの工具を手元におくことができる。ここで示しているアイデアは、110ページに示した作業台を前提にしているが、他の型の作業台にも応用することができる。

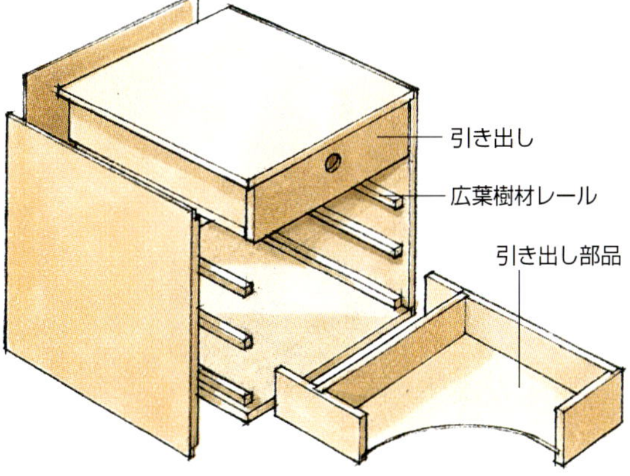

引き出しの製作

ここで示す作り方は、単純な追入れ相欠き接ぎを使っているが、他の方法を使ってもよい。12mm厚の合板を使い、約45cm幅の引き出しを持ち、作業台の天板と棚板のあいだにぴったりと納まる箱を作製する。つぎに必要な引き出しの数と高さを計算する。

12×12mmの広葉樹材のレールを、引き出し前板の底とレールの下の線が合うように箱の側板に印をつけ、固定する。

12mmのMDFまたは合板を切断して、箱に合う引き出しを作る。底板に3mm厚合板を使う。全部の引き出し前板に直径38mmの指がかけられる穴をあけておく。各部材を接着剤とピンで固定して組み立て、接着剤が固まったら、サンダーと塗装で仕上げる。

壁掛け収納

安全性と、ある程度は移動のしやすさという点から、昔から工具は床に置かれた工具キャビネットに保管されてきたが、狭い作業場では壁掛け収納のほうが、はるかに効率よく空間を利用できる。壁掛け式キャビネットや頑丈な木質ボードで作った壁掛けバックパネルに、工具を掛けて収納する方法はいろいろある（104ページを参照）。このページと次ページのイラストで示した方法を参考にして、作業台の上の工具を最も機能的に収納する方法を考えよう。フックやクリップを自由に配置できる穴あきボードを壁に設置すると、いろいろなレイアウトを試してみることができて便利だ。どんな方法を取る場合でも、工具を個々に、あるいはセットで収納するためのラックや支持板を作るときは、合板、MDF、木目のつまった広葉樹材など、強固な材料を使うことが肝心。

溝付き垂直材

キャビネットスクレーパーやスチール定規、やすりなどは、溝を付けた2本の垂直材を壁に固定して、その間に渡すようにして収納するといい。垂直材の間が広く取れる場合は、端金も収納することができる。溝は45度の角度で入れ、溝の幅は収納する工具に合わせる。

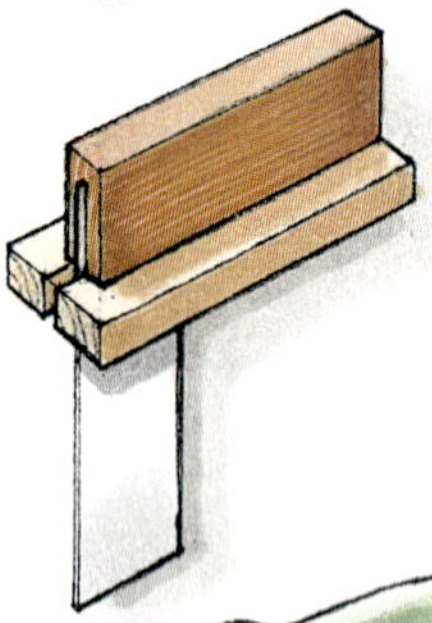

溝付き小棚

スライド式角度定規や直角定規のような規矩は、溝のついた簡単な小棚を作り、そこに差し込んで収納するといい。

縁板つき小棚

簡単な縁板をつけた小棚は、直角定規、繰り子、糸のこ、あるいはその他の枠のこなど（37ページを参照）、種々の工具を掛けたり、置いたりすることができる。またこの種の小棚で、台かんなを収納することができる。1対になった小棚を組み合わせるが、一方にはかんなの先端近くの丸いノブ、または角が入る深めの丸い切り欠きを入れる。下の小棚を固定した後、実際にかんなをおいて、固定しやすく取り出しやすい適当な位置に上の小棚を固定する。

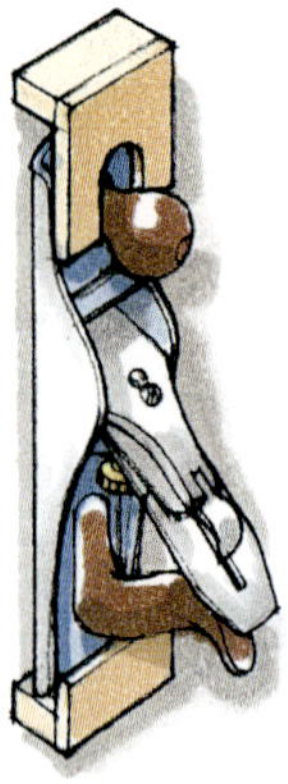

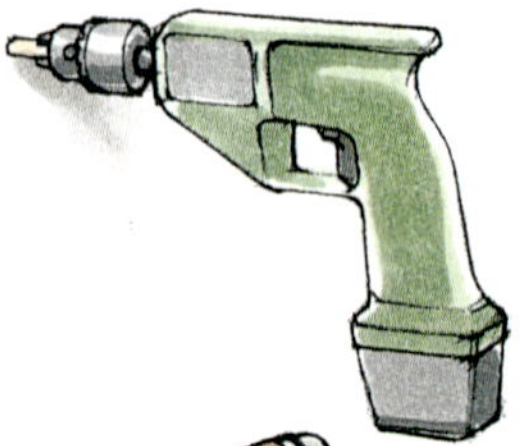

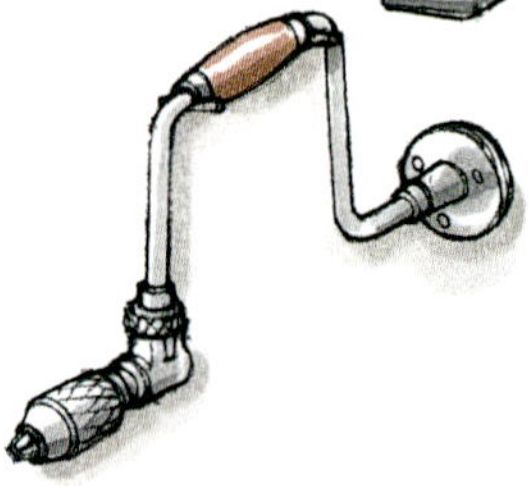

掛け釘を斜めにさす

木製の掛け釘を単独で、または組み合わせてさまざまな工具を収納するために使うことができる。かなり厚いバックパネルに、工具の大きさと重さに合わせて直径6、9、12㎜の細いダボ釘を受け止める穴を、角度5度でダボが上向きになるようにあける。

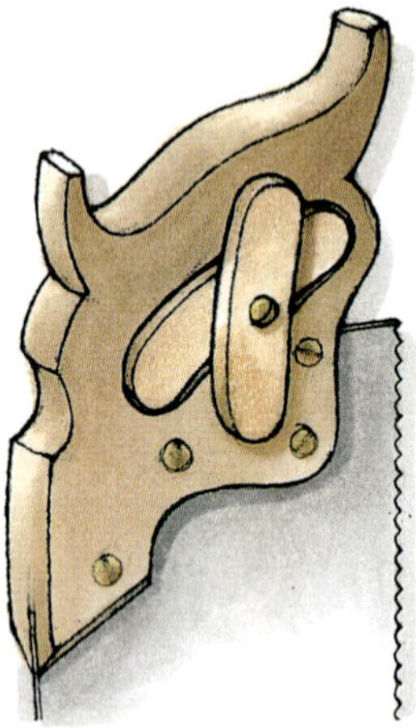

ターンボタン

のこはターンボタンを使って柄で固定すると、場所を取らずしっかりと固定することができる。のこの柄の内側の穴のかたちを、固定用ブロックとひねりボタンにする材料に写す。固定用ブロックは、柄の厚さよりも少し厚めの材を使い、ボタンは6㎜の合板で作る。ボタンをねじで固定ブロックの中心に固定する。

穴あきブロック

ドリルビットやルーター用カッターは、木のブロックに穴をあけ、その穴に入れて収納する。階段状にブロックを組み合わせて使うと、ビットやカッターが見分けやすくて便利。

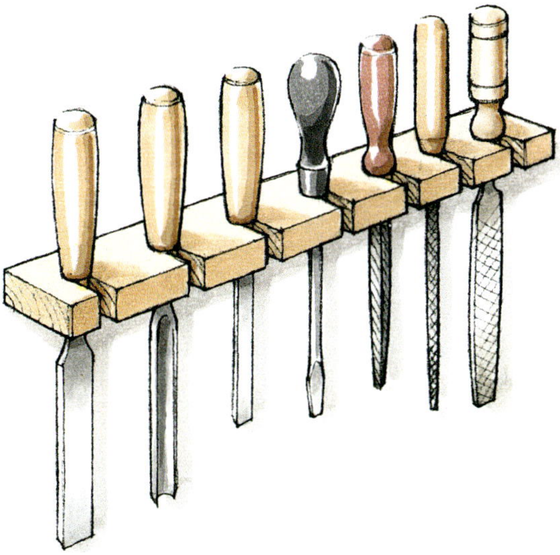

穴・溝つき横木

のみ、ドライバー、ヤスリなど柄がまっすぐついている工具にピッタリの収納法がこれ。桟木に柄の基部の口金に合わせて、ドリルで必要な数の穴をあける。つぎに工具を取り出しやすいように、桟木の端からその穴に向けってまっすぐな溝をあける。接着剤とねじで桟木をバックパネルに固定する。

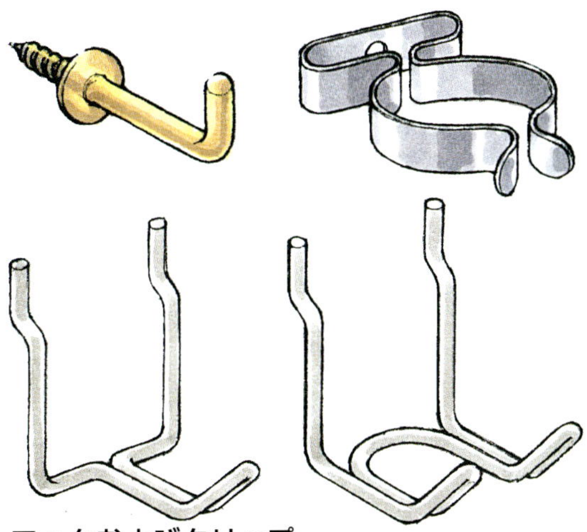

フックおよびクリップ

頑丈なバックパネルに、金属製のねじつきフックや大きさの異なったスプリングクリップを固定すると、さまざまな工具を収納することができる。また既製品の穴あきボードにさし込むフックもいろいろな種類のものが販売されている。またペグボードと呼ばれている市販の有孔ハードボードを使って独自の収納パネルを考案するのもいいだろう。ハンガーのワイヤーを使ってシングルまたはダブルのフックを作ることもできる。

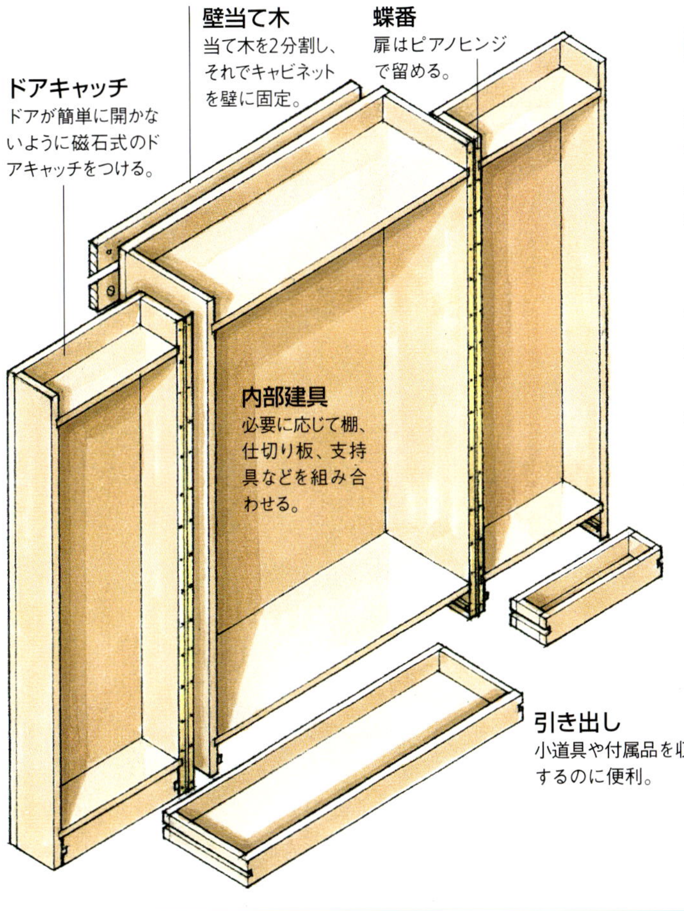

ドアキャッチ
ドアが簡単に開かないように磁石式のドアキャッチをつける。
壁当て木
当て木を2分割し、それでキャビネットを壁に固定。
蝶番
扉はピアノヒンジで留める。
内部建具
必要に応じて棚、仕切り板、支持具などを組み合わせる。
引き出し
小道具や付属品を収納するのに便利。

壁掛け工具キャビネット

以下に示す寸法を参考にして、自分の必要にぴったり合った工具キャビネットを作ってみてはどうだろう？　収納する工具の種類や数によるが、ここでは高さ90㎝、幅60㎝のものを紹介する。

扉を閉めたときの奥行きは、30㎝を超えないようにする。工具が取り出しやすいように、扉は観音開き収納扉にする。材料は12㎜または16㎜のMDFあるいは同等の木質ボードを使用する。下部の小引き出しはオプション。キャビネットは45度の斜角で2分割した当て木で壁に固定する。下側を壁にねじ止めし、もう1枚をキャビネットの裏側に接着剤とねじで固定し、それを合わせるようにして壁に掛けるという仕組み。キャビネットの底の少し上に、同じ板のスペーサー用の当て木をねじ止めし、キャビネットが壁につかないようにする。

携帯型工具収納

木工家の大部分が、自分の仕事のやり方に合わせて整頓した作業場で仕事をするときが一番よい仕事ができると言うだろう。しかし場合によっては、工具を現場に持っていくほうが便利なとき、またそうすることが必要なときがでてくる。そんな時、手提げ工具袋、工具箱、大工用工具ベルトがあれば便利だ。ただし、のこ、のみ、その他の工具の鋭い刃先はしっかりカバーをつけておくことが不可欠。のみや、大型のドリルビットのセットなどは、ポケットつきのキャンバス生地の巻物に収納する。のこは、特別誂えの布製ののこ入れ袋を購入できるが、書類用のプラスチック製バインダーを改良してカバーを作製したり、溝のついた当て木にはさんで輪ゴムで留めるなどのお金のかからない方法もある。

革の袋がたくさんついたベルト。
さまざまな手工具を持ち歩くことができる。

手提げ工具袋

キャンバス生地か革でできていて、袋の底は補強され、手提げも頑丈にできている。大きさは各種あり、また工具が互いにぶつかり合って破損しないため、そして小工具や付属品を整理しやすいようにポケットが多くついている。重くなることが多い場合は、肩かけ用の帯がつけられるものが便利。

工具ベルト

最低限必要な工具を現場に持っていきたいとき、またはしごを昇らなければならないようなとき、工具ベルトが重宝する。工具1個ずつの、たとえば釘抜きハンマー用、電気ドリル用といったベルトもあるが、釘やねじを入れるポケット、ハンマー、ドライバー、定規などを入れるいろいろな大きさのループのついたものが応用がきいて便利だ。

工具箱

木工用の工具を入れて運ぶための、金属製あるいはプラスチック製のトレイつきの工具箱が多く販売されている。これを使うときは、かならず工具の刃先はすべて布や板で保護することが肝心。小工具入れのトレイをふたがわりにした工具箱を自作するのもいいだろう。右の図を参考に、自分の必要に合った大きさのものを合板で作ってみよう。大きさによりけりだが、木挽き台にもなるし、強い板を渡せば、踏み台にもなる。

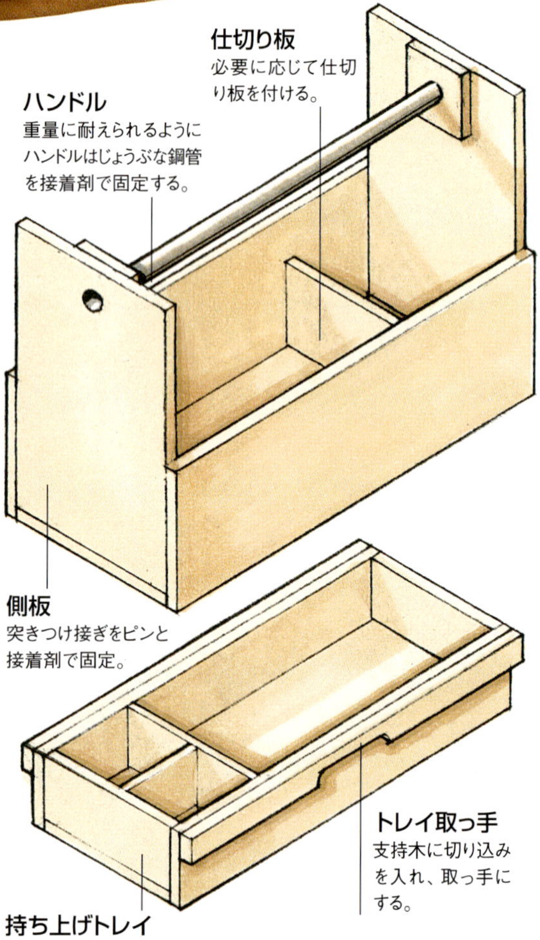

仕切り板
必要に応じて仕切り板を付ける。
ハンドル
重量に耐えられるようにハンドルはじょうぶな鋼管を接着剤で固定する。
側板
突きつけ接ぎをピンと接着剤で固定。
トレイ取っ手
支持木に切り込みを入れ、取っ手にする。
持ち上げトレイ

工具箱に合うように仕切りつきトレイを作る。

合板工具箱

Chapter 13
日本の工具

JAPANESE TOOLS

のこ、かんな、のみなど、
使い方がまったく
異なっているにもかかわらず、
ヨーロッパやアメリカの
木工家たちは、
日本の工具に熱狂的に
ひきつけられている。
工具を作る鍛冶の
なかば伝説化されている
技巧のせいもあって、
コレクターも木工家もひとしく
日本の工具の品質の良さを
賞賛してやまない。

日本ののこ

日本ののこは引くときに切るように作られているため、西洋のものよりものこ身が薄くできている。またその歯は、細くあさり出しされているため、挽き道はかなり狭い。最高級品は、摩擦を少なくするためのこ身にテーパーがつけられており、また真直ぐな柄には、竹を裂いた細い帯が巻かれていることがある。

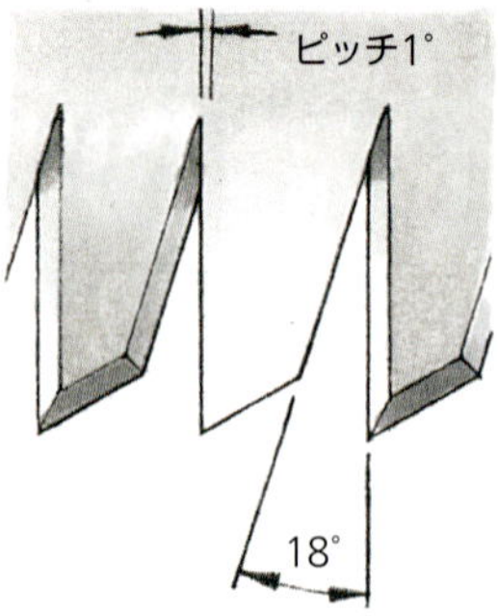

日本のこの横挽き歯

日本のこの横挽き歯は、西洋のものにくらべ、背が高く狭い。また歯の先端には3つ目の切れ刃がある。西洋ののこメーカーのなかには、押すときに切る西洋型ののこにこの歯をつけたものを販売しているところもある。

片刃のこ

両刃

胴付きのこ

回挽きのこ

片刃

西洋のハンドソーにあたるもので、まっすぐ線にそって挽きやすいように、幅の広い刃に縦びきか横びき、どちらか一方の歯がついている。

両刃

刃の両側に縦びきと横びきの歯がついている組み合わせのこ。のこを変えることなく、縦びきも横びきもできる。しかし最も手前側の歯で挽き道の両側を刻むことがないように、刃は比較的浅い角度で引かなければならない。そのため角材を切り出すとき、4回方向を変えて切り進める必要がでてくる場合がある。

胴付き

西洋の胴付きのこと同じ働きをするもの。23PPIのほぞびきのこは、ほとんど木目を引き裂くことなしに、完全に繊細な挽き道を作る。挽きはじめの挽き道を正確に出すため、刃の手前側に向かって歯が小さくなっている。

回し引き

先細の刃を持つこののこも、西洋のものとよく似ている（37ページを参照）。しかし引くときに起こりがちな刃のたわみはこちらのほうが少ない。

かんな

日本の木工かんなは、シンプルな広葉樹材の台に、鋼を張り合わせて鍛造したかんな刃と裏金がついただけの簡単なつくりだ。しかしこの裏金こそが、刃が進むときに木繊維を引き裂くことがないように、かんな屑を折り、きれいに巻く重要な役割を果たしている。裏金止めは裏金を刃に対してしっかりと固定するもの。これらのかんなは西洋のものとさほど異なった形状はしていないが、かんながけの方法はかなり異なっている。日本の木工家は、かんなを引くときに木材を削る。正しくセットされたかんなは、材の端から端まで切れることのない美しいかんなクズを作り出すことができる。

かんな

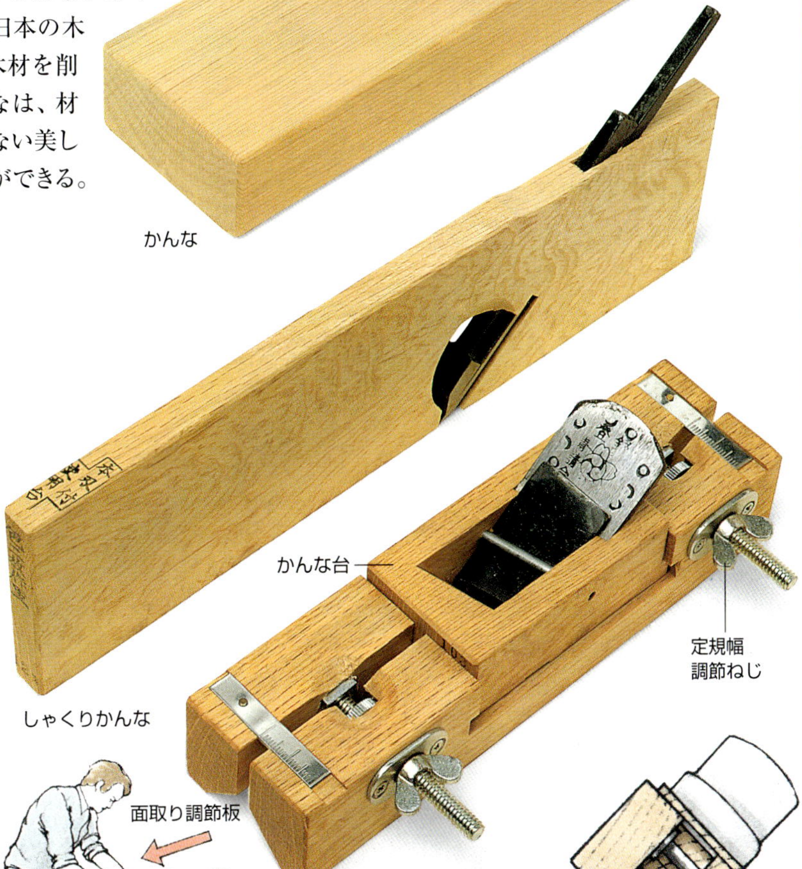

しゃくりかんな

切り面かんな

かんな

西洋の台かんなに相当するかんなは、長さが7.5㎝から65㎝までのものがある。大きなかんなの台の下端は、材との摩擦を減らすため、刃の前と後にくぼみが作られている。刃は鋭い切れ味を生みだす高炭素鋼の薄板に、炭素含有量が低く衝撃を吸収しやすい軟鉄の裏打ちがしてある。刃の裏側にはへこみが作られていて、ラップ盤や砥石（96ページを参照）で平たく研ぎやすいようになっている。刃を調節するには、経験によってしか得られないコツが必要。たとえば、厚いかんな屑を削りだしたいときは、刃の頭をハンマーまたは木槌でたたく。切削を切込み量を小さくしたいときは、台尻をたたく。

しゃくりかんな

日本のしゃくりかんなは、カシ材の幅の狭いかんな台に、台の横幅と同じ幅のかんな刃がついている。

日本のかんなの使い方

日本の木工家は伝統的に、重い梁の片方を三角に組んだ架台で支えて携帯型作業台にし、その上に材を置き、その横に立つ。梁のもう一方の端は、壁や木の幹などで支える。材にそってかんなを後方に引くときに削る。

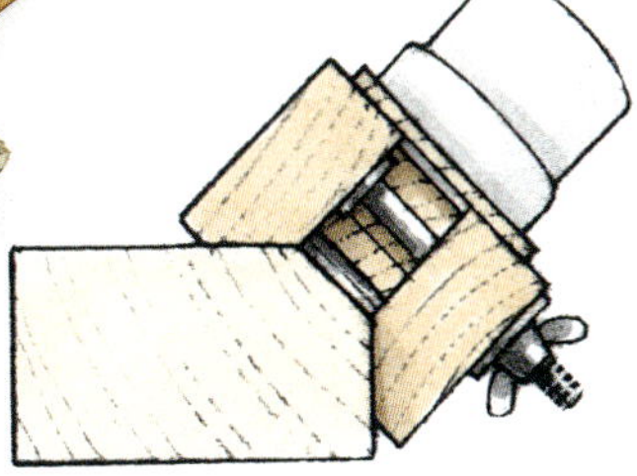

切り面かんな

日本人は非常に多くの特殊な縁飾り用かんなを使っている。その1つがこの面取り用かんなで、2枚の定規が面取りする幅に合わせて刃の出し幅を調節する。刃のついたかんな台は、2枚の定規をつなぐ橋のように横から挿入される。材の角に、どちらの定規も材の表面に接するようにあてて使用する。

のみと丸のみ

かんな刃同様に日本のみの刃も鍛接の技術で作られている。刃裏にへこみのある刃、首、中子はすべて一体で鍛造されており、広葉樹材の柄と強く接合されている。その接合部はさらに、深い先細の口金で補強されている。

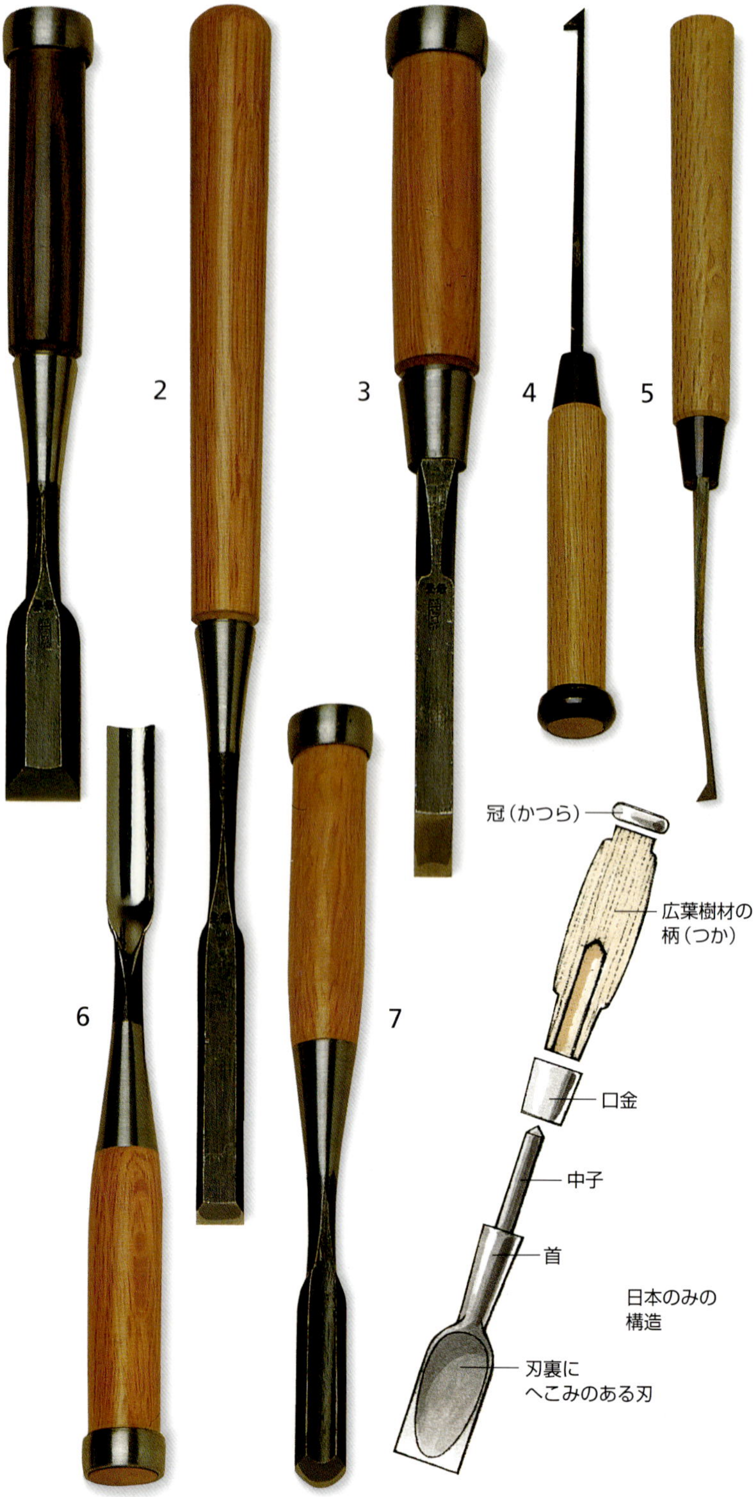

1　追入れのみ
西洋のファーマーのみにあたるもの。刃の外側に斜角がつけられているにもかかわらず、木槌で叩き込むことができる強度を持つ。

2　薄のみ
比較的軽量ののみで、両手で握って切削するためのもの。

3　向待ちのみ
西洋のほぞ穴のみと非常によく似ている。深いほぞ穴が彫れるように厚い矩形の刃を持つ。

4　もりのみ

5　底さらいのみ
ほぞ穴の側面や底をきれいに切削するときに使うもので、切り屑を取り出す掻出しがついている。

6　内鋼（うちはがね）のみ
木槌で打ち込むのみ同様に、日本の外丸のみも柄が割れないように柄の頭にかつらが巻いてある。

7　追入れ裏丸のみ
丸いきわを彫るための内丸のみで、厚い刃の外側が平たくなるように斜角に研がれている。

日本のみの構造

Chapter 14
木彫家の工具

CARVER'S TOOLS

素晴らしい彫刻作品を
創造する能力は、
たんなる技術的問題を超えている。
しかし特殊な木彫用工具を
使いこなすことが最低限必要だ。
この章では完全な立体彫刻から
薄肉彫りまでに使われる、
のみ、丸のみ、
その他の工具について
紹介していく。

木彫用のみと丸のみ

標準的な角のみや丸のみを使えるならば、木彫工具をすべてセットで購入する必要はないだろう。しかし木彫用工具は通常の木工用のみと違い、木をさまざまな角度で彫ることができるように、通常両刃になっている。平刀は刃先の両面が同じ角度に斜角がつけられているが、丸刀や三角刀は、刃先の外側のほうが大きな斜角がつけられている。他の木工用工具と同じく、木彫用工具も刃先はグラインダー仕上げになっているが、仕上げ研磨はされていない。

標準的な平刀と丸刀は、合わせて10種類くらいの刃先形状があり、また刀身のかたちも5種類ほどあり、大きさも各種ある。最初から全部揃える必要はなく、数種類あれば十分だ。

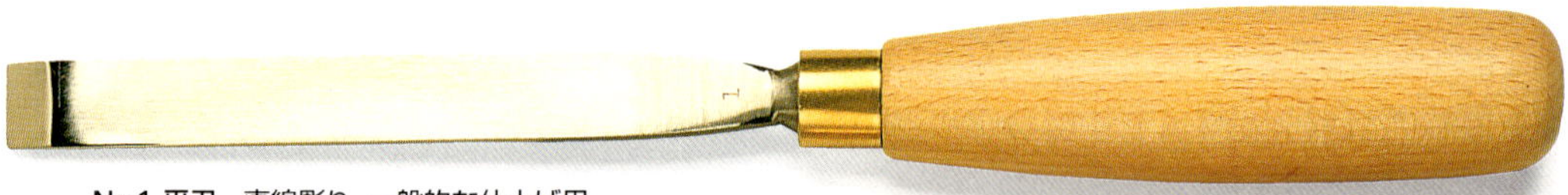

No1 平刀　直線彫り、一般的な仕上げ用

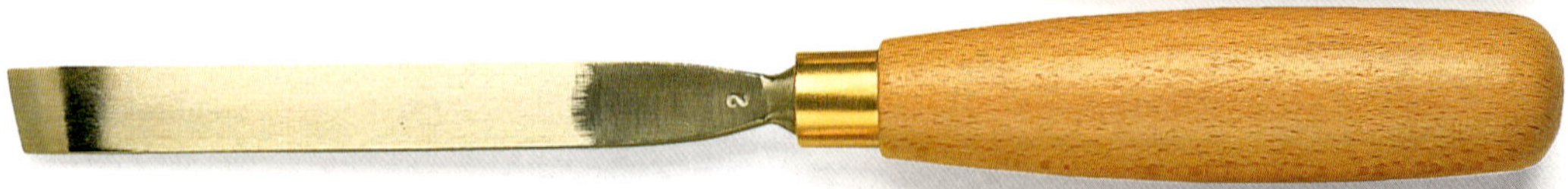

No2 印刀　角の隅を鋭角に切り取る

No3 丸刀　精巧な彫り用

No9 丸刀　廃材をすばやく除く

No10 丸刀　溝彫り、一般的な仕上げ用

No14 曲丸刀　くぼみを作る

No21 平刀、スプーンベント　深いくぼみの仕上げ用

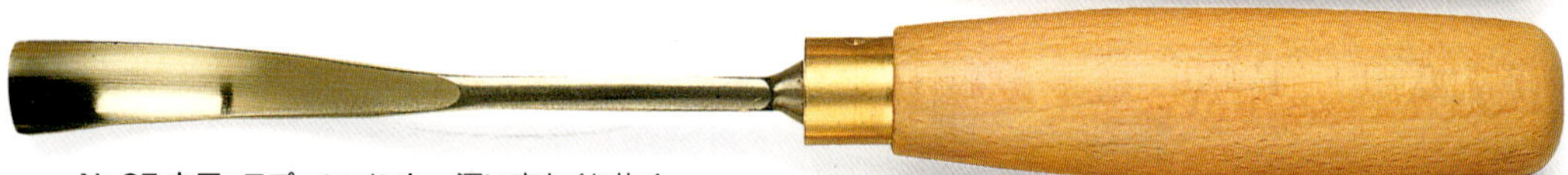

No27 丸刀、スプーンベント　深い穴をくり抜く

No39 三角刀　溝彫り、文字彫り用

1　右利き用印刀スプーンベント
2　左利き用印刀スプーンベント
3　丸刀バックベント
4　平刀ドッグレッグ
5　丸刀フィッシュテイル
6　羽型三角刀
7　曲箱型刀
8　へり上がり刀、スプーンベント

切削面

彫刻刀にはさまざまな刃先形状を持ったものが揃っており、どれも特殊な用途に合わせてデザインされている。最も一般的なものが、平刀と丸刀で、どちらも削りだしと、おおまかな成形に用いられる。平刀の一種で、刃先が斜めになっているものが印刀で、角の細かい部分を仕上げるときに使う。深丸刀は側面が深く湾曲している丸刀。三角刀はV字型の刃をしており、溝を彫ったり、文字の輪郭を彫ったりするときに使う。45、60、90度の角度のものがある。また側面が鳥の翼のように開いた羽型三角刀もある。箱型刀、へり上がり刀は、矩形の断面をもち、底の平らな穴や溝を彫るときに使う。箱型刀が側面が垂直に立っているのに対して、へり上がり刀の側面は角が取れている。

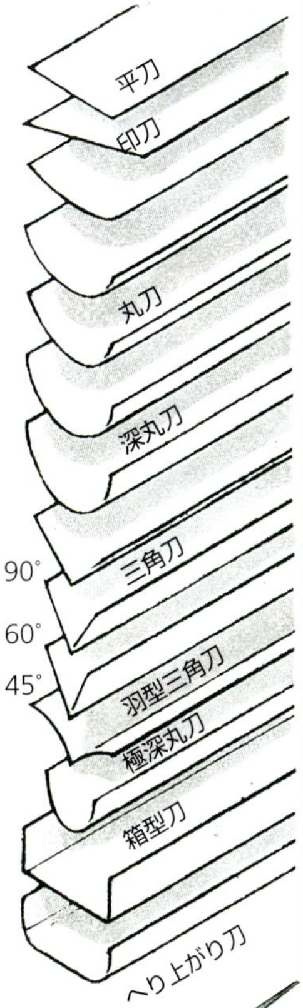

刀身の形状

彫刻刀には、切削面だけでなく、その刀身の形状も異なったものが揃っている。まっすぐな刀身だけでなく、丸くくぼんだ穴を彫ったり、底の部分を削ったりするために、刀身が曲がっているものが多くある。スプーンベント、バックベントは、刃先に向かって深く曲がっている。ドッグレッグは、刀身が途中から折れ曲がり、フィッシュテイルは、刀身はまっすぐだが、刃先が広がっている。

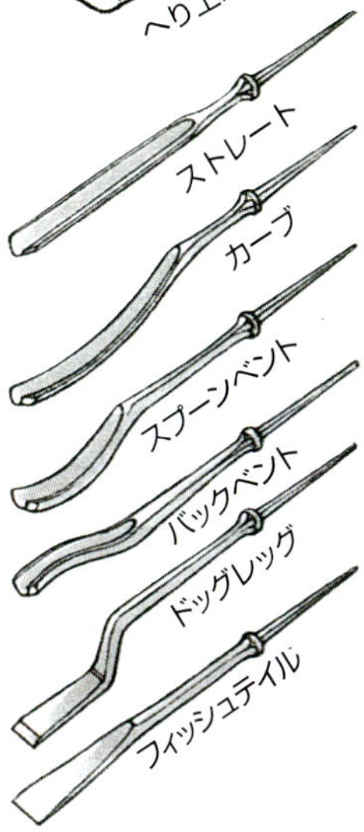

刀身の形状

	ストレート	カーブ	スプーンベント	バックベント	フィッシュテイル
平刀	1		21		61
印刀	2		22-3		62
丸刀	3	12	24	33	63
	4	13	25	34	64
	5	14	26	35	65
	6	15	27	36	66
	7	15	28	37	67
	8	17	29	38	68
	9	18	30		69
	10	19	31		70
深丸刀	11	20	32		71
三角刀	39	40	43		
	41	42	44		
	45	46			
羽型三角刀	47				
極深丸刀	48				
箱型刀	49	50			
へり上がり刀	51		52		

ナンバリングシステム

ほとんどの彫刻刀メーカーが、ナンバリングシステムを取っており、切削面と刀身の形状を番号の組み合わせで判別できるようになっている（左表を参照）。たとえばNo3からNo10は、丸刀をあらわし、切削面は、ほとんど平らなものから半円に近くなっている。丸刀No12からNo19は、刃先形状は前と同じだが、刀身が曲がっている。すべての平刀とほとんどの丸刀は、刃の幅が2〜50㎜で、それ以外の特殊なサイズのものも依頼すれば製作してくれる。

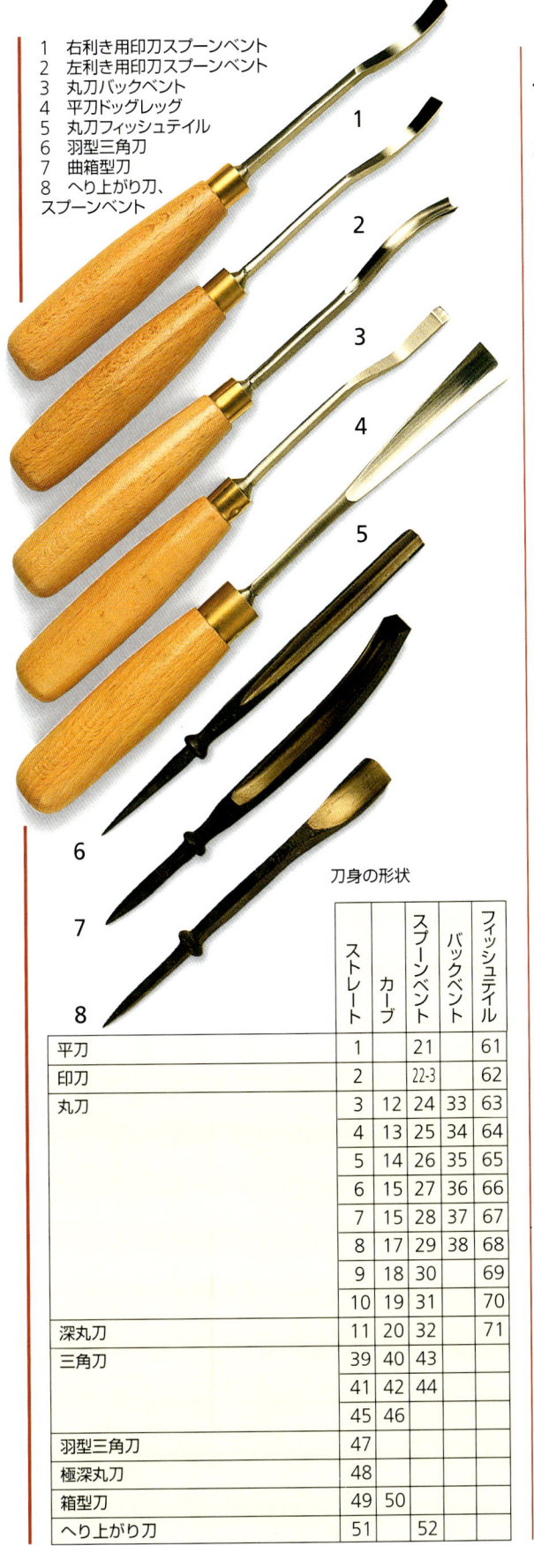

彫刻刀の使い方

木彫の技法が一般の木工技術と違う最大の点は、木彫では切削がたいてい木目を横切るかたちでおこなわれるという点。これはとくに、丸刀で作品を“荒削り”して、大まかなかたちをだすときにあてはまる。そこでは多くの場合、彫刻刀は材に対していろいろな角度であてられる。彫刻刀がよく研がれているなら、たとえどんなに深く彫ったとしても、木目にそって彫るときによく起こる木繊維の割れは生じない。仕上げの段階では、残す部分の線を美しく見せるには、木目の方向をよく見きわめることが大切。たとえば、木目を横切るように丸刀で溝を彫ったとき、一方の縁はきれいな直線になっていて、もう一方の縁はそれよりもやや粗くなっているはず。つまりそちらの縁は木目に逆らうように刃先が進んだということを示している。

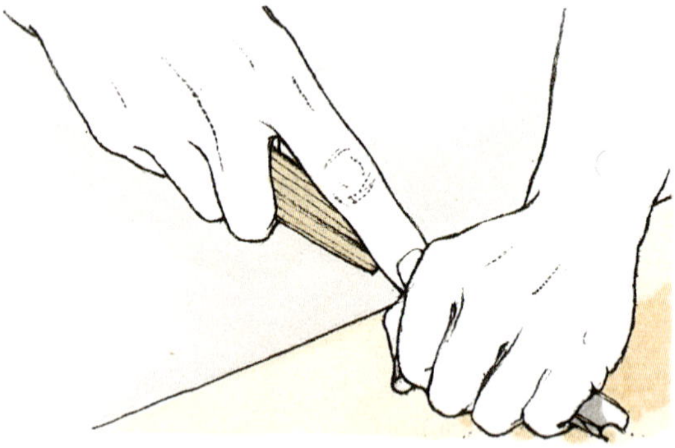

深く彫るとき

木彫の技法の中心は、いかに彫りの深さと角度をコントロールするかという点。深く彫るときは、彫刻刀の柄を手のひらで包むように握り、人さし指を刃にそって伸ばす。この握りで、彫刻刀に力を加え、彫りの方向は手首でコントロールする。

もう一方の手で彫りの速度を調節する。刃を握り、刃の進行に対して適度な抵抗を与えるようにする。手首は材の上にあてて、彫刻刀の刃先の角度を調節する。

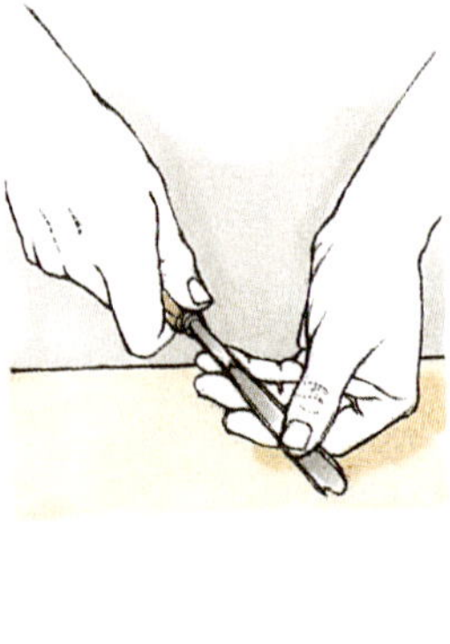

浅く彫るとき

浅い仕上げ彫りのときは、刀身を親指と人さし指でつまむように握り、指関節を材につけたまま彫る。

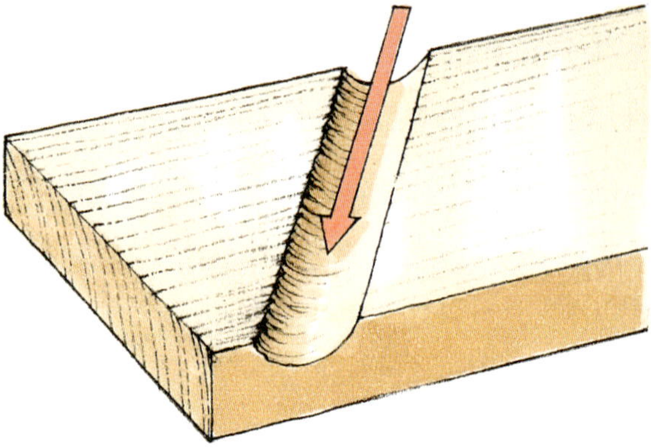

木目に対して対角線状に彫ったとき、一方の縁にはきれいな線が残り、他方はそれよりもやや粗くなる。

垂直に彫るとき

彫刻刀を材に対して垂直にあてるときは、柄を握る手の親指を柄尻にかぶせ、もう一方の手の親指と人さし指を使って刀身を握り、刃を導きコントロールする。

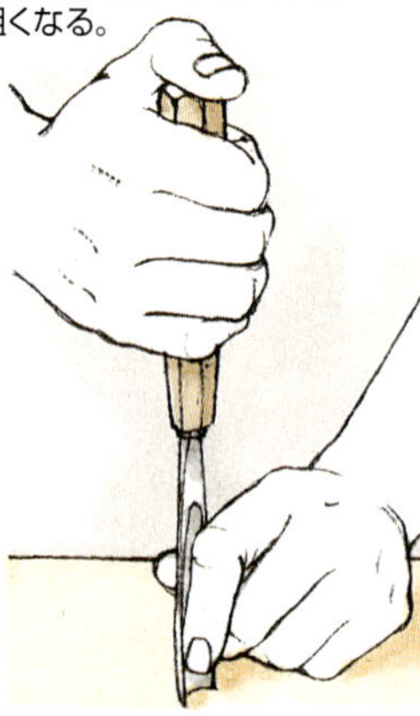

木彫用木槌の使い方

大きく削りだしたいときや、極端に密度の高い木を彫るときに、彫刻刀を木槌で打つ必要がでてくる。木彫家用木槌は、丸くて太い頭をしており、平刀や丸刀の柄尻をどの角度からでも打つことができる。図のように平刀や丸刀を握り、手首を柔らかくして回転させながら、角度と方向をコントロールし、短く鋭い打撃を加えていく。

チップカービング

チップカービングとは、浅彫りで規則的な連続した幾何学模様を作り出す技法。平刀や丸刀を使って木工作品のなかにあしらうこともできるが、本格的にやりたい人は、専用のチップカービングナイフを揃えよう。

斜め三角彫り　　切子三角彫り

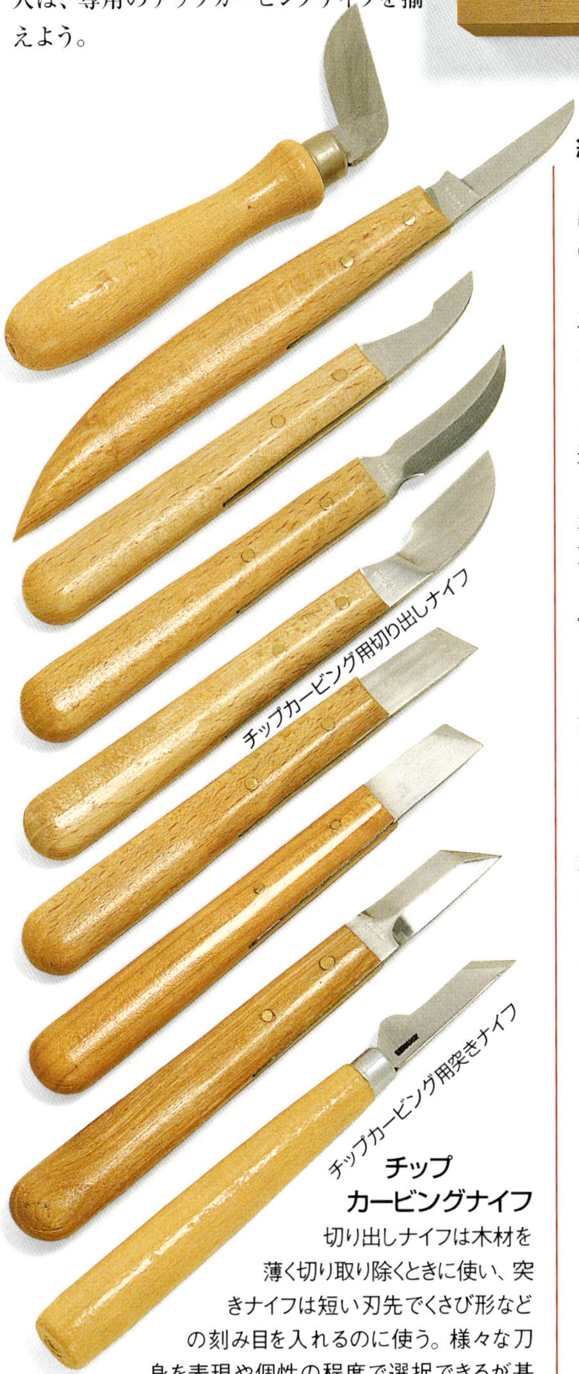

チップ
カービングナイフ

切り出しナイフは木材を薄く切り取り除くときに使い、突きナイフは短い刃先でくさび形などの刻み目を入れるのに使う。様々な刀身を表現や個性の程度で選択できるが基本的チップカービングにはスルート切り出しナイフで間に合う。

斜め三角彫り

鉛筆で模様を描く。切り出しナイフの先端を三角形の頂点にあて、3㎜の深さまでまっすぐ下に押す。刃を立てたまま、ナイフ先端が三角形の基準線で表面にあらわれてくるように手前にナイフを引く。もう1つの辺も同様に切る。つぎに浅い角度でナイフをあて、基準線にそって動かし木片を取り除く。

切子三角彫り

ナイフの先端を三角形の1つの頂点にあて、刃が表面に対して斜めになるように持つ。板に切り込むように刃を手前に引き、もう1つの頂点のところで刃の先端が表面にあらわれるように引き上げる。3辺で同じことを繰り返し、それが三角形の中心で出会うようにする。

木目の方向によるが、ナイフを押すように使ったほうがやりやすい場合もある。

チップカービング基本例

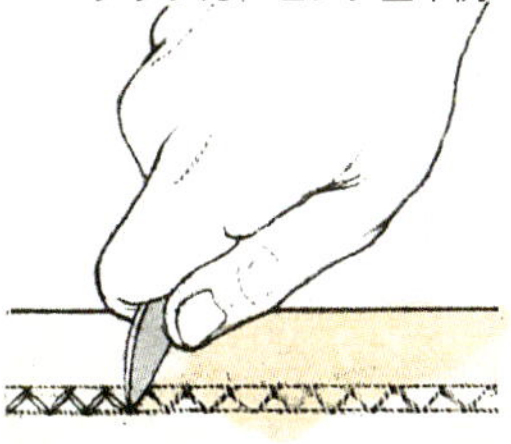

1　頂点から基準線に向けて切る。

2　ナイフを滑らせるようにして木片をはぎ取る。

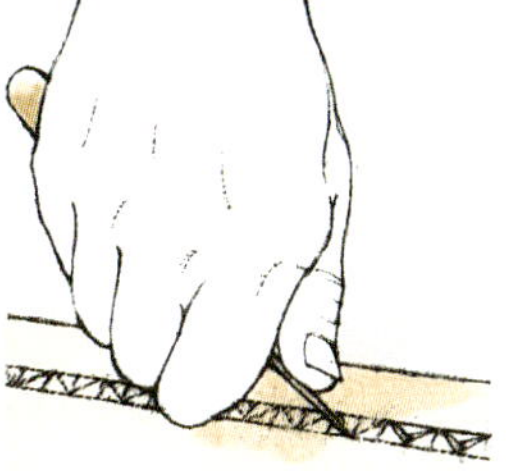

1　手前に向かってナイフを下に押し、つぎに頂点で出す。

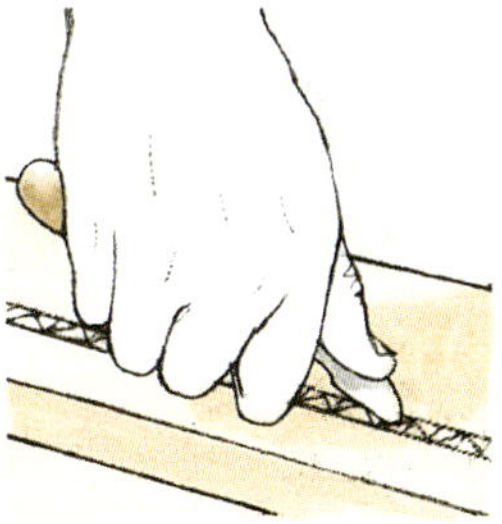

2　同様の切り込みをナイフを押すようにして作ることができる。

木彫工具の研磨

買ったばかりの彫刻刀の刃先は、ただグラインダーで研いであるだけなので、使う前に自分で水砥石で研磨する必要がある（94-5ページを参照）。丸刀も平刀も、研磨することによって、カミソリのような切れ味がでるだけでなく、刃表の角を丸くすることによって、どの角度からでも木に彫りこむことができるようになる。彫刻刀はこまめに研ぐことが肝要。

丸刀の研磨

刃表を砥石の表面にぴったりとつけて保持する。丸刀を砥石の端から端まで前後に動かしながら、均等に刃を左右に回転させる。同時に柄尻を高く持ち上げたり、低くしたりすることによって、刃表の角を丸くする。

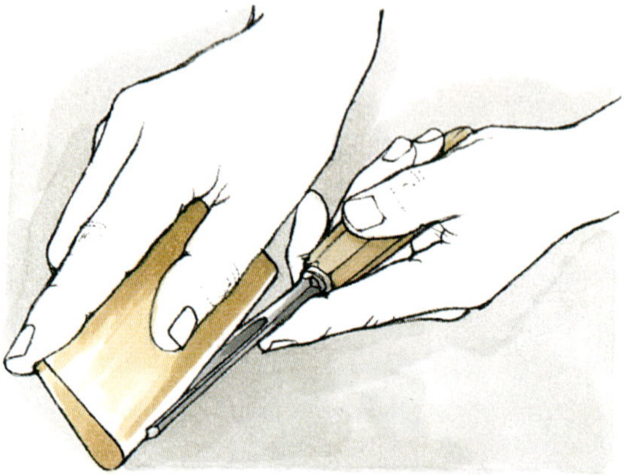

よくれの除去

丸刀の凸面を研ぐことによって、刃の内側によくれが生じるが、それはコーン型などのポケット砥石でなくなるまで研ぐ（94-5ページを参照）。さらに砥石を前後に揺らす動きによって、刃先の後の斜角の肩を滑らかにする。最後に革帯や革砥用ホイールで仕上げる（98ページを参照）。

平刀の研磨

グラインダーで研いである面を砥石にぴったりとつけ、手前に引くときに柄尻を低く下げ、押すときに刃先が砥石をこするように柄尻を高くする。両面の刃先が鋭くなり、斜角の肩が丸くなるまで続ける。最後に革砥で仕上げる。

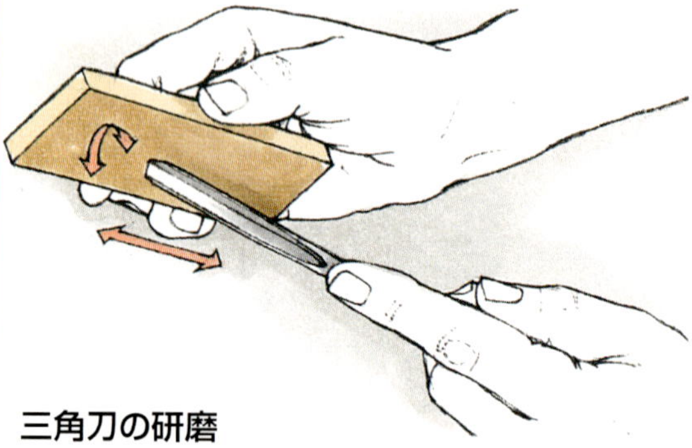

三角刀の研磨

V字の両側を、平刀が2枚組み合わされているつもりで研ぐ。次にポケット砥石を使って、注意深くその接線に丸みをつける。内側の斜角は、ナイフ刃先型ポケット砥石で研ぐ（94-5ページを参照）。

チップカービングナイフの研磨

直刃のチップカービングナイフは、刃先を水砥石に対して浅く傾け、刃先全体を砥石につけたまま前後に砥石をこするように動かす。裏返して同じ作業を続ける。突きナイフも同じように研ぐが、こちらは刃先を30度の角度で砥石にあてる。最後に革砥にかければ、かみそりのような切れ味が生まれる。

索引

あ

当て止め　36, 57, 71, 108-109
穴　16, 44, 74-75, 78, 81, 86
アルミニウム　41, 42
安全機器　105
内のり　19
うま　13
裏金　48-49, 50, 60, 119
柄　13, 27, 30, 36-37, 52, 62, 70, 84, 88
オーガー　16, 75, 102
追入れ　56-58, 63, 65-66, 70, 113
大槌　11
斧　12
斧切り　12-13

か

角度　11, 20-21, 41, 43, 53, 70, 96-98, 109, 122
架台　29, 34, 55, 100, 103-116
カッター　53, 58-59, 64-65, 67, 102, 114
革砥　97-98, 126
革砥ホイール　98, 126
かんな
  裏金　48-49, 50, 119
  棺おけ　14
かんながけ　14ー15, 26, 45ー60, 109
  金属製　14, 51
  組み合わせ　58
  仕上げ　14, 47, 51
  しゃくり　14, 56-57
  しゃくりとえぐり　56-57
  ジャック　14, 47
  ジョインター　46
  スクラブ　46-47
  台　14, 46-51, 96
  手　52
  電動かんな　52-55
  トライ　46
  胴付き　56-57, 119
  日本　119
  刃　46, 48-49, 58, 94-95, 96-97
  ビード用フェンス　59
  ブルノーズ　56
  豆　55
  マルチプレーン　58
  溝　14, 58
  溝切り　14, 63
  面取り　119
  面取り調節板　119
  モールディング　14
  ルーター　63
ガード　30-31, 33, 34, 40, 53
ガイドブッシュ　63, 64, 68
額縁　65, 67
木
  厚板　10-11, 26
  粗びき　88
  斧切り　12-13
  角材にする　12
  かすがい　12
  かんながけ　14-15, 26, 45-60, 109
  傷のついた　81-82
  削り　12-13, 50, 52, 55
  広葉樹材　32, 41-42, 64, 70-71, 78, 81, 91, 96, 107, 109
  合板　68, 113
  ささくれ　41, 57
  サンダーがけ　87-92
  仕上げ　12-13
  針葉樹材　32, 41, 42, 81, 96, 107, 111
  寸法合わせ　24
  切削　12-13, 15, 70-71
  繊維　16, 21, 22, 28, 51, 57, 81
  線引き　17-23
  測定　17-23
  端材　29, 105
キャビネットスクレーパー　114
  割り加工　10
  割れ　55, 57, 81, 86
金属シート　40-42
ギムネ　16
釘　15, 80-82, 104
くさび　11, 14, 48
口金　84, 115, 120
グラインダー　98-99
くり形　65
繰り子　16, 73-75, 77, 102
傾斜角度計　30, 43
削り　12-13, 15, 70-71
罫引き　11, 18, 22-24
けびく　22-23
煙探知機　105
健康と安全　104-105
研磨材　50, 88, 90-92, 94-95, 98-99, 102
工具の研磨　50, 93-102, 126
工具箱　116
木槌　15, 69, 70-71, 82, 120, 124
  ドリル加工　73-78
  ねじ締め　83-86
  のみ加工　14-15, 70-72
  のこ挽き　10-11, 25-44
  節の多い　70
  彫る　119-126
  保管　115-116
  見込面　24
  見付面　24
  無垢　26, 32, 37, 40
  木目　16, 26, 34, 51, 54-55, 57, 60, 65-67, 70-71, 77, 89, 91-92, 124
木端の成型加工　64, 67
木挽き台　29, 34, 43, 107, 109
木挽き台　29
コレットナット　62-64

さ

再研磨　98ー99
サイドフェンス　34-35, 40, 43, 53-54, 58-59, 62, 64, 66-67
作業台　103-116
作業場　104-105
さねはぎ接ぎ　58
三角刀　122-123, 126
サンダー
  オービタル　90-91
  コードレス　91
  作業台据付け　88, 92
  仕上げ　90
  速度調節　88, 90
  ディスク　92
  デルタ　90
  取り付けパッド　91-92
  パームグリップ　90-91
  フレキシブルシャフト　92
  ベルト　88-89
  ランダムオービタル　91
しゃくり　22ー23, 35, 45, 52, 54, 59, 63ー64, 67, 90
集塵　30, 40, 52, 62-63, 88, 90, 104-105
シリコンカーバイド　91, 94-95, 98-99, 102
ジグソー
  オービタル機能　40
  コードレス　41
  使用法　43
  スクローリング　41
  接触防止カバー　40
  側定規　43
  速度調節　40-41
  電源式　40
  ブレード　41-42, 44
  モーター定格電力　40
樹脂付着物　27, 50, 91
潤滑　28, 50, 91, 96
定規　11, 18ー19, 35, 40, 43, 50, 51, 64, 66, 114
定規板　22-23, 35
スクローリング　41
スピンドルロック　62, 85
スリック　15
切削
  穴　44, 68
  円　44, 68
  ガイド　108-109
  曲線　40, 44
  切り込み量　33, 41, 53, 58, 65, 68
  形状　123
  四角い角　44
  ディスク　68
  プランジ　44, 64
  窓　44
  丸みを持った角　44
  溝彫り, 文字入れ　123
  横挽き　12, 29, 32, 34-35, 36
接合　20-23, 46-47, 56-59, 63, 65-66, 70, 89, 92
線引き　11, 18-19
線引きの工具　16-24
千枚通し　16
絶縁　41, 52
掃除機, 工業用　40, 52, 63, 88, 90, 105
測定　11, 18-19
速度調節　40-41, 62-63, 76, 88, 90
そり　19

た

縦挽き　29, 32, 34
台かんな
  裏金　48-49, 50
  替刃　47
  研磨　96
  使用法　51
  調整　48
  手入れ　50
  電動　54
  刃のびびり　50
  深さ調節　48-49
  フロッグ　48-49
  分解　48
  横方向の調整　48-49
超硬チップの工具　32, 95, 102
手斧　12-13
直定規　18-19, 35, 40, 43, 50, 51, 64, 66
直角定規　11, 20-21, 23, 27, 31, 54, 99, 108, 116
つるはし　15
T型定規　35
テンプレート　18, 64, 68
電子制御機能　30, 63, 40-41, 53, 78, 88
電動ルーター　14, 62ー68
砥石類　50, 64, 94-98, 102, 126
研ぎ　94-97, 126
留接ぎブロック　109
留接ぎボックス　108
トランメル　64, 68
トルク　84-85
工具収納　105-106, 113-116
ドライバー
  柄　84
  エンジニア　84
  キャビネット　84
  修理　86

- スーパドリブ　85
- 先端　85

ドライバー先端サイズ　85
- 電動　83, 85
- フィリップス　85
- 収納　115-116
- ポジドリブ　85
- ポンプ式　84
- ラチェット　15, 84-85
- スタビー　84

ドリル
- コードレス　77
- 手動　74-75
- 短軸ツイストドリル　77
- チャック　76-77
- ツイスト　74-75, 102
- 電源式　76-77
- 電動　76-78
- プレス　77
- ポータブル　78
- ポンプ式　16
- 弓　16

ドレッサー　98-99

な

ナイフ　12-13, 18, 21, 30-31, 33, 58-59, 125-126

中子　13, 15, 16, 120

なた　11

南京がんな　13, 45, 60, 97

日本の工具　117-120

ねじ　15, 74-75, 76-78, 83-86, 112

のこ
- あさり　100
- 糸　37-39
- 柄　27, 30, 36
- オープン　10
- 曲線挽き　10, 37-39, 41
- 研磨　100-101
- コードレス　31
- コンパス　37-39
- ジグソー　40-44
- スキューバック　10, 26
- 側定規　34-35, 40, 43

スコープ　13
- ストレートバック　10
- 接触防止カバー　34
- 縦挽きのこ　10, 26-27, 100-101
- ダブテイル　36, 100
- 手　10, 26-29
- TPI　27, 42
- 手入れ　27
- 電源式　30-35
- 電子制御機能　30
- トッピング　101
- 胴付き　36
- 斜め歯　26
- 日本　118
- のこ身　26, 29-31, 32-33, 37-39, 118

歯　26-28, 32-33, 36, 42, 100, 101, 118
- 刃先硬化　100
- パネル　26, 100
- 挽き回し　37-39
- PPI　26-27
- ピット　11
- 収納　115-116
- ほぞ　36, 100
- ほぞ挽き　36
- 丸　30-35
- 丸のこ身　32-33
- 目立て　100
- 弓　37-39
- ユニバーサル　26
- 横挽き　10, 26-27, 100-101
- 枠　10, 27, 29, 100

のこ屑　25, 30, 32, 40, 41, 105

のこ挽き　10-11, 25-44

ノバキュライト　95

のみ
- 柄　70
- 研磨　126
- 再研磨　98
- 収納　115-116
- 錠ほぞ用　72
- スキュー　122, 70
- ストレート　122
- スプーンベント　122
- スリック　15
- たたきのみ用の柄　70
- つるはし　15
- 研ぎ　96
- ドッグレッグ　123
- 日本の　120
- 刃　15, 70, 72, 94-95, 120, 122-123
- 引き出し錠　72
- ファーマー　15, 70
- ベベルエッジ　70
- ペアリング　70, 96
- ほぞ　23, 71, 120
- ほぞ用たたき　72
- 窓枠ほぞ用　72
- 木彫　94, 122, 126
- 木彫家用　70

は

端材　29, 105

廃材除去　13, 35, 44, 55, 69, 70-72, 75, 122-123

歯止め　16

ハンマー
- 木槌　15, 69, 70-71, 82, 120, 124
- 釘抜き　15, 80
- クロスピーン　15, 80-81
- ソフト　82
- ピン　80
- 収納　116

バッテリーパック　31, 41, 78

バリ　97, 126

パネルピン　80-81

引き出し　113, 115

挽き道　25, 26, 28, 31, 36, 41-42, 44, 100, 118

ビット
- オーガー　16, 75, 102
- 皿穴　75-77
- 座ぐり　76-77, 86
- 座ぐり（深穴）　76-77
- 自在　75
- ストレートチップ　84
- スペード　77, 86
- センター　75, 102
- 短軸　78
- ダボ　74-75
- ツイストドリル　102
- ドライバー　75, 77, 78
- ドリル　102, 114, 116
- フォルストナー　77, 86
- ブレース　102
- プラス　84

ピッチ　42

フェンス　18, 22, 30-31, 52, 59, 89

深さストッパー　59, 62, 65, 76

深さ調節ゲージ　53, 55-58

フロッグ　48-49

ブレード
- 斧　12
- 革砥　97
- かんな　58, 94-95, 96-97
- 接触防止カバー　30-31, 33
- グラインダー研磨　99
- 形状　123
- 研磨　93-102
- 高熱　98
- ジグソー　41-42, 44
- 縦挽きのこ　32
- 台かんな　46, 48-49
- 超硬チップ汎用　32
- 超硬チップ　42
- 直角定規　21
- 直径　33
- 研ぎ　99
- 南京がんな　60, 97
- のみ　15, 70, 72, 94-95, 120, 122-123
- のこ　26, 29, 31, 32-33, 37-39
- びびり　50
- 磨耗　99
- 丸のこ　32-33
- 丸のみ　123
- 回し挽きのこ　38
- 磨き　96
- 木彫　123
- 枠のこ　100

プラグカッター　76—77

プラスチックラミネート　32, 40—41, 63—64

プランジロック　62, 66

ベース　41, 43-44

ボード　22, 26, 32-33, 37, 40-42, 44, 64, 89, 91, 105, 109, 113-115

防塵マスク　105

ま

巻尺　11, 18-19

まさかり　12

マスク　105

丸のみ
- 内丸　72, 97, 120
- 研磨　97, 126
- ストレート　122
- スプーンベント　122
- 外丸　72, 97
- 研ぎ　94, 97
- 日本　120
- バックベント　123
- ファーマー　72
- ほぞ　15

万力　106-107, 112

磨き　95-96

溝　35, 45, 58-59, 63, 65, 66

メーター法　11, 18

目板　19, 34-35, 44, 57, 66, 89, 100-101, 115

面取り　53-54

モーター定格電力　40, 53, 63

モールディング　45, 58, 63, 64, 67, 108

木彫　65, 121-126

木ねじ　15, 74-75, 76-78, 83-86

や

ヤードボンド法　11, 18

やすり　101-102, 114-115

やっとこ　80-81

わ

割り加工　10